本教材根据教育部《普通高等学校学生心理健康教育课程教学基本要求》编写

阳光心旅

——大学生心理健康教育

郑洪利 刘国秋 李逸龙 主编

编委会

图书在版编目（CIP）数据

阳光心旅：大学生心理健康教育／郑洪利，刘国秋，李逸龙主编．—青岛：中国海洋大学出版社，2012.8（2017.8 重印）
ISBN 978-7-81125-119-7

Ⅰ.①阳…　Ⅱ.①郑…　②刘…　③李…　Ⅲ.①大学生－心理健康－健康教育－高等学校－教材　Ⅳ.①B844.2

中国版本图书馆CIP数据核字（2012）第187854号

出版发行　中国海洋大学出版社
社　　址　青岛市香港东路　　**邮政编码**　266071
出 版 人　杨立敏
网　　址　http://www.ouc-press.com
电子信箱　huazhang_china@hotmail.com
订购电话　0532-82032573（传真）
责任编辑　张 华　　**电　　话**　0532-85902342
印　　制　日照日报印务中心
版　　次　2012年8月第1版
印　　次　2017年8月第6次印刷
成品尺寸　185 mm × 260 mm
印　　张　20
字　　数　332千字
定　　价　38.00元

前　言 Preface

大学生的心理健康教育是大学教育的重要组成部分，大学生的心理素质提升和健康成长，也是大学生需要完成的重要“学业”。如何开展大学生的心理健康教育，我国广大高校心理健康教育工作者在十几年的探索中，已达成了共识：高校的心理健康教育工作的重点不在于对个别有心理问题学生的补救性帮助，而是面向全体学生，以学生的心理素质提升和预防性教育为重点。在此认识基础上，心理健康教育课程走进课堂，就成为学校开展心理健康教育工作最有效、最经济的主要渠道。教育部于2011年3月颁布了《普通高等学校学生心理健康教育工作基本建设标准（试行）》，明确要求各高校要为学生开设心理健康教育必修课。课程要开设，但用什么形式开，选择什么内容开，这就成为我们需要认真思考的问题。本书试图回答的，就是高校心理健康教育课程的内容和方法的选择问题。

本书由长期从事高校心理健康教育的教师们共同编写而成，具有以下三个特点：

一是规范性。本书严格按照教育部新近颁布的《普通高等学校学生心理健康教育课程教学基本要求》（以下简称《要求》）编写。编委会的老师们对《要求》进行了认真的研讨，认真领会《要求》的精神实质和对教学的要求，并在此基础上，对《要求》的内容进行了梳理和细化，使每一部分的内容既符合教学基本要求，又能结合大学生心理成长的实际需要。

二是实用性。本书在编写过程中，充分考虑了作为教材在使用中的实用性和方便性。本书在每一章的结构上设置为“读一读”、“想一想”、“做一做”、“练一练”四个部分：“读一读”部分为较为系统的相关心理学知识介绍，以增加学生的相关知识储备；“想一想”部分为相关案例及分析等，可以帮助学生加深理解，也可以作为老师引导学生思考的切入点；“做一做”部分为课堂活动、小组讨论、心理测试等，为的是提高学生学习兴趣，增加课堂互动，引导学生主动地学习和改变；“练一练”部分为课后作业，将课堂适当地延伸，促使学生进行课后思考和反思，达到提升的目的。老师们可以根据自己教案的设计和教学进程，选用和使用不同的部分，促进教学效果。

三是亲和性。本书的作者，全部来自高校心理健康教育第一线。他们长期从事大学生的心理健康教育工作，对高校心理健康教育有着丰富的经验和长期的研究，了解大学生的心理发展特点，理解大学生的心理需求，把学生的心理成长需要作为内容取舍的主要依据。另外，他们在课堂、在咨询室、在生活中，与大学生有着大量直接的交流和专业的接触，因此，其选用的案例和故事，很多就来自大学生的身边，读来多了一分真实感和亲切，使学生在学习过程中增加了一些主动性反思和体验。

由于时间仓促加上水平有限，本书定有诸多不妥之处，恳请同行和同学们多提宝贵意见，以便帮助我们不断改进和提高。同时，本书在编写过程中，参考和引用了国内外诸多学者和同仁的大量研究成果，在此一并表示我们诚挚的谢意！

编者

2012年8月7日

目 录 Contents

上 篇 心理健康的基础知识

中 篇 了解自我，发展自我

下 篇 提高自我心理调适能力

上　篇

心理健康的基础知识

第一章

大学生心理健康导论

大学时代是自我发展的最好阶段，也是人一生中非常美好的一段时光，因为你有充足的时间和自由去选择，钻研一个专业，参加一个社团，从事一项运动，培养一项爱好。在大学短暂的几年时间里，你将接受人类积淀的知识文明，你将探索知识殿堂的科学奥秘。学习那些让你实现理想的知识技能是一件幸福和美好的事情。大学生活将是一种全新的生活，你需要面对的远远超过曾经的预想，你为自己的新角色准备好了吗？

在不断前进的路上，应收获的不仅是知识与能力，还有健康平和的心态、积极向上的情感。社会竞争日益激烈，这给大学生带来了巨大的压力和内心的不安，相应的心理问题也会随之产生。我们应当理解心理疾病，用一颗平常心去看待。

本章主要介绍心理活动的特点和实质、大学生心理发展的特点和影响因素等内容，帮你更好地认识心理问题和心理疾病，以乐观、阳光的心态去面对大学生活。

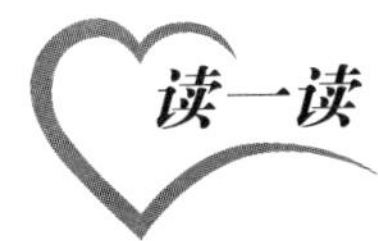

一、心理活动的特点和实质

人们的心理活动是不断发展变化的，不同人的心理活动特点是不一样的，同一个人在不同时间和地点的心理活动也不相同。心理活动随着人的年龄增长也会不断发展变化。

（一）心理活动的概念

心理活动从概念上讲，包括心理过程和个性心理特征。心理过程即人的心理活动发生和发展的过程，包括认识、情绪和意志三个阶段。个性心理特征即人格。

认识过程指人脑对客观事物的现象和本质反映的过程，包括感觉、知觉、记忆、思维等。感觉是对事物个别属性和特性的认识。知觉是对事物的整体及其联系与关系的认识，是在感觉的基础上产生的，但不是感觉的简单相加。记忆是在头脑中积累和保存个体经验的心理过程，运用信息加工的术语来讲，就是人脑对外界输入的信息进行编码、存储和提取的过程。思维是客观事物的一般属性和内在联系在人们头脑中概括的间接的反映过程。

“视觉视崖”实验

美国心理学家沃克和吉布森曾进行了一项旨在研究婴儿深度视觉的实验，后来成为发展心理学的经典实验之一——“视觉视崖”实验。研究者用不同构造的平坦的棋盘式图案制作成不同的深度视觉效果，并覆盖上玻璃板。将2~3个月大的婴儿放在玻璃板一边，发现婴儿的心跳速度会减慢，说明婴儿体验到了物体深度。将6个月大的婴儿放在玻璃板上，婴儿不愿意爬过有深度视觉效果的一边，母亲在对面也没有办法让婴儿爬过去。这说明婴儿已经具备了深度视觉。

情绪是多成分组成、多维量结构、多水平整合、为有机体生存适应和人际交往而同认知交互作用的心理活动过程和心理动机力量（孟昭兰，2005）。情绪作为脑内的一个检测系统，对其他心理活动还具有组织作用，其表现为积极情绪的协调作用和消极情绪的破坏、瓦解作用。情绪包括内在体验、外显表情和生理激活三种成分。情绪的组织功能还表现在当人们处在积极、乐观的情绪状态时，容易注意事物美好的一面，其行为比较开放，愿意接纳外界的事物；而当人们处在消极的情绪状态时，容易失望、悲观，放弃自己的愿望。

关于猴子的心理学实验

预备实验

把一只猴子的双脚绑在铜条上，然后给铜条通电。猴子挣扎乱抓，旁边有一弹簧拉手，是电源开关，一拉就不痛苦了。这样猴子一被电就拉开关，建立了一级反射。然后每次在通电前，猴子前方的一盏红灯就亮起来，多次以后，猴子知道了，红灯一亮，它就要受苦了，所以每次还不等来电，只要红灯一亮，它就先拉开关了。这就建立了一个二级条件反射。预备实验完成。

正式实验

在这个猴子的旁边，再放一只猴子，与第一只猴子串联在铜条上，隔一段时间就亮红灯、通电，每天持续6小时。第一只猴子注意力高度集中，一看到红灯就赶紧拉开关，第二只猴子不明白红灯什么意思，无所事事，没什么担忧。过了二十几天，第一只猴子就死了。

解　读

第一只猴子要工作，他的责任重，压力大，精神紧张，焦虑不安，老担惊受怕，它的消化系统和内分泌系统紊乱了，所以就会得病死亡。

由此说明，不良的情绪会产生过高的应激值，严重损害身体的健康。

意志过程是人们为了一定的目标，自觉地提出预案，制订计划，采取措施，克服困难并努力实现目标的过程。意志以认识过程为基础，具有明确的目的性。意志品质高的人，受挫能力较强，能够克服困难，及时修订计划，并实现目标。意志品质低的人，易受打击，经常半途而废，放弃自己的目标。

司马光警枕励志

司马光是个贪玩贪睡的孩子，为此他没少受先生的责罚和同伴的嘲笑。在先生的谆谆教诲下，他决心改掉贪睡的坏毛病。为了早早起床，他睡觉前喝了满满一肚子水，结果早上没有被憋醒，却尿了床，于是聪明的司马光用圆木头做了一个警枕，早上一翻身，头滑落在床板上，自然惊醒。从此，他天天早早地起床读书，坚持不懈，终于写出了《资治通鉴》，成为一个学识渊博的大文豪。

高意志品质的人具有吃苦精神，他们克服困难，承受挫折，按照自己的计划踏实前进，逐步实现自己的目标。

个性心理特征指的是个体在社会活动中表现出来的比较稳定的特征，包括能力、气质和性格。能力是顺利实现某种活动的心理条件。气质指人们在活动和行为方面表现出的稳定的个人特点。性格指人们对现实的态度和行为方式表现出的个人特点。

古希腊的著名医生希波克拉底提出了“没有两个完全一样的人，但许多人有着相似的特征”的理论。希波克拉底与他的门人通过观察将人们进行分类，提出了著名的“体液学说”，并能够精确地预示出不同人对于生活的不同态度。希波克拉底将那些明显乐观、爱玩乐的人称为多血质；将那些性格急躁喜欢成为领导者的人称为胆汁质；将那些循规蹈矩、感情细腻的人称为抑郁质；将那些乐于旁观、行动力迟缓的人称为黏液质。

（二）人的心理活动的特点

1. 社会性

人的心理活动特点具有明显的社会性。脱离社会实践后，个体就不会产生意识活动。一些地方出现过的“狼孩”、“熊孩”、“豹孩”，虽为人类所生，但由于他们的生活环境长期与人类社会活动脱离，所以并没有形成人的意识。

1929年，在印度加尔各答东北的米德纳波尔，人们常看到一种神秘的动物出没于森林，经常尾随在四只大狼的后面。后来，人们打死了大狼，在狼窝里发现了两个由母狼养大的裸体女孩，大的有七八岁，小的约有两岁。她们的习性像狼，吃生食，爬行，不会说话，不会思维，只会像狼一样嚎叫，常常在晚上出来觅食。

当人类脱离了社会实践和社会性交往后，就会失去人的意识。

2. 能动性

人类心理活动的能动性表现在人们通过社会实践经验，进行总结和概括，积累一定经验，并有计划和目的地指导自己的行为，了解事物的深层次本质和作用。人类能够成为大自然的主人，主要就是因为人们的心理活动具有主观能动性，而动物不具备这种能力。

举例来说，经过人们的指导和训练，黑猩猩能打开自来水的水龙头，用水桶放水灭火。但是，当人们把黑猩猩放到河里的船上，同样点上火，给它一个水桶，黑猩猩却不知道从河里取水灭火。

3. 创造性

创造性指人们根据一定目的和任务，运用一切已知信息，开展能动性思维活动，生产出某种新颖、独特、有社会价值的产品的智力品质。这里的产品可以是一种新概念、新设想、新理论，也可以是一项新技术、新工艺和新产品。创造性是一种心理现象，是人脑对客观事物的一种特定反映方式。创造性是人类区别于动物的最根本的特征和标志之一。

（三）人的心理活动的实质

心理是大脑的机能，是客观现实的反映。人脑只是意识的“加工厂”，人的心理活动是在实践中发生和发展的。著名哲学家费尔巴哈说：“如果上帝的观念是鸟类创造的，那么上帝一定是长着羽毛的动物；假如牛能画画，那么它画出来的上帝一定是一条牛。”这句话生动地说明：不是上帝创造了人，而是人按照自己的形象创造了上帝。客观现实是人的心理活动的依据和源泉，脱离了客观现实就会丧失人的心理活动。

二、了解你自己的内心世界——大学生心理发展的特点

（一）大学生心理发展的一般特点

1. 智力发展达到高峰

大学时期是人生智力发展的黄金期，在这一阶段，大学生的智力发展达到最高峰，观察力、记忆力、思维力、想象力以及注意力等基本心理特征得到应有的发展。通过专业知识的学习，大学生对所学专业的认识水平达到了一定高度，喜欢抽象思维。大学生思维的独立性和批判性增强，对事物有自己独特的见解，开始用批评的眼光看待周围事物，喜欢怀疑、争辩，不盲从，拥有较好的逻辑思维能力，但辩证逻辑思维的基本能力有待提高。

2. 独立意识增强

大学生正处于成年初期，有心理学家认为这个时期正是心理发展的“暴风骤雨期”。大学生活与高中生活相比，约束较少，时间自由，这给了大学生更多的独立自由的空间。学习和生活方式的巨大差异，使大学生的独立意识逐渐增强，使他们更加崇尚自由，热衷于探索新事物。

3. 自我意识增强

自我意识指自己对自己的认识，包括认识自己的生理和心理状况，以及自己与他人的关系等。大学生活是群体生活，学生们一起上课、一起交流、一起生活，所以每个同学周围都有一群密切相处的人。他们开始形成明确的自我观念，有自己的想法与创意，对自我的评价仍然依赖外部评价系统，情绪变化较大。他们热衷于参加集体活动，渴望在活动中

被关注，十分在意别人对自己的评价；他们开始初步认识自我，但并没有真正了解自我，对自己的力量和能力往往有过高的估计；他们愿意在公平的环境中施展自己的才华，并希望成为竞争中的优胜者。

4. 情感丰富，富于激情

在情感心理方面，大学生的特点是情感丰富，但稳定性不足。大学生的情绪变化主要源于内部需求结构的变化。情感与大学生的需要、愿望和动机联系密切，一旦需要、愿望得到满足，动机得以实现，常引发大学生高兴的情绪。反之，则会表现出强烈的挫折感，引发消极情绪。大学生情感隐蔽性较强，消极心境常延续较长时间。个体情绪变化起伏较大，容易兴奋、激动、热情，也容易发怒、怄气、失落。遇到生活中的挫折，如失恋、干部落选、学习成绩的变化、突发事件的发生，都容易使学生心理遭受打击。

5. 性意识增强

随着大学生年龄的增长，生理发育日渐成熟，性意识逐渐增强并明朗化。性意识的发展使大学生开始按照性别特征来塑造个性形象，并开始了对异性的关注与追求。但是大学生的心理成熟落后于生理的成熟，往往不能理性地对待恋爱中的挫折。

（二）大学生心理发展的阶段性特点

在大学几年中，学生的心理发展变化呈现出阶段性特点。一般大一时期是转变和适应期；大二和大三时期，学生逐渐熟悉适应了大学生活，开始安排和规划自己的生活，进入稳步发展期；大四时期，学生已经为离校开始做准备，开始找工作、考公务员或者考研，进入毕业准备期。

心理漫画：丰富的大学生活

（山东科技大学　艺术与设计学院　杨田英）

1. 大一——新生入学适应阶段

许多大学生，在高中盼着上大学，到了大学之后却总是想念以前的好。我们发现在大学中存在着“大一现象”：吃饭的时候成群结队，一般是4~6人；电话、短信、网络聊天比较多，联络的都是以前的同学、老师和家长；会想方设法在入学后的第一个国庆节尽早回趟家，即使只待一两天也不怕路途遥远、路费不菲……

一个比喻

把一棵树从树林里移植到路边，起初由于根部吸收支持系统受到损伤，生长会受到影响；当它重新扎下根后，很快又会变得枝繁叶茂。从高中到大学的心理转变就类似于一棵树挪了个窝，以前的家庭、同学等人际关系就类似于树木的根部系统，当以前的社会支持系统不能满足个人心理需求时，就需要及时建立新的支持系统。在新系统建立前，就会出现“回归心理”。

大学生正处在第二个“断乳期”——心理断乳期。这是成长必定经历的一个过程。

大一新生刚入学面临着转变和适应的问题。大学生活和高中生活差异较大，在学习、交往和生活方式上都存在较大的差异，需要一段时间的调整。一定时期的回归心理是正常的，能给新生继续提供心理支持，“扶君上马，然后再送一程”，如同拐杖，等适应了新生活后就会把它扔掉。

在对2011级新生进行的“关于大一新生存在和关注的问题”的开放性问卷调查中，可以了解到大学新生入学适应过程中出现的困惑和疑问：大一新生有积极适应大学生活的主动性，但由于信息匮乏，他们想主动交往，想参加学生社团，想学好专业，但却找不到相应的途径。大一新生刚入学时存在的主要困惑有：情绪不稳定的问题，对大学生活不了解而产生的迷茫和不知所措，人际交往问题，专业学习的问题，等等。调查结果如下：

大一新生存在和关注的问题

（1）刚到大学，新鲜感还有一些，但和周围的人还不熟悉，有想家的情绪，有点儿孤单。

（2）部分学长对他们的态度很不友好，有些瞧不起他们。

（3）时间充裕了，不知该如何分配时间；社团活动和学习的时间该如何分配。

（4）奖学金和助学金的评比方法。

（5）对考研、恋爱以及未来工作好奇而迷茫。

（6）有些同学不知道在大学到底能做什么。

（7）对校园环境有点儿失望，和自己想象中的大学还有差距。

（8）怎样更好地融入环境，大学生活与高中生活的差距所带来的不知所措。

（9）对自己的专业不甚了解，甚至一点儿都不了解，希望老师详细介绍。

（10）大一新生对于社团活动比较向往，但又不了解，渴望知道哪些社团更加适合自己。另外，听说加入社团有面试环节，大多数同学既紧张又好奇，情绪比较复杂。

（11）渴望了解整个学校，但是不知道了解的渠道。

（12）在心理状态方面，大一新生既好奇又警觉，或者说是害羞，说话时总给人紧张或者不自然的感觉。

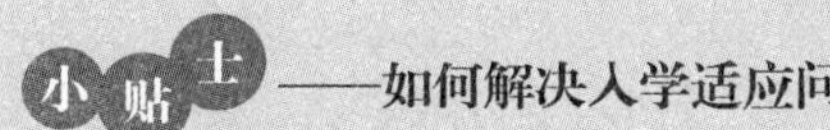

自主性强是大学与高中的主要区别，高中的学习和生活都是“被安排”，而大学里没有人告诉你每天应该做什么，需要你自己安排自己的学习和生活。如何尽快适应大学学习生活，除了物质上的准备，还需要做好相关心理调适。大学的第一学年也是学生的“适应期”。学生从入校开始，就应该开始准确地自我评估，认识自己、了解自己，了解自己的专业，并挖掘自己的专长。

不要惊慌。感到迷茫了？感到不知所措了？这个时候出现这样的情况是正常的。要知道，你的人生有了一个新的转折点——大学生活开始了。不适应是正常现象，刚跨入大学的学生，都会有一个从不适应到适应的过程，有的适应期较短，有的适应期较长。所以，不要惊慌，这是新生活的开始，需要你慢慢地去摸索和适应。

不要等待。大学需要的是每位同学的积极探索。不要等待老师去教给你怎么去适应，不要等着别人来安排你的生活。你需要主动出击。

了解大学。刚刚入学，空闲的时间较多，不要把自己闷在宿舍里，要主动走出去，了解自己生活的环境，培养主人翁的感觉。要尽快适应大学生活，快速了解你所在的大学是什么样的。餐厅在哪里，教室在哪里，课程表怎么安排，课余时间做什么，选择什么样的学生社团，奖学金和助学金怎样去争取，怎样更好地与同学交流等类似的问题，都需要你自己去主动寻求答案。你可以去问你的同学、学长和老师，也可以查询学校网站和校园论坛等等，找到问题答案的途径有很多，在寻找答案的时候，你会发现，信息会越来越多，越来越全面，而且这个过程并不困难。

了解自己。研究表明，有20%左右的同学对自己的性格和兴趣都不甚了解；有大约30%的学生对自己的能力特长没有明确的认识；有50%左右的学生不是很清楚自己适合和喜欢的职业。[①]这说明，相当一部分大学生自我认知不明确，学习和求职始终处于盲目的状态，职业取向比较模糊，目标不明确。自我认知是就业心理辅导的第一步，也是关键性的基础工作。只有在对自我充分了解的基础上才能进行明确的职业定位。因此，从入学起，可以借助于心理测评、职业测评以及学校职业生涯规划辅导等各方面的资源，逐渐了解自己的个性特点、能力特长和兴趣爱好等，从而进行正确的自我评估。根据自己的特点有选择性地去学习和参加活动，发挥自己的特长，扬长避短，你会很容易找到属于自己的一片天地。

积极参与。积极参与学校和社会组织的各项活动，在参与中提升自己的人际交往能力、应变能力和耐挫能力，锻炼自己的心理素质，扩展自己的知识面。社会实践是大学生了解社会、熟悉职业环境的有效渠道。大学生可以通过社会实践活动，拓展知识、提高受挫能力和应变能力，以及表达能力、沟通能力、操作能力、组织管理能力和社交能力等。大学生也可以尝试走出去，离开校园平静、安逸的环境，投身社会实践去磨炼自己。

2. 大二和大三——定向发展期

大二和大三阶段是定向发展期，这一阶段大学生的心理发展比较平衡和稳定，已经熟悉学校环境，适应大学生活，开始稳步发展自己的学习能力和其他综合能力。在这一时期，容易出现的心理问题主要存在于人际交往、学业困难、恋爱和情绪管理等方面。

---

① 吴海英. 大学生职业生涯规划辅导模式探析［D］. 中国地质大学，2006：28-30.

学业困难案例 张某，女，大二学生，文科

刚结束的一门选修课感觉没有考好，开始坐立不安，不断估算成绩，越算越感觉有一个大题没有答好，担心拿不到90分，影响奖学金。考试过去两天了，一直处于焦虑不安的状态，连去食堂吃饭都感觉有人在背后说她考不到第一了。她把书包放在餐桌上，过来一个男生，没有拿她的包，只是看了她两眼，她便感觉对方眼神不正，不怀好意，担心被坏人盯上。回到宿舍，感觉同学的态度也不如以前好了，心里一直乱七八糟的，睡觉也不踏实，做噩梦，早晨起来，眼角还有泪。她曾经安慰自己，想开一点，但没有作用。明天还有一门主课要考，她担心这样的情绪会影响考试，无奈之下前来咨询。

大学生进入大学以后，应当以学业为重，这是毋庸置疑的，事实上，很多大学生把学习当成生活的主旋律，努力去学习知识。而在学习的过程中，部分学生由于各方面的原因，会产生这样那样的困惑，在压力面前产生焦虑心理，心态偏离正常轨道，造成学习障碍。

凡事预则立，不预则废。愚者错失机会，智者善抓机会，成功者创造机会，机会只留给做好准备的人。大二和大三阶段是成长期，大学生应该为自己未来的发展方向做好准备，需要考虑清楚未来是否继续深造或就业，了解相关要求；对于与自己意向相关的能力和素质做深入的准备；通过学校规定的英语和计算机等级考试；有选择地辅修其他专业的知识充实自己，并且根据自己的发展进行具体项目的准备。大学生如何更好地渡过定向发展期，具体建议如下：

一是确立职业生涯发展目标。在前两个阶段的基础上，进行正确的自我认知、职业认知和社会环境分析之后，大学生需要树立职业发展的阶段性目标以及长远发展目标。阶段性目标一般指在毕业以后分阶段地划分自己的职业生涯，确定每一阶段需要实现的职业目标。长远发展目标是指职业发展的最高目标，是职业生涯的最高理想。阶段性和长远发展目标并不是一成不变的，随着个人能力的提高、社会经济的发展等方面因素的影响，个人需要随时调整自己的职业生涯发展目标。

目标的力量

有人曾对一所大学的毕业生是否具有明确、特殊的个人发展目标进行过调查，发现只有3%的人设计了这种目标。20年后的再度调查发现，这些设定了目标的3%的人所获得的成就比其余97%的人所获得的成就之和还要高。这就是目标的力量。

没有目标的结果："郁闷"，生活无聊，不知道如何安排生活，任由命运摆布。

二是制订相应的工作、培训和教育计划。行动计划是指落实目标的具体措施。大学生应根据自身实际和社会发展趋势以及自己设定的职业目标来制订具体的实施计划。例如，确立毕业后选择继续攻读研究生的目标，这时就需要制订明确的学习计划，了解所报考学校的要求，包括参考书和研究方向等，并且明确报考导师信息，多搜集相关文献，增强自身科研能力等等。

三是掌握职业前沿信息。大学生可以通过询问毕业的学长、任课教师和本专业资深专家以及实习或者兼职来了解职业环境、发展前景、工作待遇等一系列前沿信息，并且提前掌握需要具备的职业技能，这对于大学生毕业时的职业选择以及就业后工作环境的适应都有非常大的帮助。同时，也可以从相关专业人员那里获取职业信息。大学生可以去联系和拜访行业里的领军人物，从而了解行业里最深入的信息。例如，采矿专业的学生可以利用社会实践的机会，在跟随老师去矿业集团实习的时候，采访矿业集团的专业人士，通过他们了解行业人员需要具备的基本素质、工作方式和人员提拔等方面的信息。

3. 大四——毕业准备期

这一阶段贯穿于第四学年，是大学生心理定型期。这一阶段大学生面临的压力较大，处于人生的转折期，是大学生活向职业生活转变的阶段。大学生的自我认知受到家庭、学校和社会环境的多重交互影响，使大学生对自身能力和就业环境作出相应的评价。毕业生容易出现的心理问题主要表现在以下三个方面。

一是自负心理，就业预期过高，大学生对自己的评价高出实际水平，具有不切实际的高期望值。部分大学生的思想观念相对滞后于高等教育大众化的现状，对就业的期望值过高。在择业时，他们只选择条件较好的单位，不从自身实际条件出发。

二是自卑心理，就业预期偏低；部分毕业生面对激烈的竞争压力，悲观地认为自己不如其他同学，埋怨家庭和环境，在求职的时候一味地选择退缩性的自我防御，丧失了很多好的就业机会。

三是现实自我与理想自我之间的矛盾，定位不准，机会丧失。职业定位中对自我和外部环境这两方面信息的认识不完整、不准确，只要有公司招聘，不管自己适合不适合，都往里投简历。不了解社会对人才能力的多样化要求以及用人单位的招聘需求，看不清自己的优势和劣势，当就业机会来临时，部分毕业生往往不能很好地把握机会，导致就业机会丧失。

个案举例 王某，男，大四学生，文科

小王是一名大四毕业生，在长达半年的求职时间里，都没有找到一份自己合适的工作。随着毕业的临近，小王开始变得焦虑、不安。小王学习的是英语专业，本以为大学四年只要学好英语知识，就可以应对将来的就业。但是来到就业市场上转了几圈下来才发现：应聘英语教师岗位，自己没有相应的实习上课经验；想应聘与英语相关的外贸公司的职位，但这些公司一般要求求职者熟悉外贸工作流程。小王现在才发现自己在学校里学习的知识已经不能应对市场的要求了。

如何更好地做好毕业准备，用一个健康良好的心态应对毕业准备期呢?

一是了解就业政策。政策指导是就业指导的前提，大学生就业政策是国家制定的高层次人力资源配置准则的体现，是调控、约束、导向毕业生择业行为的基本依据。① 大学生应该了解和掌握国家制定的全国性就业政策以及行业性和区域性就业政策。对大学毕业生进行就业工作程序的指导，有利于大学毕业生在规定的时间段内收集信息、参与双向选择、进行毕业鉴定、办理报到手续等，以保证学校正常的教育秩序和学生的学习。② 就业政策的指导可以使大学生结合个人实际和社会环境，更有针对性、计划性地正确择业，避免走弯路。

二是掌握就业应试技巧。大学生如果掌握了制作简历的技巧、面试礼仪等方面的内容，可以有效地增加自己的就业机会。简历的制作，要求内容简洁、清晰、重点突出，一份优秀的简历是最好的“敲门砖”，会给用人单位留下良好的初步印象。面试的形式有个人面试、小组面试和情景面试等，有些面试会附加心理测试，应试毕业生需要了解各种面试形式的内容和模式，从而做到从容应对。此外，面试时应注意面试礼仪，大方的谈吐、得体的穿着等都可以为大学生加分不少。

三是就业心理辅导。毕业生容易出现紧张、焦虑和自卑等负面情绪，应避免好高骛远、盲目攀高、嫉妒他人、虚荣侥幸、拘谨依赖等心理误区，调整好自己的心态，正确对待挫折和障碍，保持良好的心理素质。大学生加强心理辅导是非常有必要的，包括自信心训练、行为训练、放松训练等，调节不良情绪需要大学生改变不合理认知、合理宣泄、准确定位等。

---

① 朱跃. 试论高等院校就业指导的现状和对策［J］. 教育与职业，2000（12）：47.

② 吴海英. 大学生职业生涯规划辅导模式探析［D］. 中国地质大学，2006：49.

心理漫画：大学四年？

（山东科技大学　艺术与设计学院　杨田英）

小贴士——如何纠正毕业生不合理的就业预期

美国临床心理学家艾利斯（Ellis）提出了合理情绪疗法，又称理性情绪疗法，简称RET（Rational- Emotive Therapy）。其基本原理可以称为ABC理论。A指诱发性事件（activating experience），B指信念（belief），C指结果性反应（consequential response）。艾利斯认为一些不良情绪的产生是由当诱发性事件发生后自己的不合理信念引起的，即是A—B—C的过程。例如，你在一次应聘面试中失败，这就是A诱发性事件；然后，你认为自己很笨，这样的事情不应该发生，这就是B不合理信念；这样的信念导致的结果是找不到好工作，导致自身就业预期偏低，这就是C结果反映。

我们在解决高校毕业生不合理预期的问题时，一般分为三步来培养大学生的理性情绪：第一步是了解毕业生的就业预期，并向求助者介绍治疗方法的相关内容，以让其配合整个过程。第二步是了解毕业生的不合理思维。在大学生的就业预期中，常见的不合理信念如下："我是社会中的精英，除了公务员和事业单位的工作，其他我都不会选择"，"我应该得到高薪的待遇"，"我应该有一份好工作"。这些绝对化、僵硬的要求都是导致高校毕业生不合理就业预期的观念。第三步是建立合理信念。著名的心理学家安德尔说过，人类最奇妙的特质之一就是，能把负面的东西变成正面。在心理咨询过程中，要帮助大学生客观分析当前就业环境，了解自身能力和专长，从而树立正确的就业定位，培养合理的就业预期。

三、做一个心理健康的人——大学生心理健康的标准

世界卫生组织把健康定义为："不但没有身体的缺陷和疾病，还要有完整的生理、心理状态和社会适应能力。"一个心理健康的大学生应能正确认识自我和接纳自我，能保持和谐的人际关系，有良好的适应能力，具有顽强的意志、良好的情绪状态以及有完整和谐的健康人格。偶尔出现一些不健康的心理和行为并不等于心理不健康，更不等于患上心理疾病。因此，不能仅从一时一事而简单地给自己或他人下"心理不健康"的结论。

（一）大学生心理健康的标准

美国学者坎布斯（A.W.Combs）认为，一个心理健康、人格健全的人应有4种特质：① 积极的自我观；② 恰当地认同他人；③ 面对和接受现实；④ 主观经验丰富，可供取用。

美国人本主义心理学家马斯洛和密特尔曼提出了心理健康的10条标准：① 有足够的自我安全感；② 能够充分地了解自己，并作出恰当的自我评价；③ 自己的生活和理想是否切合实际；④ 不脱离周围现实环境；⑤ 保持自身人格的完整与和谐；⑥ 具备从经验中学习的能力；⑦ 保持适当和良好的人际关系；⑧ 适度地表达与控制自己的情绪；⑨ 在集体允许的前提下，有限度地发挥自己的个性；⑩ 在符合社会规范的范围内，适度地满足个人的基本需求。

美国心理学家罗杰斯（Rogers）提出，心理健康的标准有5个特点：① 能接受一切经验；② 能不断接受各种新经验的影响；③ 信任自己的机体；④ 有自由感；⑤ 具有良好的创造性。

美国人格心理学家奥尔波特（Gordon.W.Allport）提出了与人本主义自我实现的要求十分相似的健康人格的6个特点：① 自我扩展的能力；② 密切的人际交往能力；③ 情绪上

有安全感和自我认可；④ 体现知觉的现实性；⑤ 体现自我客观化；⑥ 体现定向一致的人生观。

郑日昌提出心理健康的标准包括以下7点：① 认知活动正常；② 情绪生活健康；③ 意志品质健全；④ 自我意识正确；⑤ 个性结构完整；⑥ 人际关系协调；⑦ 社会适应良好。

樊富珉提出了大学生心理健康的7个标准：① 能保持对学习较浓厚的兴趣和求知欲望；② 能保持正确的自我意识，接纳自我；③ 能协调与控制情绪，保持良好的心境；④ 能保持和谐的人际关系，乐于交往；⑤ 能保持完整统一的人格品质；⑥ 能保持良好的环境适应能力；⑦ 心理行为符合年龄特征。

我们综合国内外的相关研究，并结合大学生群体的心理特征，认为我国大学生心理健康的标准可以概括为以下几条：

（1）智力正常：具有良好的观察力、注意力、记忆力、思维能力和想象力。

（2）情绪稳定：善于控制和调节情绪，面对挫折，坦然处之，保持持久稳定的心境。

（3）意志健全：具有良好的自觉性、果断性、顽强性和自制力等。

（4）自我意识明确：有客观的自我评价系统，有自知之明，自信乐观、自尊自爱、自主自强，具有良好的自我发展与自我完善的能力。

（5）人格统一：内在的价值体系与外在行动统一，需要与能力统一，兴趣与理想统一，动机与成就统一，性格与人格统一。

（6）人际关系和谐：敢于交往，乐于交往，善于交往，具有处理人际冲突、化解矛盾的能力，能理智地接受爱并且给予爱，与同学、集体保持和谐关系。

（7）行为反应适度：心理健康者，认识、情感、意志、行为符合其所处的年龄阶段的基本特征，大学生则表现为精力充沛、勤学好问、反应敏锐、积极探索、勇于创新、不断进取。

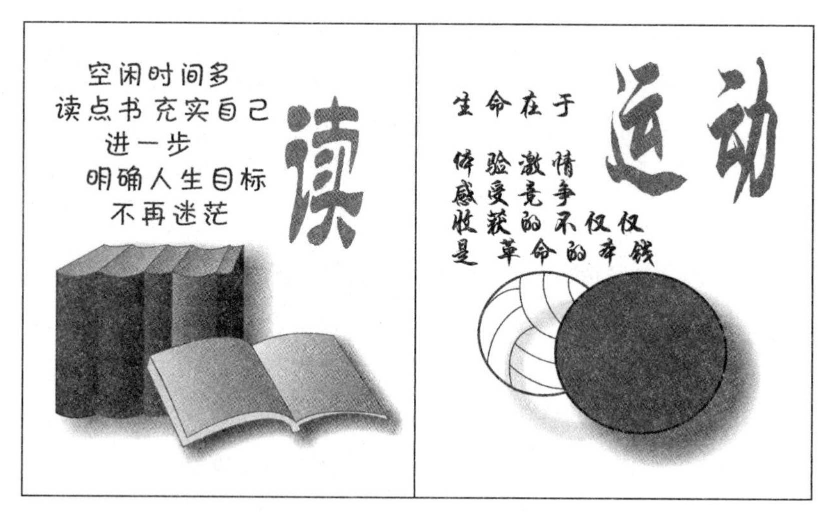

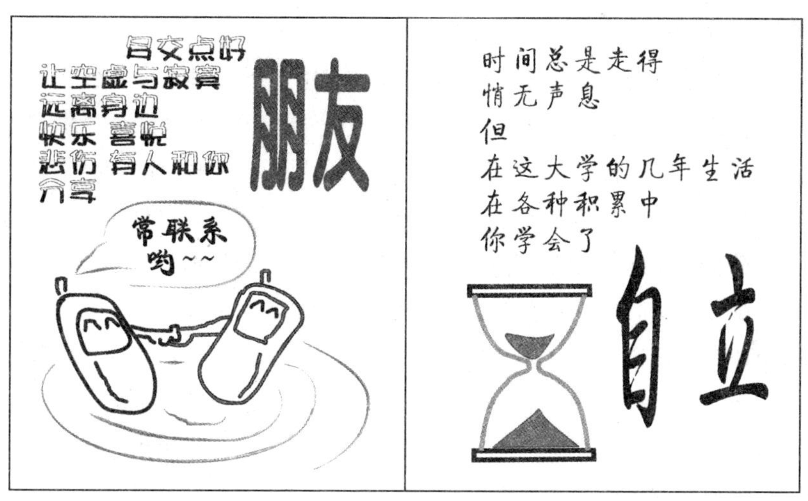

（艺术与设计学院　广告设计09-2　张耀文）

（8）社会适应能力良好：正确认识社会环境并处理好个人与环境的关系，不断调整自己对现实的期待及态度，使自己的思想、目标、行为等与社会协调一致。

（二）高校开展大学生心理健康教育工作的途径

1. 开展大学生心理健康主题教育，增强心理健康教育工作的预见性

大学生正处于人生发展的关键时期，促进个体的健康成长是预防性教育的最终目标，也是开展思想政治教育的根本目的。无论思想的形成、思想的稳定还是思想向行动的转化，都离不开心理活动，都必须有心理因素的支持。同样，心理活动也离不开思想的主导，在正确思想支配下的心理活动，才具有方向性、自觉性和有效性。①

针对大学生容易出现的心理困惑和问题，大学可以针对性地进行心理健康主题教育，做好及时的引导、教育、预防和辅导工作，以促进大学生心理素质的提高，使心理健康教育工作更具有预见性和针对性。针对大学生在每个阶段的特点以及容易出现的困惑和问题，大学生的心理健康主题教育主要有：入学新生适应性教育、挫折教育、恋爱观教育、网络成瘾的预防教育、职业生涯规划教育、人际交往教育、压力与挫折应对教育、情绪管理教育、人格培养教育等。

2. 构建大学生心理档案服务体系，增强心理健康教育工作的有效性

心理健康教育要结合大学生实际，才能有效地帮助大学生处理好学习成才和择业交友等具体问题。心理健康教育工作需要掌握大学生的身心特点和教育规律，然后确定具体的教育内容和教育方法。心理档案的建立可以使心理健康教育工作具有更加科学的参考依

① 梅清海. 对心理教育与思想教育相关性的思考［J］. 河北师范大学学报，2000（2）：83-86.

据，从而增强心理健康教育工作的有效性。

大学生心理档案服务体系的核心是建立心理档案、心理健康教育工作人员、学生之间的三者动态促进关系，充分了解学生的心理动态，为思想政治教育工作提供有效依据。一方面，应建立学生与心理档案之间的动态信息反馈体系。学生根据心理档案了解自己的心理健康状态，有针对性地调节自己、完善自己、趋利避害，提高自身素质和能力。通过心理档案采集、分析、整理并反馈自己的心理信息，增强心理档案与学生自身之间的互动。另一方面，要建立学校心理健康教育工作人员与心理档案之间的动态互动关系。心理档案可以为学校思想政治教育工作人员确定工作内容、确立工作方向提供科学依据。心理健康教育工作人员通过心理档案全面了解学生的心理健康水平、思想动态和主要心理问题，可以有针对性地调整思想政治教育工作机制和管理策略，不断提高思想政治教育工作的实效性。最后，应建立心理健康教育工作人员与学生的互动关系。学校可以开展贴近学生生活的活动方案，如心理知识竞赛、知识讲座等内容，让学生了解和关心自身心理健康，并通过学生的反馈进一步完善思想政治教育方案，形成持久长效的互动反馈。此外，学生通过心理咨询可以从心理健康教育工作人员那里得到准确的、适合自己的心理调节建议，提升自身心理素质。工作人员对咨询学生进行追踪回访，了解咨询效果，并统计主要的咨询问题，为以后思想政治教育工作储备重要资料和经验。

3. 多渠道开展心理辅导，及时进行心理干预，增强心理健康教育工作的科学性

（1）个体访谈与辅导，关注心理健康教育工作的个性化和差异化。个体访谈与辅导指干预者与求助者一对一地进行交流，更加关注个体的差异，尊重个体的感受，促进心理健康教育工作更加关注学生的个体差异，有的放矢地开展心理健康教育工作。个体访谈与辅导有助于信任感和安全感的建立。许多高校都设有专门的心理咨询室，为个体访谈与辅导创造良好的场所。当然，依据求助者的危机程度，个体访谈也可选择其他适宜的环境，例如上门访谈等。

个体咨询的言语共情技术

言语共情技术包括理解、简单重复、概括性重复。理解指对来访者的话语进行回应，与来访者达到初步的共情。简单重复指对来访者所说的词语或者语句进行重复，在重复过程中尝试理解，表达对来访者的积极关注。但简单重复使用时需适当，避免多用。概括性重复指当来访者倾诉完自己的心理困惑时，对其倾诉的内容进行概括性总结，包括其潜意识的原因与目的。

【示例】

1. 理解

来访者：我厌倦现在的生活很长时间了。

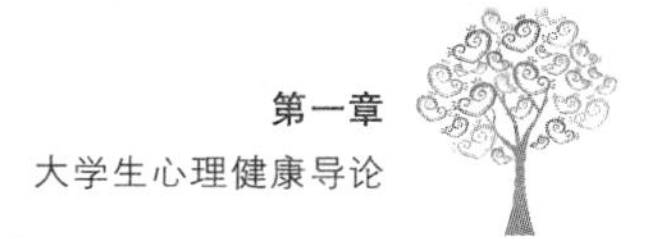

干预者：是这样。

来访者：感觉大学生活没有想象中的美好，空虚无聊。

干预者：我明白你的意思。

2. 简单重复

来访者：我厌倦现在的生活很长时间了。

干预者：哦，厌倦。

来访者：感觉大学生活没有想象中的美好，空虚无聊。

干预者：感觉大学生活空虚无聊？

3. 概括性重复

来访者：我厌倦现在的生活很长时间了，感觉大学生活没有想象中的美好，空虚无聊。尤其在课余时间或到了周末不知道该做什么，很多时间都用睡觉或上网来打发。很少能跟老师见面，同学们都在忙自己的事情，感觉没有任何人关心自己，很孤独。

干预者：你感觉自己的大学生活很空虚和孤独，很多空闲时间不知道该如何安排。人际关系也一般。

（2）团体心理辅导，关注心理健康教育工作的人性化和共性化。在心理健康教育工作中贯穿团体心理辅导，将具有相同或相似求助原因的人聚集起来组成小组，同时给予干预，从而更加人性化地开展心理健康教育。在团体辅导过程中，以感情沟通促进理性交流，以理性思维驾驭感情流动，动之以情，晓之以理，情理相融，使受教育者在心理与思想上产生共鸣，达到理想的教育效果，使心理健康教育工作朝着人性化和共性化的方向发展。

心理危机干预中的团体心理辅导，尤其是在重大灾害事件、突发创伤事件面前，适宜于采用关键事件应激晤谈，简称为CISD（critical incident stress debriefing）。CISD模式对于减轻各类事故引起的心灵创伤具有重要意义。高校的团体心理辅导是依据学生的心理特点而定，例如新生适应的团体干预用来解决大学生适应问题，贫困生的团体干预用来解决贫困生的自卑和内向等心理问题，就业压力的团体干预用来缓解大学生的就业压力和解答就业困惑等。

（3）电话咨询。电话干预是比较常见的危机干预方式。电话干预对于干预者的要求较高，只能根据求助者的声音、音量和语气等信息来判断求助者的精神状态，没有其他非言语信息作为依据，因此干预者需要具有较高的交谈技巧和判断能力。

（4）网络咨询。互联网的普及使网络咨询成为一种新兴的干预方式。在网上咨询主要依靠网上留言平台、电子邮件、聊天工具等来实现心理干预。网络咨询比较适用于大学生的危机干预，许多高校引进了心理测评软件。心理测评软件不仅能实现网络测评，还能较好地实现网络互动。在网络咨询平台上，大学生可以选择自己喜欢的心理咨询师，时间也比较自由，是个体咨询的一种有益补充。

4. 将心理健康教育课程纳入高校教学体系，增强心理健康教育工作的规范性和专业性

心理健康教育是素质教育的重要组成部分，将心理健康教育有关课程纳入高校教学体系、融入思想政治教育工作中是必然趋势。教育部《普通高等学校学生心理健康教育工作基本建设标准（试行）》中已经明确指出：高校应充分发挥课堂教学在大学生心理健康教育工作中的主渠道作用，根据心理健康教育的需要建立或完善相应的课程体系。学校应开设必修课或必选课，给予相应学分，保证学生在校期间普遍接受心理健康课程教育。①

心理健康教育课程纳入高校教学体系，有效促进了心理健康教育工作朝着规范化和专业化的方向发展。心理健康教育课程在课程内容上要突出“大学生”和“心理健康教育”的特点，把心理学知识与这两个主体密切结合，使学生能利用所学知识自主地分析生活中遇到的难题，更好地塑造自我，不断提高自身心理健康水平和思想道德水平。

四、美好人生从心开始——大学生心理健康主要因素及心理调适方法

（一）影响大学生心理健康的主要因素

1. 人格

人格，也称个性，是一个人心理特征的总和。俗话说，“人心不同，各如其面”，每个人都具有不同的人格。人格受到遗传、家庭教育、早期经验等因素的影响，是在生活中逐渐形成的，在个体的某一个时期内稳定不变。人格特征与行为方式之间存在紧密联系，良好的人格特征将有助于个体适应社会生活，而病态的人格特征将使个体在生活中遭受较多的摩擦，体验到更多的心理冲突。特别是在环境发生重大变化时，由于适应不良，具有病态人格的大学生较其他人更容易出现心理危机。

大象的故事——习得性无助

一根小小的柱子，一截细细的链子，能拴得住一头千斤重的大象，这不可思议吗？可这个场景在印度和泰国随处可见。那些驯象人，在大象还是小象的时候，就用一条铁链将它绑在水泥柱或钢柱上，无论小象怎么挣扎都无法挣脱。小象渐渐习惯了不挣扎，直到长成了大象，可以轻而易举地挣脱链子时，也不挣扎。

人如果产生了习得性无助，就是一种可悲的现象。因此，在学习和生活中我

---

① 教育部. 普通高等学校学生心理健康教育工作基本建设标准（试行）. 教思政厅〔2011〕1号.

们应把自己的眼光再放远一些，看到事件背后真正的决定性因素，不要使自己陷入绝望。

2. 家庭

家庭的完整与和睦对大学生的身心健康有着深远的影响。大学生虽然离开家庭来到了大学校园，但他们在心理上还是与家庭一体的，并没有完全“心理断奶”。心理学研究表明，家庭教养的方式对人一生发展的影响是巨大的。首先，单亲或者离异家庭的学生容易出现心理问题。单亲或者离异家庭的孩子，由于父亲或母亲的突然丧失、父母经常吵架等因素，会缺少安全感，没有自信心，并且变得自卑和敏感，缺少与周围人沟通和交流的能力，心理压力较大。其次，隔代养育的学生容易出现心理问题。部分父母由于工作压力较大，孩子交由长辈养育。隔代养育的孩子由于受到过分溺爱，容易变得骄横跋扈，以自我为中心，性格乖戾，不容易与人沟通。

个案举例 刘某，女，大三学生，文科

自述　两年以来，睡眠都不好，经常处于恍惚状态，开始对生活还有激情，现在已经感觉不到生活的乐趣了，越来越感觉自身能力不够。学习不能专心，家庭也让她无奈，尤其是现在面临放寒假，不知何去何从，内心非常痛苦：一方面，想学习好，出人头地；另一方面，对生活兴趣降低，对未来感觉很茫然。她出生于农村家庭，从小父母感情不和，父亲经常打骂母亲，在她5岁的时候，母亲一个人带着她和姐姐远走他乡，以讨饭为生，后来在一个地方停留下来，她也上了小学，后又辗转多处，在别人的冷眼和嘲讽中长大。记忆中的母亲是可怜的，也是无助和无能的，小时的她经常一个人从破旧的小房子里往外看，童年和少年时期没有一点温暖的记忆，家对她来说，是恐惧的。现在母亲一个人仍然在城市漂泊着，以捡破烂为生，生活没有保障。她不相信任何人，从不与同学交流家庭情况，害怕同学知道了会瞧不起她。对同学表面是平和的，但心里是非常防备的，总感觉同学在背后嘲笑自己。

3. 应激源

（1）人际关系。大学生正处于社会化的初级阶段，人际交往在他们的生活中占有重要的位置。处于青年期的大学生思想活跃，精力充沛，兴趣广泛，人际交往的需要极为强烈。青年期的大学生希望自己被接受、被理解，一旦受到拒绝，对他们的打击会比较大。许多调查表明，人际交往是大学生产生心理危机的主要因素之一。

人际交往中的首因效应

【实验】有一位心理学家曾做过一个实验：把被试者分为两组，同看一张照片。对甲组说，这是一位屡教不改的罪犯。对乙组说，这是位著名的科学家。看完后让被试者根据这个人的外貌来分析其性格特征。

甲组：深陷的眼睛藏着险恶，高耸的额头表明了他死不悔改的决心。

乙组：深沉的目光表明他思维深邃，高耸的额头说明了科学家探索的意志。

【结果】这个实验表明，第一印象形成的肯定的心理定势，会使人在后继了解中多偏向发掘对方具有美好意义的品质。若第一印象形成的是否定的心理定势，则会使人在后继了解中多偏向于揭露对象令人厌恶的部分。

（2）学业压力。大学开放的学习环境和较为宽松的管理模式与中学阶段的教学模式具有较大的差别。进入大学后，大学生需要独立安排自己的学习时间，选择自己喜欢的选修课，具有更强的独立性、自觉性和灵活性。在中学习惯于“手把手”式教学的学生，有些会变得不知所措，学习动力不足，缺少独立思考问题的能力，从而导致自信心下降、厌学等情况，引发心理危机。此外，毕业生面临的考研问题给学生带来了巨大的心理压力，很多学生在考研临近前出现情绪低落、学习效率低下、焦虑、失眠等症状，最终导致心理危机的发生。

（3）就业压力。近几年大学生就业面临着前所未有的严峻形势，用人单位给学生设立的门槛越来越高，给毕业生增加了很重的心理负担。就业压力可能引起大学生以下两种心理障碍：一是情绪障碍，大学生在准备就业期间可能存在着悲观、不满和焦虑情绪，面对严峻的就业竞争，有些大学生深感困惑，产生了不良情绪；二是认知障碍，部分大学生对就业环境和自我意识存在着不正确认知，并且有从众心理和盲目攀比心理，把社会环境看得过于复杂或过于简单，或者高估自己、低估环境，或者低估自己、高估环境。

（4）突发应激事件。突发应激事件容易使学生产生心理危机，例如考试不及格、亲人的突然去世等都会给学生带来心理的阴影。心理承受能力较差的大学生在面临突发打击性事件时，容易变得不知所措、恐惧、焦虑、心情低落，如不能得到及时缓解，容易导致心理危机出现。

（5）恋爱。恋爱是大学校园中普遍存在的异性交往现象，大学生在生理上发展到成熟状态，有了情感发展的需要。但大学生在恋爱交往中容易出现心理危机，主要原因有：一是单相思。即异性交往一方喜欢另一方，但得不到相同回应。这种情况容易使大学生产生空虚、烦恼和绝望的感受，甚至耽误自己正常的学习和生活。二是恋爱动机不端正。有的人只是为了满足虚荣心或者弥补空虚感，这种交往极易发生冲突，对双方都造成伤害。三是失恋。失恋是比较严重的心理挫折，容易给大学生带来悲伤、痛苦、焦虑、绝望的负面

情绪，如得不到及时缓解，可能会影响学生的恋爱观，并且导致身心疾病，严重时会发生自杀或杀死恋爱对象等极端事件。

爱情三角理论[①]

社会心理学家有个爱情三角理论，认为所有的爱情体验都是由激情、亲密和承诺三大要素所构成的。激情指一种情绪上的着迷，个人外表和内在的魅力是影响激情的重要因素。亲密指的是两个人心理上互相喜欢的感觉，包括对爱人的赞赏、照顾爱人的愿望、自我的展露和内心的沟通。承诺主要指个人内心或口头对爱的预期，是爱情中最理性的成分。

亲密是“温暖”的，激情是“热烈”的，而承诺是“冷静”的。

4. 社会支持

社会支持是指家庭、亲属、朋友、同学等社会各方面给予个体的精神上和物质上的帮助，社会支持反映了一个人与社会联系的密切程度。有研究表明，在危机干预过程中，积极广泛的社会支持不仅有利于人们形成正确的合乎逻辑的认知，有利于降解心理压力和消极情绪与行为，也有利于机体免疫系统功能的启动，有利于人们积极认识并重建人际和社会关系。社会支持会在人处于应激状态时通过个体的内部认知系统缓冲压力事件对身心状况的消极影响，保持与提高个体的身心健康水平。Andrews研究表明，如果个体在高应激状态下，获得的社会支持越多，越容易形成积极的、成熟的应对方式；缺乏社会支持，则会形成消极的应对方式，其身心损害的危险度为普通人群的两倍。大学生心理危机是否发生、发生的程度是与其个人的社会支持水平紧密相连的。良好的社会支持对人来说具有减轻心理应激反应、缓解精神紧张状态、提高社会适应能力的作用。

（二）大学生心理危机的高发群体

1. 新生群体

大一新生刚入学，身心发展极不稳定，极易受外界环境变化的影响。这一时期大学生正处于“心理断乳期”，面临着各方面的挑战。一是理想与现实的差距。大学生满怀憧憬地进入大学，想象着古树参天、绿树成荫、花团锦簇、曲径通幽的校园，气势磅礴的教学楼，先进的实验设备，宽敞明亮的学生宿舍，生动活泼的课堂教学。但事实上可能会有教学设备落后、教学内容陈旧、教学方法不当、管理办法不妥、娱乐设施缺乏、学习单调乏味、宿舍狭小拥挤等状况，这种落差造成了大学生心中的失落和迷茫感，使其心理严重

① 百度百科［DB/OL］. http://baike.baidu.com/view/118780. htm.

失衡。二是角色变化的差距。在高中，大家基本上都是凤毛麟角、鹤立鸡群的人物。在大学，无论从学生干部和学习上都难再现辉煌，原有的优越感和自豪感变成了自卑感和焦虑感，要从优势角色向普通角色转变。这种转变是痛苦的和迷惑的，如果不能及时调整自己的心态，很容易变得自卑和孤僻。三是学习的差距，学习方式由以前的监督学习变成了现在的自主学习，学习内容更加深刻、广泛，这对新生来说较难适应，付出同样的努力不一定能达到以前的效果。四是生活目标缺失。部分学生在高中时确立的唯一奋斗目标就是考大学。等考上大学后，突然变得迷茫，不知道自己下一步的目标是什么、该做什么、适合做什么，陷入深深的苦恼和空虚之中，于是有的人开始沉迷网络，经常旷课；有的生活懒散，得过且过，最终导致心理危机的发生。

2. 贫困生群体

贫困大学生面临着经济和学业的双重压力，加上成长环境和社会氛围的影响，很容易产生心理危机，主要表现在以下几方面。

一是自卑。贫困大学生的消费水平较低，在饮食、穿着和娱乐方面都明显低于周围学生，这给贫困大学生带来了很大的心理压力。此外家境贫困的大学生在成长过程中也较容易缺少认同和满足感，这使他们对人际关系非常敏感，性格内向甚至会产生自卑心理。贫困生与城市学生相比，在知识面、动手能力、人际交往等方面存在很大差距，加之双方生活环境、教育环境的巨大差异，使他们较易产生负面情绪。对新生活的憧憬和现实的巨大差距使他们中的一些人情绪低落、意志消沉、悲观失望。为掩饰自卑、增强自信，缩小与其他同学的差距，这些人在行为上常表现出与现实条件不符、甚至相反的举动，极力想包装自己。由于经济条件的限制，他们对人际交往的开支难以承受，所以不愿意参加集体活动。有的贫困生会变得敏感多疑，不愿意透露自己的家庭状况，不愿意接受同学的好意，对人际交往产生抵触情绪。

心理漫画：走出自卑

（山东科技大学　艺术与设计学院　杨田英）

二是焦虑、抑郁的心境。贫困生的焦虑、抑郁情绪主要来自以下几个方面：首先是对家庭负担的焦虑，由于家境贫困，他们一方面不想加重家人的负担，另一方面又无能为力，内心充满了对家人的愧疚与自责。这使他们感到自卑和焦虑，在一定程度上加重了他们的心理负担。其次是对自己大学生活的焦虑，贫困生面对与其他同学生活上的差距，面对新的环境，他们常感到自己低人一等，不敢与人交往，害怕显露自己的不足。再次是对学业的焦虑，相当一部分贫困生将优异的成绩作为出人头地、获得自尊的途径，但面对激烈的竞争，不如意的事情时有发生，这无疑给贫困生造成了沉重的打击。第四个方面就是对爱情的焦虑，随着生理和心理的日渐成熟，他们与普通学生一样渴望爱情，但由于自身人际交往能力较弱，加之严重的自卑，使他们不得不对爱情望而却步。

三是性格孤僻。许多贫困生存在着人际关系不良的问题。有些学生把压力掩藏在内心深处，不愿对同学和朋友倾诉，甚至害怕别人知道。部分贫困生的心理承受能力弱，变得敏感多疑，对周围发生的与自己有关或无关的事情变得神经过敏。在意别人知道自己的不幸，更不愿意放下自尊去寻求学校、同学和老师的帮助，甚至把别人的关心当成是对自己的嘲讽和怜悯。时间一久压力得不到缓解，有的学生就会对前途感到悲观失望，甚至自我封闭，失去了活下去的动力，导致走上绝路。

3. 毕业生群体

20世纪90年代后期以来，我国大学毕业生的数量急剧增加。大学毕业生的就业形势不容乐观，毕业生的就业压力逐渐加大。当前高校毕业生就业现状主要表现在以下三个方面：一是就业地域选择偏向沿海发达地区。许多高校毕业生以去经济发达地区发展作为自己的理想，对大城市、沿海发达地区情有独钟。有调查显示，对于经济相对落后的西部地区，部分学生表示赞成“大学生志愿服务西部计划”，但自身不会选择去西部。二是高校毕业生在选择就业单位时求地位，保稳定。学生以收入高、待遇好的单位作为自己追求的目标。大部分学生首选机关、行政事业单位、金融机构，其次才是效益较好的大型企业、合资企业、民营企业。三是就业收入期望值较高。黄敬宝2008年在北京的调查显示，63.1%的北京高校毕业生期望在北京就业，最终就业率为48.4%；51.8%的毕业生期望在金融保险、文化传媒和党政机关就业，最终就业率为37.6%。薪酬方面，尽管毕业生对起薪的期望值逐年下降，但仍高于北京市人均收入水平，75.5%的用人单位认为毕业生的就业预期值过高。①

有调查显示，就业压力是毕业生压力的主要来源。这种状况是由多方面因素造成的。首先，大学生绝对数量在短期内的急剧膨胀与社会接纳吸收能力的提高存在较大矛盾。其次，由于我国的大学教育正在从精英教育向大众教育转变，很多家庭、学生在认识上并没有及时地加以转变。很多学生还抱着入校之初的美好憧憬，认为只要进了大学就能找到好工作，但临近毕业却发现事与愿违。再次，由于大学教育改革落后于社会改革，目前的教育体制下培养的学生并不完全是社会需要的人才，大学的培养目标与社会需求脱钩。

很多毕业生抱着美好的憧憬走向就业市场，换来的却是失望。从初入大学的踌躇满志到毕业时的落魄而归，巨大的心理落差成为大学生心理危机的重要诱因。

4. 学业困难群体

学生以学习为天职，各高校对大学生的学习成绩都制定了非常详尽而严格的规定，往往是学生达不到学校规定的学分就不能拿到毕业证、学位证。成绩欠佳的学生的压力往往是巨大的，因为，拿不到毕业证书即意味着几年的高学费投入付之东流，将很难找到合适的工作。另外，学业困难群体学生的生活环境也将恶化。家长将无法在短时间内接受孩子不能取得毕业证书的事实，周围的亲戚朋友也将“另眼相待”。由于学业困难的后果是十分严重的，所以学生不及格科目越多，心理压力越大，心理危机发生的可能性就愈大。

案例1

山东科技大学2007届毕业生管晓薇是毕业生中闪亮的人物：作为2007届山东省优秀毕业生，她获得了美国9所大学的物理系博士全额奖学金，还同时被加拿大顶尖名校McGill University录取；同时，还获得了“齐鲁晚报杯”山东高校十大优秀学生的殊荣，受到省委领导的接见，前不久又被评为“感动校

① 黄敬宝. 2008年北京地区大学生就业状况调查［J］. 中国青年研究，2009（1）：62-65.

园”学生人物，在各校区巡回报告，成为名闻遐迩的“校园明星”，得到了广泛的赞誉。

在很多人看来，管晓薇睿智中见沉稳，机智而不莽撞，热情不失冷静，这也许是她一路凯歌的原因吧！

她深知出色的数学建模能力是学好物理专业、为科研打下坚实基础的根本，因此，管晓薇除了平时刻苦学习数学基础知识外，还高效地利用课余时间参加了多项数学建模大赛，并取得了优异成绩。2007年3月，管晓薇等三人组队参加了美国大学生数学建模大赛，这是学校第一次组织学生参加国际性的大赛。他们的选题是“我为美国划选区”。美国选区划分问题，在国际上也是一个难题。但管晓薇等人在带队老师的指导下，迎难而上，苦苦思索寻求解决方案。时值隆冬，同学们大都回家过年了，而且教学楼也停了暖气，非常冷。晚上熬夜的时候，管晓薇的手指冻得冰凉，有一回都冻僵了，但是大家都坚持着，努力着，终于按时完成了论文。没有想到的是，这次见识国际性大赛的尝试，却收到了丰硕的回报：他们的作品在全世界1300多支队伍中脱颖而出，获得了2007年美国大学生数学建模大赛二等奖！事后回头想想，管晓薇认为，“有付出就有回报”，她说：“如果没有回报，那是因为你没有百分百地付出。”

她在校期间注重全面发展，各方面成绩都非常突出。任团支部书记期间，所在团支部先后获得“优秀团支部”、“文体活动先进集体”、“社团活动先进集体”等称号。管晓薇学习特别刻苦，成绩优异，连续七个学期保持学习成绩与综合测评成绩专业第一，每学年均获校一等奖学金，并获2005年“尤洛卡”奖学金。

思考：为什么大学四年当中管晓薇会取得那么多优异的成绩？她获得成功的原因是什么？

案例2 王某，男，大学三年级，工科

自述　高中时学习非常优秀，一直是班级的前五名，自己也有一个远大的理想，一心要考进名牌大学，但由于高考时太紧张，没有发挥好，无奈进入现在的学校。进校之后发誓一定好好学习，争取考研究生时，实现自己的梦想。但入校以来，心情一直不好，上课注意力很难集中，并且入睡困难，严重影响了学业，感觉非常痛苦。尤其让他不能忍受的是他现在找座位很难，不管坐在教室的哪个地方，他都感觉不舒服，只要看到前面的同学在学

习，他的心就难受；如果有人在他身边抖动腿，他更痛苦，恨不能立刻逃走。平时上课没有办法，勉强待在教室里，困难的是找自习室，只要看到自习室里有学生，他就不想进去，于是就不断地找，直到教室里没有人，或者只有一两个，他才进去。还有就是不能看到别人笑，一看到别人笑，就以为是在笑话自己，平时很少和同学交流，更不参加什么活动，认为活动毫无意义，浪费时间。回到宿舍，看到有同学在上网，他也不舒服，会有一种冲动，想把人家的电脑给砸了，情绪非常恶劣。他对自己的这种状态非常不满，于是经常胡思乱想，一个人发呆，感觉要崩溃了。

思考：这位同学出现了哪些心理问题？我们应该如何帮他解决？

案例3

下面是个体咨询的一段对话，请仔细阅读后回答问题。

【示例】

来访者：这件事困扰了很长时间，我在宿舍里总是被忽略的角色，我的舍友总是不关心我。

咨询师：你认为她们应该怎样关心你？

来访者：当我遇到困难时给予我帮助，心情不好时给予我安慰。

咨询师：比如，你遇到什么困难？

来访者：我考试失败了，心情不好，

咨询师：你的舍友什么反应？

来访者：她们都在开开心心地说笑，没人在乎我当时的心情。

咨询师：你认为她们应该怎么做？

来访者：不应该那么开心，至少应该安慰我两句。

咨询师：你觉得自己不高兴时，周围的人也不应该那么开心。

来访者：或许是吧。

咨询师：这就是问题所在，你认为，心情不好时，舍友不应该那么高兴，应该主动跑过来关心你。这种错误想法让你认为自己被忽略，被冷落。

问题：请分析来访者的问题是大学生经常出现的哪类心理问题？结合本章内容回答影响大学生心理健康的主要因素有哪些？

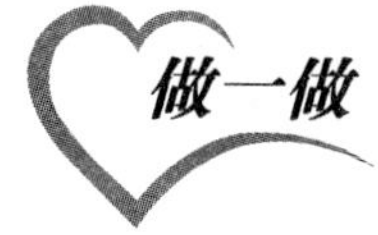

活动1："六人组"的快乐

目的：感受团队的重要性，体会在团队交流中的愉悦以及被团队抛弃和排斥的痛苦。通过玩这个游戏，可以鼓励学生与别人交流，提高人际沟通能力。

准备：卡片与信封。

时间：20分钟。

操作：

（1）教师事先准备好卡片，每张卡上都有一句短语，在卡中各有6张短语是相同的。另外准备1~5张短语卡片，每张卡片上的短语不同。

（2）将卡片装在信封里，密封好，每位同学抽取一封。

（3）让学生打开自己的信封，离开座位，在教室中走动，向别人介绍自己并重复那条短语。当哪位同学发现自己的纸卡和这个学生的相同，就是被找出来的朋友，他们即是一组，然后再继续寻找。到小组全部组合完毕，就成为一个团结、友好的合作团队，坐在前后左右位置，组成一个小组。

（4）有几个同学最终被剩下，没有自己的团队。这时，引导整个团队进行讨论。讨论内容如下：

① 没有找到自己的团队，你的感受如何?

② 当发现自己和别人有同样的短语时，你感觉如何?

③ 我们是应该帮助那些没有团队的人，还是保持原样？为什么?

活动2：笑容可掬①

人们常说，当你面对生活的时候，你实际上是在面对一面镜子——你笑，生活也在笑；你哭，生活也在哭。面对别人的时候也是这个道理，要想获得别人的笑容，你首先要绽放自己的笑容。所谓"己所不欲，勿施于人"，既然你不想让别人对你绷着脸，为何要对别人绷着脸呢？在团队合作中，彼此之间保持默契，维系一种快乐轻松的氛围，会非常有利于大家彼此之间的沟通，也会加快我们的合作步伐。

目的：加强与对方的沟通和交流，同时增进彼此之间的感情。

时间：5分钟。

① 经理人培训项目编写组. 培训游戏全案［M］. 北京：机械工业出版社，2005：181-182.

操作：

（1）同学自愿报名参加活动。参加的同学（人数为偶数）在讲台上，站成两排，两两相对。

（2）各排派出一名代表，立于队伍的两端。

（3）相互鞠躬，弯腰成90度，高喊“×××，你好”。

（4）向前走，集中于队伍中央，再相互鞠躬高喊一次“你好”。

（5）鞠躬者与其余同学均不允许笑，笑出声者即被对方俘虏，需排至对方队伍最后入列。

（6）依次交换代表人选。

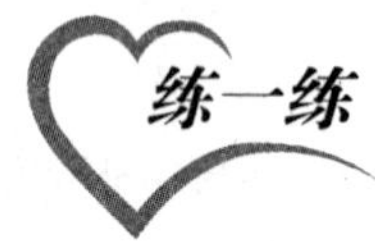

练一练

一、大学生心理发展的特点是什么？

二、请根据大学生心理发展的阶段性特点，谈谈大四学生如何以良好的心态做好毕业准备？

三、大学生心理健康的标准是什么？

四、大学生心理危机的高发群体包括哪些人？

第二章

大学生心理咨询

“什么是心理咨询？”

“什么人需要做心理咨询？”

“是不是心理有病才需要做心理咨询？”

“心理咨询有用吗？”

“心理咨询到底是怎样一个过程？”

“我和咨询师谈的事情，他（她）会不会告诉别人呢？”

刚开始接触到心理咨询这个名词的时候，很多同学都会产生上述种种疑问。

其实，产生于20世纪之初的心理咨询，尽管至今只有区区百年历史，但在人类文明的历史长河中，我们却积累了很多相关的知识和智慧的火花。如我国的传统医学、传统养生学以及许多民俗活动中，都蕴含有丰富的与心理咨询相关的因素和成分。所以，心理咨询的“基因”在我们的文化中并不缺乏和陌生。但如何用科学的视野认识和理解心理咨询的相关问题，还是需要我们花一点时间的。

本章我们将结合同学们的生活实际，试着回答同学们的这些疑惑。

读一读

一、心理咨询的概念和功能

（一）什么是心理咨询？

心理咨询在英文中称为counseling， 在我国台湾地区一般译为“咨商”，在香港地区译为“辅导”。心理咨询尽管已有百年发展的历史，但由于心理咨询领域的不同流派对人的心理和行为的不同理解，由此基础而形成的咨询理论和方法特点有许多不同，对心理咨询的定义也往往带有各个流派不同的特点，因此给心理咨询下一个明确的、得到学术界公认的定义是比较困难的。

早在20世纪50年代，美国心理学会的咨询心理学分会就给心理咨询下了一个定义，称心理咨询是“帮助个体克服其个人成长过程中的障碍，并帮助他们最大限度地开发其个人潜能”。这个定义注重的是咨询目标，并没有全面准确地回答出心理咨询到底是什么，因而无法得到同行的共同认可。

心理咨询（counseling）在国外是涵盖较为广泛的一个概念，包括职业指导、教育咨询、心理健康咨询和婚姻家庭咨询等方面，各种咨询尽管不尽相同，但又具有某些共同的特征：

共同特征之一是心理咨询过程是一种人际帮助过程。咨询过程，首先要有咨询师与来访者，两者缺一不可，否则，就无法完成咨询过程。有了咨询师与来访者还不够，还需要咨询师依据一定的心理学理论和技术，与来访者建立一种特定的人际关系，通过人际互动，来影响和帮助来访者实现改变，达到特定的咨询目标。很多咨询师认为，咨询过程是建立在咨询师与来访者良好人际关系的基础上的，在这种安全、信任、尊重的关系中，在咨询师的帮助和陪伴下，来访者才有勇气袒露和剖析自己，才有力量尝试以新的方式对待自己、对待他人和面对生活中的问题，才有可能做出改变。

共同特征之二是心理咨询过程是一系列心理活动过程。首先，咨询师运用建立在心理学基础上的理论和技术，来影响来访者的心理活动。其次，来访者所带来的问题往往是诸如焦虑、抑郁、人际交往障碍等心理问题，尽管这些问题常常与考试失败、经济窘迫、失恋等具体生活事件有关，但咨询师关注的是来访者面临这些问题时的心理适应问题以及由此带来的心理问题的处理，而不是告诉来访者诸如应对考试的策略、赚钱办法、或怎样再找一个男（女）友等。咨询师帮助来访者实现改变、达成咨询目标的过程，实际是在促进来访者通过一系列心理活动，实现心理层面的改变的过程。例如，咨询师帮助来访者认识真实的自我，分析行为的意义和有效性，学会与外部环境条件的平衡和谐；探讨消极情绪与认知评价的因果关系，领悟其内在的动机冲突，克服不良习惯与行为模式等，都是在心理活动过程中实现改变的。

在对心理咨询的特征有了上述认识和理解后，我们可以重新面对如何给心理咨询下定义的问题。北京大学钱铭怡教授认为，“咨询是通过人际关系，运用心理学方法，帮助来访者自强自立的过程”①。这一定义基本表达了心理咨询的本质内容。在此基础上，我们给心理咨询作如下定义：心理咨询是咨询师通过人际关系，运用心理学的理论和方法，帮助来访者实现自我成长的过程。这一定义包含以下内涵：心理咨询是建立在良好的人际关系基础上的，是在心理学有关理论指导下进行的，是来访者在咨询师帮助下通过一系列心理活动实现自我成长的过程。这就是我们对“什么是心理咨询问题”的回答。

（二）心理咨询的功能

什么是心理咨询，通过上面的介绍，我们已经有了初步的了解。那么，心理咨询对我们来说，到底有什么用，有什么功能？当遇到心理困惑的时候，真的可以通过心理咨询来获得心灵安慰、心理平衡吗？在回答这个问题之前，我们先看一个古老的故事。

古希腊有个传说，在忒拜城附近的悬崖上有个叫“斯芬克斯”的女魔。她长着狮子的躯体、人的脑袋，整天守着那条过往行人必经的道路，让过路的行人猜一个谜：“什么东西早上是四条腿，中午是两条腿，傍晚是三条腿？”如果行人不能答对谜底，她就会把他吃掉；如果猜出来了，她自己就会死去。无数的人都不能猜出谜底，于是城中死去了许多人，外面的人也不敢来这里了，城内外充满了恐惧。终于有一天，一个叫“俄狄浦斯”的年轻人来到了斯芬克斯的面前，说出了这个神奇“东西”的谜底——“人！”斯芬克斯听后大叫一声，跳下悬崖摔死了，而这个谜语却流传了下来。

这也许就是所谓“当局者迷”吧！“斯芬克斯之谜”于今天的我们，可能已不是一个难题，而它所暗含的隐喻，却是不分时代、不分民族、不分老幼、不分性别地存于我们每个人中：其实我们并不是很清楚地了解自己。而这种“糊里糊涂”并不能给我们带来快乐，渴望了解自我是人天生的需要，因为只有了解自我，了解自己真正的需求与愿望，才可以在现实中找到方向，明白生命的意义，才可以当你走得很累很辛苦的时候，并不觉得委屈与懊悔；也只有了解了自我，才可以撕去太多的因所谓“生活”而带上的种种“面具”，享受清净与安宁！一个人不能真正了解自身，纵使忙碌不停，终是茫然痛苦；纵使优裕富足，终是难耐空虚……

① 钱铭怡. 心理咨询与心理治疗［M］. 北京：北京大学出版社，1994：2.

心理咨询就是采用一些专业的方式，与当事人一起去揭示“斯芬克斯之谜”，一起去探索心灵，感受真我，发现谜底，获得成长、成功的力量。因为心理咨询是一种心灵的触摸和对话过程，在这一时空中，你可以逐层褪下繁重的装束，可以放心地没有干扰地去看自己，去思考自己，不会遭遇嘲笑，不必忍受评价，有的只是倾听、关注、同感与接纳，你可以全神贯注地直抵心灵深处！

个案举例 瑶瑶（化名），女，17岁，某高校二年级学生

瑶瑶来自南方某省的农村。她提前一年上小学，由于成绩优异，初中又跳了一级。上了大学，她比同年级的大多数同学要小两岁。由于身材长得比较矮小，看上去不像大学生，至多像一名中学生。为此，她常常感到自卑，只要听到有人夸她年龄小、学习好之类的话，她就感到心烦，甚至愤怒。她不敢与同学并排同行，生怕被衬托出自己的矮小，不敢与男生讲话，就怕他们的俯视目光。虽然她是以高分考上大学，却常常担心考试不及格，害怕体育成绩通不过。她下决心要改变自己，以弥补这些不足。她喜欢唱歌，于是就拼命地去学那些在同学中流行的歌曲，不惜放弃晚自修的时间去卡拉OK厅练歌，以期以美妙的歌喉获得同学们的赞扬；她本来就助人为乐，现在更是千方百计地去帮助别人，以期“讨好”同学。长久如此，牵扯了自己很多时间和精力，学习成绩直线下降。表面上看她似乎改变了自己，与同学的关系也显得不错，但她内心深处却感到前所未有的孤独和痛苦，为此她常常失眠，夜深人静时常常暗自流泪。直到有一天，她鼓足勇气走进心理咨询室，在咨询老师的帮助下才如梦方醒，知道了自己的这些想法都是主观的猜想，是庸人自扰；自己的这些做法，都是在“表演”，在为别人改变自己。从此，她才开始了真正的改变，客观地面对自我，接纳并欣赏真实的自己。

生活、学习、工作中，我们还会遇到很多事情，碰到很多问题。心理咨询所提供的全新环境可以帮助人们去认识自己、认识社会，处理好各种关系，逐渐改变自我本身、自己与外界不合理的思维、情感和反应方式，并学会与自己相处、与外界相适应的方法。心理咨询不仅能够帮助来访者解决问题、排除困扰，还能掌握自我调适的方法，从而提高生活质量，处理好各种关系，提高学习、工作效率。

具体来说，心理咨询的功能主要有以下几点：

（1）通过心理咨询，可以帮助你学会认识自我，拥有完善的认知体系；

（2）通过心理咨询，可以帮助你学会管理自己的情绪，使你拥有更积极稳定的情绪；

（3）通过心理咨询，可以帮助你拥有健全的人格，摆脱自卑、自恋、自闭等不良心态；

（4）通过心理咨询，可以帮助你恢复爱的能力，学会幸福地工作和幸福地生活；

（5）通过心理咨询，可以帮助你摆脱痛苦，教会你应付挫折的方法；

（6）通过心理咨询，可以帮助你度过人生各个发展阶段的种种危机。

总之，心理咨询是一个自我探索的过程，是一个自我潜能开发的过程，是一个自我完善的过程，是一个自我成长的过程，是一个自强自立的过程。

二、大学生心理咨询的意义和特点

（一）大学生心理咨询的意义

其实在人的一生中，几乎每个人都有可能在某个阶段要经受一些或轻或重的心理困扰，尤其在一个人成长的快速期——青少年时期，各种成长中的苦恼时常会“光顾”他们，这是再正常不过的事情。这是个人成长的代价，也为个人的成长提供了机会，因为苦恼每一次“光顾”，都是对人的一次挑战和磨炼，我们就是在这一次次挑战和磨炼中一步步成长，慢慢地长大。在面对这些挑战和磨炼的时候，当我们感到力不从心、感到紧张惶恐时，心理咨询就可以给我们力量，给我们帮助。心理咨询，是我们心理成长的加油站、保健所。 而心理成长，既是我们成才的需要，也是我们幸福人生的基础和源泉。

1. 心理成长是成才的需要

对于一名大学生来说，个人成才既是个人的追求，也是家长、老师、社会的期望。但在个人的成长、成才过程中，哪些素质起关键作用，可以说是仁者见仁，智者见智。有人曾对320位诺贝尔奖获得者的内在素质特征进行了研究，发现这320位诺贝尔奖获得者，尽管出身背景、成长的经历有很大差异，但在人格特征、处事方式和态度等方面却有极高的相似性：

（1）高瞻远瞩，把握时机；

（2）选准目标，坚持不懈；

（3）勤奋努力，注重实践；

（4）富于幻想，大胆探索；

（5）排除干扰，勇往直前；

（6）情趣浓厚，好奇心强。

这六方面的相同之处，大多讲的是人的意志力、想象力以及态度、兴趣等心理特征。

美国的一位心理学家推孟，也曾对1500名智力超常学生进行了长达50年的研究，发现最成功的前50名与最不成功的后50名，其差异不在智力上，而是在毅力、自信心、情感和社会适应能力以及实现目标的内驱力等方面。

1995年，美国丹佛大学的丹尼尔·高曼（Daniel Golmann）教授发表的《情商》（*Emotional Intelligence*）认为，一个人的情商（情绪智商、情绪智能），是一个人成功、快乐的决定因素。一个人智商的高低，决定着其能否被录取；一个人情商的高低，决定的是能否被提拔和重用。

美国著名心理学家韦克斯勒曾考察过40余名诺贝尔奖获得者，发现他们在儿童时期的智商绝大部分是中等或中等偏上，他们的成长和成就主要是凭借后天的非智力因素（即EQ）。

以上研究告诉我们，一个人事业的成功，为社会贡献的大小，起重要作用的是其心理素质的高低。

在现实生活中我们也会发现，许多人，并不缺乏才华、能力和机遇，却总与成就和财富擦肩而过，其根本原因就是因为还不具备健康成熟的心理和个性。著名的心理学家荣格总结说："一切的财富和成就，都源于杰出的智慧与健康的心理。"

对埋葬奴隶制的美国第16任总统林肯来讲，是靠无数的失败成就了他辉煌的人生，永不停止的追求和宁折不弯的坚毅性格，铸就了他历史上的光辉地位。

1832年，林肯失业了，这使他很伤心，但他下决心要当政治家、当州议员，糟糕的是他失败了。在一年里遭受两次打击，这对他来说无疑是痛苦的。他着手自己开办企业，可一年不到，这家企业又倒闭了。在以后的17年间，他不得不为偿还企业倒闭时所欠下的债务四处奔波，历尽磨难。

他再一次参加州议员竞选，这次他成功了。他内心萌发了一丝希望，以为自己的生活有了转变："可能我可以成功了！"

第二年，即1835年，他订婚了，但离结婚还差几个月的时候，未婚妻不幸去世。这对他精神上的打击实在太大了。他心力交瘁，数月卧床不起，1836年还得了神经衰弱症。

1838年他觉得身体状况良好，于是决定竞选州议会议长。可他失败了。1843年，他又参加美国国会议员竞选，但这次仍没有成功。

他虽然一次次地尝试，但却是一次次地遭受失败：企业倒闭，爱人去世，竞选败北。

他没有放弃，也没有说："要是失败会怎样？"1846年，他又一次竞选国会议员，最后终于当选。

两年任期很快过去了，他决定要争取连任。他认为自己作为国会议员的表现很出色，相信选民会继续选他。但结果很遗憾，他落选了。

因为这次落选他赔了一大笔钱，他申请当本地的土地官员，但州政府把他的申请退了回来，上面指出："做本州的土地官员要求有卓越的才能和超常的智力，你的申请未能满足这些要求。"

又是接连两次失败。然而，他没有服输。1854年，他竞选参议员，失败了；

两年后他竞选美国副总统提名，结果被对手击败；又过了两年，他再一次竞选参议员，还是失败了。

这个人尝试了11次，可只成功了2次。这个在9次失败的基础上赢得2次成功的人便是亚伯拉罕·林肯，他一直没有放弃自己的追求。他一直在做自己生活的主宰。1860年，他当选为美国总统。

亚伯拉罕·林肯在遇到一次次挫折和失败的时候，没有退却，更没有逃跑，而是一直坚持着、奋斗着，他压根儿就没想到过放弃努力。他没有放弃，所以他成功了。成功的主要原因，不在于他的出身，不在于他的智慧，更不是命运之神的青睐，而在于他宁折不弯的钢铁般的意志，在于他敢于战胜一切的坚强的勇气和信心。

2. 心理成长是幸福的基础和源泉

幸福感，是近几年来的一个流行语，其实也是人们在物质达到一定丰富程度之后，开始关注更高质量生活的一个标志。什么是幸福？答案很多，在过去的几十年里，国外学者提出了多种理论。早期理论建构的重点在于证明外部因素如事件、情境和人口统计项目是如何影响主观幸福感的，但研究发现，外部因素对人的幸福感影响并不大，因此后来专家们主要着力于内部因素的研究，即个人内部建构决定生活事件如何被感知，从而影响幸福体验。

百万富翁问渔夫："你怎么不出海捕鱼啊？"

渔夫反问道："我出海捕鱼做什么啊？"

富翁说："捕了鱼可以卖钱，买一条自己的船啊！"

渔夫问："买船干吗？"

富翁说："买了船可以捕更多的鱼啊。"

渔夫问："捕更多的鱼又干吗啊？"

富翁说："可以卖更多的钱啊！"

渔夫问："要那么多钱干吗呢？"

富翁说："你可以躺在海边晒太阳啊！"

渔夫问："我现在不是已经在晒太阳了吗？"

上面的小故事告诉我们，"幸福"是一个既抽象又具体的概念，说它抽象是因为你根本就说不清楚幸福到底是什么，可是说它具体又是因为它可以被每个人牢牢地握在手中，是你可以用心体会得到的。

其实幸福很简单，可能就是饥饿时的一片面包，寒冷时的一堆篝火，无助时的一个温暖的眼神。幸福有时又很复杂，一百个人可能会有一百种不同的理解，其中的原因，就在于人们的心态不同，取决于人不同的心理感受。

幸福是每个人都在追求和期望得到的。幸福的基础是健康。联合国世界卫生组织（WHO）前总干事长马勒博士认为，对于我们每一个人来说，生命中的健康是“1”，而名誉、地位、金钱、智慧不过是“1”之后的“0”，失去了前面的“1”，即使后面有再多的“0”，生命也将变得毫无意义。1984年，联合国世界卫生组织成立时，在其宪章中开宗明义地指出：“健康不仅仅是没有疾病，而且是身体上、心理上和社会上的完好状态或完全安宁。”由此可见，心理健康是健康的重要组成部分，也是我们人生幸福的基础和源泉。

（二）大学生心理咨询的特点

心理咨询有何特点？不同的学者从不同的角度有不同的理解。美国《哲学百科全书》认为心理咨询主要有以下几个方面的特征：

（1）主要针对正常人；

（2）为人的一生提供有效的帮助；

（3）强调个人的力量与价值；

（4）强调认知因素，尤其是理性在选择和决定中的作用；

（5）研究个人在制订总目标、计划以及扮演社会角色方面的个性差异；

（6）充分考虑情景和环境的因素，强调人对于环境资源的利用以及必要时的改变。

心理咨询的对象，是存在一定心理困扰或心理问题的健康人群。健康人群在面对家庭、交友、求学、择业、社会适应等问题时，可能会产生焦虑、紧张或者无所适从、难以取舍等一些困扰或问题。心理咨询就是在专业的心理咨询师的帮助下，通过营造一个全新的人际环境，帮助来访者认识自己与社会，处理好各种关系，逐渐改变与外界不合理的思维、情感和反应方式，并学会与外界相适应的方法。心理咨询不仅能够帮助来访者解除心理困扰，还能助其掌握自我调节的方法，开发潜能，学会自强自立，从而提高生活质量。心理咨询，尤其是面向大学生的心理咨询，既有心理问题干预的需要，也有心理品质培育的需要。因此，对心理咨询，我们首先在心理上要有一个正确的态度。

曾经有人讲过这样一个故事。

有一对认识不久的西方青年男女在某一景色如画的滨海公园约会。约定的时间已经到了，可男青年却还没有出现。已经到达的女青年面有愠色，心想：“他也太不重视我了，再等他两分钟，若他再不来，那就只能‘bye bye’啦！”两分钟已到，女青年显然有点生气了，正要转身准备离去，这时，只见男青年气喘吁

吁地跑过来，一边擦着额头的汗珠，一边连连道歉："对不起，对不起！我去见我的心理医生了。"没想到女青年由怒转喜，细声说："没关系，我也刚到。"然后，轻轻地挽起男青年的手臂，走向美丽的海边沙滩。

还有一对认识不久的中国青年男女，也在某一景色如画的滨海公园约会。约定的时间已经到了，可男青年却还没有出现。已经到达的女青年面有愠色，心想："他也太不重视我了，再等他两分钟，若他再不来，那就只能'bye bye'啦！"两分钟已到，女青年显然有点生气了，正要转身准备离去，这时，只见男青年气喘吁吁地跑过来，一边擦着额头的汗珠，一边连连道歉："对不起，对不起！我去见我的心理医生了。"没想到女青年扔下一句话："怎么，你脑子还有病啊？"转身快步离开，很快消失在人群中。

这个故事的出处已无从考证，但故事所表现出的不同文化背景下的两位女青年不同的行为选择却有一定的典型性。

当听到自己的男友去看心理医生了，西方女青年在想："这位男友有品位，重视自身的心理感受和精神生活，这是其一；这位男友在见我之前先见心理医生，说明他很重视与自己的交往，这是其二；其三，能看起心理医生，至少说明这位男友尚有一定的经济实力，值得信赖。"所以，她才会"由怒转喜，细声说：'没关系，我也刚到。'然后，轻轻地挽起男青年的手臂，走向美丽的海边沙滩"。

当听到自己的男友去看心理医生了，中国女青年在想："怎么，看心理医生？这个人不但迟到、不尊重我，而且心理还有病，谁敢选这样的人做自己的丈夫？"于是乎，就扔下一句话："怎么，你脑子还有病啊？"转身快步离开，很快消失在人群中。

当然，今天的中国人，尤其是受过现代教育的大学生，也许不会像故事中的中国女青年那样误解和排斥心理咨询，但在我国传统文化中，对"心"患疾患的人的同情和关心程度的确与对身体患有疾患的人有所差别，这个问题的改善，需要时间，也需要大家的共同努力。

针对中国的文化背景和大学生群体，我们认为，心理咨询的以下特点值得强调：

1. 平等性

平等性就是心理咨询师与来访者之间的平等性。尽管在咨询过程中，心理咨询师是给予帮助的一方，而来访者是接受帮助的一方，但双方在人格、权利等各方面应是完全平等的关系，这不仅是现代伦理观对人与人之间关系的基本要求，也是心理咨询获取有效性的基本要求。因为，很多来访者之所以出现心理困扰或心理问题，往往都是由于在现实生活中没有得到平等的尊重所导致的。因此，在咨询过程中，咨询师与来访者之间能否建立平等的咨访关系，是建立具有治疗意义的咨访关系的第一步，往往会成为影响心理咨询进程和效果的首要因素。

2. 保密性

心理咨询师有义务和责任对来访者的个人信息以及个案记录、测验资料、信件、录音、录像和其他资料严格保密。保密性是心理咨询的核心原则和重要特征。心理咨询过程，往往要涉及个人隐私，因此，对有关信息和资料严格保密，既是保护来访者隐私的需要，也是与来访者建立安全、信任的治疗关系的需要，因此，自心理咨询产生以来，保密性就成为心理咨询业的一个核心行规。但下列情况可作为保密原则的例外①：

（1）来访者有伤害自身或伤害他人的严重危险时；

（2）来访者有致命的传染性疾病等且可能危及他人时；

（3）未成年人在受到性侵犯或虐待时；

（4）法律规定需要披露时。

在遇到前三种情况时，心理咨询师有向对方合法监护人或可确认的第三者预警的责任；在遇到第四种情况时，心理咨询师有遵循法律规定的义务，但须要求法庭及相关人员出示合法的书面要求，并要求法庭及相关人员确保此种披露不会对临床专业关系带来直接损害或潜在危害。

心理咨询的保密性，是为了实现对来访者的保护；保密性的例外情况设定，其最终目的，也是为了实现对来访者和公共利益的保护。

3. 成长性

心理咨询的目标是帮助来访者实现自我成长。也许有人会认为心理咨询师是专门替人解决问题的人，如以为心理咨询师会帮助没有工作的人找到工作，帮助失恋的人重获爱情，帮助有外遇的人回心转意，帮助学业成绩不好的同学获取一个好成绩等。这样的期待恐怕是要落空的，因为心理咨询师不是帮助来访者解决具体问题的，而是通过帮助来访者更好地了解和认识自我，进而发挥个人的潜能和力量，学会为自己做最好的决定和选择，学会去恰当地处理生活中的各种关系，学会去过自己想要的生活，活出“真我”。

三、大学生心理咨询的内容与类型

（一）大学生心理咨询的内容

心理咨询涉及的内容非常广泛，就大学生群体来说，可以归结为以下两大方面内容：

1. 自我发展方面的咨询

这主要是指来访者咨询的目的是如何才能使自己发展得更好。涉及的问题主要有：自我认知问题、交往问题、适应问题、学业问题、异性关系问题、择业问题等。发展性心理咨询是大学生心理咨询的主要内容。

① 中国心理学会. 临床与咨询心理学工作伦理守则，2007.

2. 心理健康方面的咨询

这主要是指来访者因某些心理社会刺激而引起的心理紧张状态且明确体验到躯体或情绪上的困扰方面的问题。即凡是生活、学习、恋爱、工作、家庭、疾病等方面所带来的心理问题，一旦体验到不适或痛苦前来咨询，都属于健康心理咨询。如各种情绪障碍：焦虑、恐惧、抑郁悲观、强迫症状等。健康心理咨询在大学生心理咨询中所占的比例近年来有逐年增高的趋势。

（二）大学生心理咨询的形式

大学生心理咨询与其他群体的咨询一样，可分为个体咨询与团体咨询两种形式。

1. 个体咨询

个体咨询就是咨询师与来访者一对一的咨询形式。根据借助的工具和实施的途径，个体咨询又可分为以下几种服务方式：

（1）当面咨询：指来访者在专业的咨询室与咨询师面对面地咨询，这是个体咨询的主要方式。由于这种咨询形式有利于交流更多、更为全面的信息，对建立具有治疗意义的咨询关系、咨询进程，取得良好的咨询效果比较有利。

（2）电话咨询：指咨询师与来访者通过电话的方式完成咨询过程。这种咨询方式较适合那些时间紧迫或不愿暴露真实身份的求助者。由于咨询师无法当面接触到求助者，只能通过声音以及讲述的内容来判断和帮助来访者，因此，咨询的效果往往会受到一定的影响。

（3）网络咨询：指咨询师与来访者借助网络的手段完成咨询过程。网络咨询比较适合那些受身体条件、地域条件或个人习惯等限制，不能或者不愿直接进行咨询的求助者。就目前而言，网络咨询主要包括即时聊天（QQ，MSN）、电子邮件（E-mail）、电子布告（BBS）等方式。 正如互联网给现代社会带来的影响一样，网络咨询既有传统心理咨询所无法替代的优势，也有其明显的弱点与限制。

另外，过去曾经有过的来访者和咨询师通过信件方式进行的信件咨询，近年来，随着电话、网络的普及，已逐渐淡出人们的视线。

2. 团体咨询

团体咨询即咨询师在团体情境中为多个来访者提供心理帮助的心理咨询形式。团体咨询是通过团体内人际交互作用，促使来访者在交往中通过观察、学习、体验，认识自我、探讨自我、接纳自我，调整和改善与他人的关系，学习新的态度和行为方式，以实现心理成长的目标。“团体咨询的特色在于培养人的信任感和归属感，由对团体的信任扩大到信任周围的其他人，由对团体的归属感扩大到对所属组织（单位）、社会及国家的认同感和归属感。”①此类咨询形式适用于学校、企业、社区等各个领域。

近年来，在各类学校中开始流行一种新的心理训练方式——班级团体辅导。它是借鉴团体咨询的有关原理和技术，以班级为单位进行的心理训练，也可以看做一种团体咨询形式。

想一想

案例1

“在走近咨询室的大门前，我徘徊了很久，万一同学看到我怎么办？唉，我真不愿意承认自己有心理问题……”

“老师，我希望这次咨询能帮我解决掉这5个棘手的问题……”

“老师，你说我该怎么办？”

“老师，快教给我办法吧，我就按你说的做……”

思考：上面同学对心理咨询的理解是否正确？为什么？

案例2

“我有抑郁症，所以就去死一死，没什么重要的原因，大家不必在意我的离开。拜拜啦。”2012年3月18日上午10点54分，一条来自网友“走饭”的新浪微博消息引起轰动，众多网友相继转发。不少“走饭”的粉丝关切地问：“小饭，你没事儿吧？”也有网友转发深表沉痛之情：“饭……呜呜呜呜呜……你怎么这一下就想不开了啊？……哎！……一路走好！”但细心网友发现，该微博是通过可以延时发送的微博“时光机”发来的。

① 樊富珉. 团体心理咨询［M］. 北京：高等教育出版社，2005.

____年3月19日凌晨1点32分，江宁公安在线发布微博证实，发布该条微博的“走饭”为南京某高校女生，已经于3月17日晚自杀离世。

大家纷纷在微博中表示了对这件事的震惊及对逝去生命的哀悼。“走饭留下的1896条微博令网友震惊于她的才气与绝望：两年多来，转发内容在减少，自说自话在增加，一个抑郁症女孩的挣扎与痛苦曾经悄无声息，却在她逝去后化作一场集体的悼念与心伤。”“如果有来自家人、朋友或专业人士温暖的大手轻轻握住那无助的小手，她可能就回来了。”

思考：在对“走饭”的惋惜之余，我们是否还有一些更多的思考？对“走饭”类的同学，我们能做些什么？

做一做

活动1：秘密大会串

目的：体会助人与被人帮助的感受。

准备：笔，相同大小、材质的小纸条若干张。

时间：约20分钟。

操作：

（1）前后左右位置的同学六个人组成一个小组。

（2）每位同学在纸上以不记名的方法写下自己的一个秘密，然后搅和在一起。

（3）每人任抽一张，公开读出来，并说出假如自己也有此秘密的状况，会有什么感受，自己给秘密的主人以什么样的建议。

实施时需要注意：

（1）所谓的秘密是在这个群体里尚无人知道，且写出来不会后悔的；

（2）建议都不要去猜秘密的主人是谁，而是专注于问题的解决；

（3）小组内严格保密；尊重每一个秘密及秘密的主人。

活动2：心理小测试：我的自我和谐度如何？

目的：了解自己的自我和谐度。

准备：纸、笔。

时间：约20分钟。

操作：

（1）介绍量表。自我和谐是人格理论中最重要的概念之一。自我和谐量表（SCCS）可作为评估心理健康状况的一般工具。自我是个体的现象领域中（包括个体对外界及自己的知觉）与自身有关的知觉与意义。个体有着维持各种自我知觉之间的一致性以及协调自我与经验之间关系的机能，而且“个体所采取的行为大多数都与其自我观念相一致”。如果个体体验到自我与经验之间存在差距，就会出现内心的紧张和纷扰，即一种“不和谐”的状态。个体为了维持其自我概念就会采取各种各样的防御反应，并因而为心理障碍的出现提供了基础。自我与经验之间的不协调是心理障碍的重要原因。

（2）指导语。下面是一些个人对自己的看法的陈述。选择答案时，请看清楚每句话的意思，然后选择一个与你现在对自己的看法相符合的答案。每个人对自己的看法都有其独特性，没有对错之分，只要如实回答即可。

（3）进入测试。

1. 我周围的人往往觉得我对自己的看法有些矛盾。

完全不符合　比较不符合　不确定　比较符合　完全符合

2. 有时我会对自己在某方面的表现不满意。

完全不符合　比较不符合　不确定　比较符合　完全符合

3. 每当遇到困难，我总是道德分析造成困难的原因。

完全不符合　比较不符合　不确定　比较符合　完全符合

4. 我很难恰当地表达我对别人的情感反应。

完全不符合　比较不符合　不确定　比较符合　完全符合

5. 我对很多事情都有自己的观点，但我并不要求别人也与我一样。

完全不符合　比较不符合　不确定　比较符合　完全符合

6. 我一旦形成对事情的看法，就不再改变。

完全不符合　比较不符合　不确定　比较符合　完全符合

7. 我经常对自己的行为不满意。

完全不符合　比较不符合　不确定　比较符合　完全符合

8. 尽管有时得做一些不愿做的事，但我基本上是按自己的愿望办事的。

完全不符合　比较不符合　不确定　比较符合　完全符合

9. 一件事情好就是好，不好就是不好，没有什么可以含糊的。

完全不符合　比较不符合　不确定　比较符合　完全符合

10. 如果在某件事上不顺利，我往往会怀疑自己的能力。

完全不符合　比较不符合　不确定　比较符合　完全符合

11. 我至少有几个知心的朋友。

完全不符合　比较不符合　不确定　比较符合　完全符合

12. 我觉得我所做的很多事情都是不该做的。

完全不符合　比较不符合　不确定　比较符合　完全符合

13. 不论别人怎么说，我的观点决不改变。

完全不符合　比较不符合　不确定　比较符合　完全符合

14. 别人常常会误解我对他们的好恶。

完全不符合　比较不符合　不确定　比较符合　完全符合

15. 很多情况下我不得不对自己的能力表示怀疑。

完全不符合　比较不符合　不确定　比较符合　完全符合

16. 我朋友中有些是与我截然不同的人，这并不影响我们的关系。

完全不符合　比较不符合　不确定　比较符合　完全符合

17. 与别人交往过多容易暴露自己的隐私。

完全不符合　比较不符合　不确定　比较符合　完全符合

18. 我很了解自己对周围人的情感。

完全不符合　比较不符合　不确定　比较符合　完全符合

19. 我觉得自己目前的处境与我的要求相距太远。

完全不符合　比较不符合　不确定　比较符合　完全符合

20. 我很少去想自己所做的事是否应该。

完全不符合　比较不符合　不确定　比较符合　完全符合

21. 我所遇到的很多问题都无法自己解决。

完全不符合　比较不符合　不确定　比较符合　完全符合

22. 我很清楚自己是什么样的人。

完全不符合　比较不符合　不确定　比较符合　完全符合

23. 我能很自如地表达自己想表达的意思。

完全不符合　比较不符合　不确定　比较符合　完全符合

24. 如果有足够的证据，我也可以改变自己的观点。

完全不符合　比较不符合　不确定　比较符合　完全符合

25. 我很少考虑自己是一个什么样的人。

完全不符合　比较不符合　不确定　比较符合　完全符合

26. 把心里话告诉别人不仅得不到帮助，还可能招致麻烦。

完全不符合　比较不符合　不确定　比较符合　完全符合

27. 在遇到问题时，我总觉得别人都离我很远。

完全不符合　比较不符合　不确定　比较符合　完全符合

28. 我觉得很难发挥出自己应有的水平。

完全不符合　　比较不符合　　不确定　　比较符合　　完全符合

29. 我很担心自己的所作所为会引起别人的误解。

完全不符合　　比较不符合　　不确定　　比较符合　　完全符合

30. 如果我发现自己在某些方面表现不佳，总希望尽快弥补。

完全不符合　　比较不符合　　不确定　　比较符合　　完全符合

31. 每个人都在忙自己的事情，很难与他们沟通。

完全不符合　　比较不符合　　不确定　　比较符合　　完全符合

32. 我认为能力再强的人也可能会遇上难题。

完全不符合　　比较不符合　　不确定　　比较符合　　完全符合

33. 我经常感到自己孤立无援。

完全不符合　　比较不符合　　不确定　　比较符合　　完全符合

34. 一旦遇到麻烦，无论怎样做都无济于事。

完全不符合　　比较不符合　　不确定　　比较符合　　完全符合

35. 我总能清楚地了解自己的感受。

完全不符合　　比较不符合　　不确定　　比较符合　　完全符合

（4）计分方法和结果解释。

① 各题得分：“完全不符合”计1分；“比较不符合”计2分；“不确定”计3分；“比较符合”计4分；“完全符合”计5分。

其中，第2、3、5、8、11、16、18、22、24、30、32、35题共12个问题为反向计分。即：“完全不符合”计5分；“比较不符合”计4分；“不确定”计3分；“比较符合”计2分；“完全符合”计1分。

② 将各题得分相加，得到量表总分。

③ 结果：

低于74分，自我和谐程度高；

75~102分，自我和谐程度一般；

103分以上，自我和谐程度低。

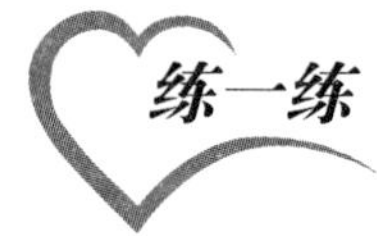

一、如何理解心理咨询？心理咨询有何功能？

二、如何理解心理咨询中的保密性？

第三章

大学生常见心理困惑及应对

大学生是风华正茂的一代，其生理、心理均趋向成熟，但相当一部分学生在学业方面会出现情绪情感、适应、学业等诸多方面的问题，近年来，学生心理健康问题引起的校园自杀、他杀事件频繁发生，大学生出问题的报道频频见诸各类媒体。当马加爵渐成“被人忘却的记忆”，最近连续发生的药家鑫杀人案、留学生刺母案、求爱不成而拔刀相向等大学生恶性案件，再次将大学生的心理健康问题推到了风口浪尖。人们不禁要问：大学生究竟怎么了？导致这些事情的原因究竟何在？

根据一项以全国12.6万大学生为对象的调查显示，约20.23％的人有不同程度的心理障碍。据统计，因各种心理疾病而休、退学的大学生人数已占休、退学总人数的50％左右。社会的发展，令大学生的心理问题也呈现出多样性和多变性，这些问题严重影响着大学生的人格完善和身心的健康发展，也越来越受到高校、媒体和社会大众的关注和重视，加强大学生心理健康教育，任重而道远。

本章在对大学生常见心理问题、障碍进行简要介绍的基础之上，分析其具体表现和出现问题的原因，并提出相应的对策。

读一读

一、大学生常见的心理问题之情绪篇

（一）焦虑

焦虑是大学生群体中常见的一种心理现象，它是一种类似担忧的反应或是自尊心受到潜在威胁时产生担忧的反应倾向，是个体主观上预料将会有某种不良后果而产生的不安感，是紧张、害怕、担忧混合的情绪体验。人们在面临威胁或预料到某种不良后果时，都有可能产生这种体验。

焦虑不仅存在于大多数人的生活中，而且也是其他心理障碍共有的因素，如抑郁症与恐惧。焦虑作为一种情绪感受，可以通过身体特征体现出来，如肌肉紧张、出汗、嘴唇干裂和眩晕等，焦虑也伴随认知成分，主要是以为将来会发生不愉快的事情。由于焦虑与恐惧、担心、惊慌等因素相关，也有人将担心看做焦虑的认知成分。

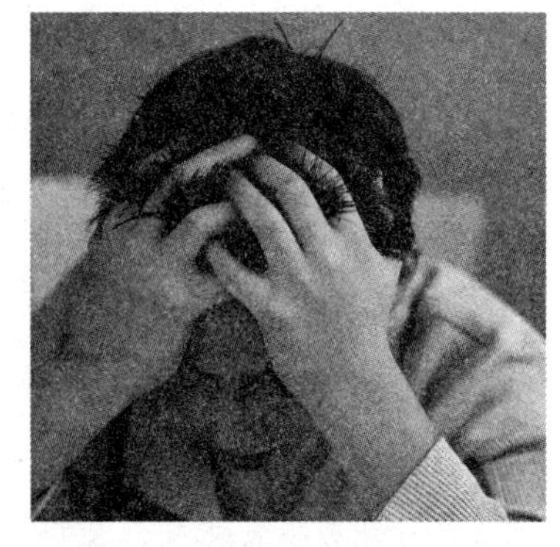

焦虑是大学生常见的情绪状态，当他们在学习、工作、生活各方面遭遇挫折或担心需要付出巨大努力的事情来临时，便会产生这种体验。焦虑对大学生的影响是复杂的，既可以成为大学生成才的内驱力，起促进作用，也可以起阻碍作用。实验证明，中等焦虑能使学生维持适度的紧张状态，注意力高度集中，促进学习，但过度焦虑则会对学生造成不良影响。如有的大学生在临考前夜的失眠或考试时“怯场”，在竞赛中不能发挥正常水平等，多是高度焦虑所致。被过高的焦虑困扰的大学生，常常会感到内心极度紧张不安，惶恐害怕、心神不定、思维混乱、注意力不能集中甚至记忆力下降，同时还容易产生头痛、失眠、缺乏食欲、胃肠不适等不良生理反应。焦虑的大学生在内心深处有一种无法解脱、不愿正视的心理问题，焦虑只是矛盾、冲突的外显，借此作为防御机制以避免更深层次的困扰。

大学生常见的焦虑有自我形象焦虑、学习焦虑。自我形象焦虑是担心自己不够漂亮、没有吸引力，体貌过胖或矮小等；也有的因为粉刺、雀斑等影响自我形象而焦虑。这类焦虑主要与自我认知有关，需要通过调整自我认知重新接纳自我，建立新的自我形象。与学习有关的焦虑如学习焦虑、考试焦虑，在学生情绪反映中最为强烈，下面是应对在大学生中普遍存在的考试焦虑的几种方式：

1. 充分休息，学会放松

不能妥善处理学习与休息的关系，使大脑终日处于紧张状态，是考试焦虑出现的重要诱因。因此，考前要做好生活节奏的调整，在学习之余做些喜爱的运动，听听节奏舒缓的音乐，使自己的身心得到放松。

2. 端正动机，改变认识

考试焦虑是我们在认知上对考试的歪曲，其实考试只是检验平日所学知识的一种手段，因此在考试中只要尽力发挥出自己的水平即可。同时，考试成绩不是衡量学习质量的唯一标准，不要把考试分数看得过重。

3. 调整心理，树立自信

人的心理是对客观现实的主观反映，但人绝不能消极被动地接受现实的影响，主观的积极状态可以减弱和消除消极的影响。考试中要正确对待考场中的各种因素对自己情绪的影响，树立自信心，坚决杜绝用“完了，我这次考试肯定挂了……”这类消极语言暗示自己。应该消除大脑中的错误信息，如“考不好，老师、同学们会另眼看我，父母会受不了”等，不应过于顾虑失败的后果，应该用“我努力了，问心无愧”、“我一定能成功”等话语宽慰放松自己。

（二）抑郁

抑郁症状不单指各种感觉，还指情绪、认知与行为特征。抑郁最明显的症状是压抑的心情，表现为仿佛掉入了一个无底洞或黑洞之中，正被淹没或窒息。一般来说，这种情绪多发生在性格内向、好孤僻、敏感多疑、依赖性强、不爱交际、生活遭遇挫折、长期努力得不到回报的大学生身上。那些不喜欢所学专业、人际关系处理不当、遭遇失恋等问题的大学生也会产生抑郁情绪。对大多数人来说，抑郁情绪只是偶尔出现，为时短暂，时过境迁很快就会消失。但也有少数人长期处于抑郁情绪状态，会发展为抑郁症，严重地妨碍人的心理功能和社会功能。一项对北京20多所全日制高校7000名大学生的心理调查显示，12.3%的大学生存在中度以上的心理困扰问题。因此，帮助大学生了解并减缓抑郁情绪势在必行。

1. 大学生抑郁情绪的主要表现

（1）情绪低落，遇事缺乏信心。许多大学生因为有程度不同的抑郁情绪而情绪低

落，不论对学习还是对生活都兴趣索然，不愿与人交流。他们谈及前途时心情黯淡，对今后的工作、生活没有信心，甚至公开流泪。

（2）思维抑制，反应迟缓。由于情绪低落和心情抑郁，有的大学生产生了思维抑制现象，反应迟缓。他们上课时注意力不集中，常常双眼盯着黑板或老师，心里却在想其他事情。

（3）行为被动，自我封闭。由于整个精神活动出现普遍、明显抑制，反应迟钝，大学生抑郁症患者往往生活被动，凡事缺乏主动性，对于集体活动能不参加就不参加，必须参加时也有沉默和独处的倾向，不合群。

（4）突发冲动，行为极端。患抑郁症的大学生大都一旦遇到挫折就不知所措，在长时间的失望、焦虑中会突然产生怪异想法或反社会行为。心理学上对此总结为严重的个性压抑会带来巨大的个性膨胀，受到压抑的个性最终会为自己的发展找个缺口，这时"蔫人长出了豹子胆"，悲剧往往会发生。

（5）交往中感到自卑。有抑郁倾向的大学生往往具有过度的自责和过多的否定性自我评价，以致带来自卑甚至自尊的降低。他们常常担心别人看不起自己，同学间不经意的一句玩笑或行为，都会深深地刺伤他们的心灵。强烈的自尊渴望与脆弱的情绪情感交织，会无形中加深这些同学的自卑，加重抑郁程度。

2. 大学生缓解抑郁情绪的主要方法

（1）及早预防。加强自身对心理健康知识的了解，提高对心理问题和心理疾病的认识，正确面对心理咨询，主动接受心理咨询。

（2）改变不合理观念。针对出现的负面生活事件，理性评估自我价值，建立正确的认识、评价和态度是消除抑郁情绪的关键。

（3）树立正确的成才观。首先应该明白要“成才”先“成人”，要形成与主流社会期望相一致的观念体系和行为方式，形成适应主流社会与文化的人格；其次，要明白“成才”并不以“名次”为标志，能考上大学，即具备了“成才”的基本条件，每个大学生都应树立起“成才”的信心；最后，要明白上了大学不是“成才”的必要条件，素质提高才是最重要的。

（4）学会带着抑郁情绪努力进行正常的生活和学习。多回想一些过去的成功体验，这有助于肯定自我价值，树立自信心，消除抑郁。

（5）加强文体锻炼。积极从事一些使人愉快的文体活动，既有助于提高自己的活动水平，也有助于转移对抑郁情绪的体验，从而减轻抑郁症状。

（三）愤怒

愤怒是由于客观事物与人的主观愿望相违背，或因愿望无法实现时，人们内心产生的一种激烈的情绪反应。心理学研究表明，当愤怒发生时，可能导致人体心跳加快、心律失常、高血压等躯体性疾病，同时还会使人的自制力减弱甚至丧失，思维受阻、行为冲动，甚至干出一些事后后悔不迭的蠢事或造成不可挽回的损失。

愤怒也是大学生常见的一种消极情绪，处于精力充沛、血气方刚的青年时期的大学生，在情绪情感上往往好激动、易动怒。如有的大学生因一句刺耳的话或一件不顺心的小事而暴跳如雷；有的因人际交往不顺利而怒不可遏、恶语伤人；有的因别人的观点或意见与自己相左而恼羞成怒；有的因一时的成功、得意而忘乎所以；有的因暂时的挫折或失败而悲观失望，痛不欲生。如此种种遇事缺乏冷静的分析与思考，图一时之快、逞一时之勇的好激动、易动怒的不良情绪特点，在一些大学生身上时有体现。这种情绪对大学生的影响是极其有害的，因而有人说：“愤怒是以愚蠢开始，以后悔结束”。

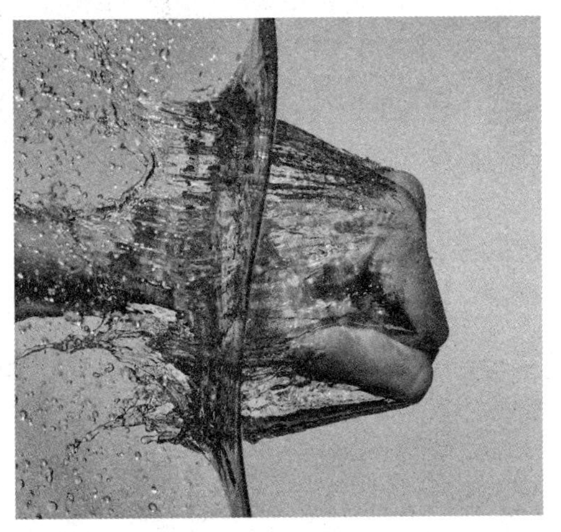

那么，如何才能抑制愤怒情绪呢?

“生气是拿别人的错误来惩罚自己。”人都不免有愤怒的时候，然而愤怒时该怎么办? 最好的方法就是及时叫停。心理学家告诉我们，“叫停，想一想，再去做”这三个步骤，是避免怒火中烧的最好方法。

在你感到怒火中烧时，及时反问自己：“愤怒能解决问题吗?”“我究竟要的是什么?”“要怎么处理令我愤怒的事件?”当你的思想转移到如何处理事件时，理性的力量会被唤醒，冲动盲目的情绪将减缓下来。所以我们要注意——

1. 学会幽默自嘲

如果你可以退一步，视生命如一出戏，即可发现生命的许多状况都是荒谬的。试试对生命一笑置之，幽默常可减轻压力。如果生气时有一面镜子在你面前，你一定能看到镜子里的那个家伙两个鼻孔冒着热气，着实滑稽可笑。

2. 拉长时空距离

问问你自己在下星期、明年或一百年后，现在让你感到生气的事还很重要吗? 这可以帮助你认清情况，决定生气是否是最适当的反应。

3. 进行自我沟通

生气的时候，跟自己的感觉沟通，问自己发生了什么事? 想怎样? 害怕什么? 你可能要提醒自己，以往的想法，不代表现在仍要继续这样想。

4. 缓解愤怒情绪

如果你知道自己在某些情况下有愤怒的反应，试试将它缓解和逐步抛弃。首先由1数到10，再慢慢增加。当你数到100时，你就知道已学会控制自己的反应——你将能控制愤怒。如你觉得有人使你生气，或以他们的愤怒控制你，那就说：“等一下!”这句话给你时间想想正在发生什么事。谨记，你有权利要求更多时间考虑。

（四）嫉妒

嫉妒是指因他人在某些方面胜过自己而引起的不快甚至是痛苦的情绪体验。西班牙作家塞万提斯说，“嫉妒是万恶的根源，美德的蟊贼”。嫉妒是自尊心的一种异常表现，在大学生中普遍存在。具体表现为当看到他人学识能力、品行荣誉甚至穿着打扮超过自己时，内心产生的不平、痛苦、愤怒等感觉；当别人身陷不幸或处于困境时则幸灾乐祸，甚

至落井下石，在人后恶语中伤、诽谤。嫉妒是一种情绪障碍，它扭曲人的心灵，妨碍人与人之间正常地真诚地交往。

嫉妒是由于别人胜过自己而引起抵触的消极的情绪体验。黑格尔曾说，嫉妒是“平庸的情调对于卓越才能的反感”。在日常生活中，嫉妒的存在是很普遍的。英国科学家培根说：“在人类的一切情欲中，嫉妒之情恐怕要算作最顽强、最持久了。”当看到别人比自己强时，心里就酸溜溜的不是滋味，于是就产生了一种包含着憎恶与羡慕、愤怒与怨恨、猜嫌与失望、屈辱与虚荣以及伤心与悲痛的复杂情感，这种情感就是嫉妒。嫉妒者不能容忍别人超过自己，害怕别人得到自己无法得到的名誉、地位等。在嫉妒者看来，自己办不到的事别人也不能办成，自己得不到的东西，别人也不能得到。

嫉妒是一种扭曲了的不健康的心理状态。嫉妒心理是使人心变坏、远离快乐的毒药。每个嫉妒他人的人自己心理其实是非常难受的。嫉妒的表现十分常见，有时这种情绪还可能会很强烈。无论是相貌、衣着、才干、特长、品识还是家庭情况等等都可能成为嫉妒的因素。嫉妒的危害很大，可能会使你失去所有的朋友，特别是在某些方面超越你的朋友，使你无法取他人之长为己用，也将无法取得进步。因此，可以这样说，嫉妒是一种比仇恨更强烈的恶劣情绪。如果不处理好这种嫉妒心理，很有可能害人害己。

既然嫉妒是一种损人害己的病态心理，严重影响人的身心健康，那么应该如何克服呢？

1. 认清嫉妒的危害

如前所述，嫉妒的危害一是打击了别人，二是伤害了自己。遭到别人嫉妒的人自然是痛苦的，嫉妒别人的人一方面影响了自己的身心健康，另一方面由于整日沉溺于对别人的嫉妒之中，没有充沛的精力去思考如何提高自己，恰恰延误了自己的前途，一举多害。认清这些是走出嫉妒误区的第一步。

2. 克服自私心理

嫉妒心理是个人心理结构中“我”的位置过于膨胀的具体表现。总怕别人比自己强，对自己不利。因此，要根除嫉妒心理，首先根除这种心态的“营养基”——自私。只有驱除私心杂念拓宽自己的心胸，才能正确地看待别人，悦纳自己。

3. 正确、客观、公正地评价别人，也要客观公正地评价自己

别人取得了成绩并不等于自己的失败。强烈的进取心是人们成功的巨大动力，但冠军只有一个，尺有所短，寸有所长，一个人不可能事事都走在人前，争强好胜不一定能超越

别人。一个人只要客观地认识自己的优势和劣势，现实地衡量自己的才能，为自己找到一个恰当的位置，就可以避免嫉妒心理的产生。

4. 将心比心

将心比心是老百姓常说的一句俗语，在心理学上叫“感情移入”。当嫉妒之火燃烧时不妨设身处地地为对方着想，扪心自问：“假如我是对方又该如何呢？”运用心理移位法，可以让自己体验对方的情感，有利于理解别人和抑制不良的心理状态的蔓延，这是避免嫉妒心理行之有效的办法之一。

5. 完善个性因素

大凡嫉妒心理极强的人，都是心胸狭窄、多疑多虑、自卑、内向、心理失衡、个性心理素质不良的人。应努力完善自己的个性因素，提高自己的心理素质，以健康的心态面对生活。

（五）自卑

心理求助案例（自述）

我是一个大三的学生，从小就有很强的自卑情结。这与我的成长环境有关。我父亲是一个脾气比较暴躁的人，从小就对我要求很严格，不让我出去玩。小时候，我每次出去玩都是偷偷跑出去玩很久再回来，然后父亲就骂我一顿或者打我一顿。父亲是数学老师，上中学后经常给我出题做，然后就站在旁边看着我做，如果我的想法和答案有一点不同，就会骂我。从小在这样的环境里长大，我养成很多不好的习惯。现在我上大学了，经常觉得自己一无是处，不善于和陌生人交流，没什么特长。我觉得自己太普通了，而我又不想做一个普普通通的人。现在我在努力尝试改变，希望老师能给我一点帮助。

这是一个大三学生的心理求助，他出现的典型心理问题就是自卑。应该讲，大学生存在自卑心理的不在少数，大学生中出现的各种问题也往往与自卑心理有着千丝万缕的联系。

自卑心理是指由于不适当的自我评价和自我认识所引起的自我否定、自我拒绝的心理状态。自卑，并不是指客观上看来自己不如别人，而是主观上认为自己不如别人，认为自己不够好，自己不值得别人对自己好，自己一文不值。自卑的人往往只看到完成任务的困难，而忽视有利条件，往往把自己的失败归因为自身条件的不足、无能、愚蠢、缺乏魅力等；在工作、学习以及人际交往中，多有失败的预期。同时，自卑的人会认为自己的优点是无足轻重的、暂时的，其他人很快就可以达到；而别人的优点却是独一无二的，不管自己怎样努力都无济于事。

1. 大学生产生自卑心理的原因

自卑主要是理想自我和现实自我差距太大造成的。这种差距是怎么形成的呢？其成因主要有家庭原因、社会原因和学校原因。大学生从高中到大学，经历了非常大的转变：生活上，从依靠父母转变为依靠自己，学习上，从老师的督促转变为自主，整个人几乎一下子就从被动转变为自主。在这个适应的过程中会碰到各种坎坷，一旦碰到不如意，便容易产生挫败感。一方面自己要适应这种生活，另一方面，大学生一踏进大学的校门，便从天之骄子一下子变成了沧海一粟。大学里面，人人都很优秀，人人都是高中时候的尖子生，高中时候老师和父母都强调学习，其他的所有能力都放在了学习的后面，学生好不容易从高中的学习中得到一些自信，一进大学，这种自信都没有了，很容易走进自卑的渊潭。

心理学家阿德勒认为每个人都有“自卑”情结，每个人都有先天的生理或心理缺陷：担心自己做得不够好，担心别人是不是能接纳自己，等等。自卑有其存在的价值，适当的“自卑”可以促使我们不断努力，不断进步，不断向上。但是如果过度自卑，则会阻碍我们的生活、学习和工作，导致我们不敢迈步，停滞不前。

2. 大学生如何建立自信，克服自卑心理

我们要做自卑心理的主人，让它给我们的生活带来不断的进步。有什么方法可以帮助大学生掌控自己的自卑心理呢？

（1）改变认知。从认知上来说，首先，要肯定自己的价值：每个人都是独特的，每个人的存在，都是有价值的——“我存在固我有价值！”自己身上的特点，没有好坏之分，因为事情都有好和坏两个方面，你的个性是自己独有的。

（2）学会积极地思考问题。在碰到挫折时，在做一件事情时，想一想事情的积极方面，就算是失败了，也有失败的价值。比如说，这次考试没有考好，这是不是说明自己没用，自己能力不如别人呢？绝对不是，考试除了能够评估自己的学习所得之外，它的另一个功能就是帮助自己看清哪些知识是自己的盲点，以后我们需要做些什么针对性的复习，只是我们的文化似乎只强调考试的前一个功能，如果从后一个功能的角度来看待问题，那么考试失败就没什么了，正是失败教会了我们如何去成功。

（3）建立目标。在学习和生活中，确立一个符合自己特点的清晰的目标，为实现目标一步步地行动，也是大学生建立自信、克服自卑的一个渠道：

首先，制定目标和计划的时候应符合自己的实际情况，不要一下子就想吞掉一条大鱼，要一步步地进行，目标越细致、越易操作越好。

其次，和自己比较，不和别人比较。当自己有进步的时候，及时地鼓励自己，不要拿自己和别人比，比自己强的人永远都会存在。

再次，成功的时候，分析自己成功的原因，再接再厉；如果失败，则分析失败的原因，以后改进和完善。

最后，应做行动的巨人，行动是获得自信的必要条件，只有计划而没有行动获得的不是自信，而是自负。

二、大学生常见的心理问题之适应篇

又是一个秋风送爽的九月，又是一群哭过、笑过、骄傲过也失意过的莘莘学子熬过了数载寒窗苦读，迈进了向往已久的大学校门。曾经有人诙谐地将大学生活比喻成鲁迅先生的四本书：大一《彷徨》，大二《呐喊》，大三《伤逝》，大四《朝花夕拾》。也常常听见有人说："假如上帝能再给我一次机会，我一定让大学生活重新开始……"同样是大学生，为什么毕业后有如此大的差别呢？究其原因，就是没有合理规划自己的大学生活。从中学到大学，生活的时空发生了很大的变化：交往范围的扩大，自我未来的设定……这一切会给刚踏入大学的新生带来什么样的影响呢？

每一名即将步入大学校园的学生，都曾有过一系列关于大学生活的美妙幻想：幽静的林荫道，一眼望不到尽头的阶梯教室，笑声朗朗的宿舍楼，还有"睡在我上铺的兄弟"……然而，对于涉世未深的青年学生来说，要在最短的时间里适应既新鲜又陌生的大学生活，无疑是对自己心理素质和能力的考验。在这一时期，很多大学新生感到迷茫、困惑。学生们的这种心态常常被人们称为"大一的迷茫"。

（一）当你迷茫了……

问题1：目标与现实的失落

有些大学新生形容中学阶段的生活就像在黎明前漆黑一片的隧道中赛跑，高考就是前方那一盏最明亮的灯，同学们你追我赶地向着这一目标奔跑，虽身心疲惫但目标十分明确，因而生活紧张但却充实。顺利地进入大学之后，天虽已大亮，但高考这盏明灯却也熄灭了，生活中也就失去了目标和动力，周围全然一片陌生的景

象，大学生活反倒显得失落和茫然。同时，多数学生高考填的志愿不切实际，于是下车后手里没有了对号车票，前途便无车可搭。这种后无动力、前无目标的情况，导致多数大一新生认为自己“缺乏生活目标，从而得过且过”，“学习上提不起兴趣，考试pass即可”。在高层次目标尚未建立之前常出现情绪低落，彷徨迷失的现象在大一新生中并不鲜见。

及时给自己定一个短期的目标，这是每一个大学新生都必须经历的过程。大学起跑的号令已然鸣响，谁最先冲破迷惘，找到新的目标和动力，谁就能冲到队伍的最前面，成为同龄人中的胜利者。因此，要尽早做好思想准备，有意识地探索自己的路，以便顺利地渡过这一时期。要合理地安排课余时间，制订近期和长远的目标，了解自己最迫切需要的是什么，在执行计划中不断地修正和发展实现目标的计划。与此同时，对计划内的活动要有一个理智分析。

我们是否也患上了目标困惑症

影片《桂河大桥》讲述了这样一个令人深思的故事：在第二次世界大战中，英军尼克森上校和他的部下被日军俘虏，作为改善战俘待遇的交换条件，他接受了日军布置给他们的修建桂河大桥的任务。尼克森是一名典型的英国军人，既有英国绅士的认真，也有“是任务就一定要完成”的执著。在尼克森的带领下，战俘们用三个月的时间就完成了这一任务。大桥建成后，尼克森把大桥当做自己和部下所完成的工作成果而精心守护，当接到英军上级发出的炸桥命令时，他犹豫并抵触，完全忘记了桥一旦开通，会给自己的部队带来多大的伤害。当他最终意识到这一点后，他说出了那句著名的台词：“我都做了些什么啊？”他如此专注于他的任务——建桥，而忘记了赢得战争这个根本目标。

这就是所谓的目标困惑症。

普林斯顿大学的达黎和巴特森两位神学教授，在研究《圣经》中关于“慈善的撒马利亚人”这部分教义时，曾在一组神学院学生中做过一次测试。两位教授告诉学生们，他们将以“慈善的撒马利亚人”这一主题进行讲道。作为测试的一部分，一部分学生被告知，讲道将提前半个小时开始，他们就要迟到了，必须加快步伐；另一方面，在这些“就要迟到的”学生的必经之地，两位教授雇用了一位演员，装扮成一个突然患病、急需救助的老人。

结果发现，90%的“迟到”学生，因为急于赶往讲道地点，而置“患病老人”于不顾。

正是目标困惑使得他们的判断出现了失误。在时间的压力下，他们脚步匆匆，急着去做他们认为最重要的事情，而恰恰忘记了他们的目标所在。

目标困惑症的危害是巨大的。一旦偏离了目标，你所做的一切努力都是徒劳的，有时甚至是有害的。其实，治疗目标困惑症的方法非常简单：在你为你的任务忙碌不停的时候，你不妨暂停片刻，深深地吸一口气，向四周望一望，分析一下眼前的情形，思考一下你的任务是什么，你的目标又是什么，你的任务和目标一致吗？在经过反思之后，如果发现偏离，相信你一定会庆幸地拍着自己的额头说："我都做了些什么啊？"

问题2：自我价值感的丧失

经过高考拼杀的大学新生，带着良好的自我感觉进入大学校园之后，突然发现自己只不过是大学生中的普通一员。在强手如云的新班集体里，面对新一轮的排列组合，昔日那种"鹤立鸡群"的优越感已荡然无存，无形中会在一些大学新生的心理上产生一种失落感。同时，高考过后，大家从埋头学习中抬起头来，第一次有机会能够看清彼此，才猛然发现自己和他人之间原来除了学习成绩外，还有其他许多方面的差距。在知识、才艺、人际关系、家庭背景乃至身体容貌等方面自己不如人的地方很多，于是变得沉默寡言、内向孤僻，在某些学生身上就容易产生自我认识和自我价值方面的困惑。

从某种意义上说，能考上大学的学生在中学阶段大部分是学习上的佼佼者，平时深得家长、老师和同学们的关注，通常都是所谓的"中心人物"。但是许多大学生自跨进大学校门起就发现大学里高手云集。刚刚跨入校门的大学新生，就像一名运动员，可能是省队里的第一名，后来进了国家队就变成第三、第四名了，但是能进国家队，本身就足以说明他是佼佼者。所以，适当地降低对自己的希望值，接受"不完美"的自己，你就能以平和的心态投入新生活，从而得到丰富多彩的人生感受。同时，在大学里，评价人的标准并非是单一的学习成绩，能力特长也是衡量一个人素质水平的重要因素，这将有助于大学生找到自己在角色转变后的位置。其实，"金无足赤，人无完人"，每个人都有自己的长处和短处。要学会对自己作出公正的全面的评价，不要死盯着自己的短处，要善于挖掘和发展自己的优势。人的知识、才能通常是处于离散、朦胧状态的，需要人们不断地挖掘、发现和开发。从个人兴趣爱好、思维方式的特点、献身精神与果敢魅力等多方面对自己进行考察和测试，将为你作出科学的自我评价提供有益的帮助。

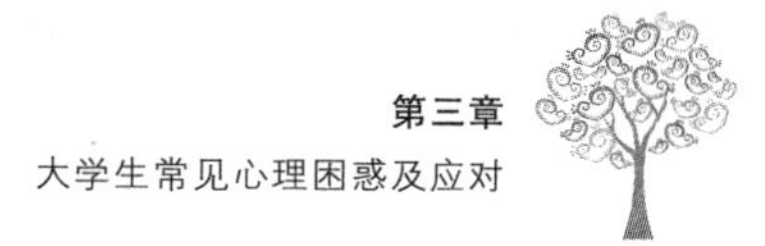

（二）当你不适应了……

问题1：无法融入大学学习生活

对于大一新生来说，存在的突出问题是由应试教育造成的不良学习习惯无法适应新的大学教学方式。没有了中学里老师的耳提面命，许多大学新生面对知识的海洋，不知从何学起，难免会产生困惑、迷茫和无所适从的感觉。因此，及时解决学什么、怎么学和如何安排学习时间的问题，是大学生尽快适应大学学习生活的关键。也有一些大学新生在学习上有一种“船到码头车到站”的松懈心理，学习动力不足，没有正确的学习目标，缺乏内在的学习动力与意志，于是不思进取，得过且过。

首先，我们应该尽快适应大学的学习氛围。这氛围是外松内紧的，很少有人监督你，很少有人会主动指导你，考试一般不公布成绩……但这并不代表没有竞争。独立面对学业时，每个人都该有自己的目标：和自己的昨天比，也在和别人暗暗地比。在这里，还需要更新观念，分数并不是衡量人的最重要的指标，人们更看中的是综合能力的培养和素质的全面提高。在这里，竞争是潜在的、全方位的。

其次，调整学习方法。改教师为主导的学习模式为以学生为主导的自学模式。可以说，自学能力的高低成为影响学业成绩的最重要因素。

问题2：无法融入大学全新环境

个案举例 小杨，女，大一新生

广西女大学生小杨考上了上海某大学，可是她对新环境极不适应，口音不习惯，生活也不习惯，周围又没有一个熟人。父母不停地打电话问她的情况，这位女生每次接电话都哭个不止。无奈的父母只得来到上海陪了她一个月。可父母刚走一个星期，她便偷偷退了学，回到广西。

任何事情都是有利有弊、有得有失的。当你远离家乡，来到外地上大学，你获得了更好的学习环境，但同时你也离开了自己所熟悉的环境，离开那些深有感情的老师和同学。从事事由大人做主到常常要自己拿主意，从由老师制订学习目标、学习计划到自己独立去适应新的教学风格和学习方式，从中学时代亲密好友成群到初入大学的孤独失落，大学新生面临众多的“心理丧失”。

大学新生要认识到，人的一辈子，其实就是一个不断“丧失”的过程：胎儿丧失了襁褓，才能学会站立和走路；青少年丧失了父母的呵护，才能成为具有独立生活能力的人……如果我们一辈子都惧怕丧失，都不愿意付出任何代价，那么我们也终将丧失发展的机会。从这个角度来看，你今天由于丧失所带来的暂时的痛苦和不适应，换来的正是明天的飞跃。如果明白了这一点，我们就会积极主动地去适应新的环境，而非消极被动地面对新的环境。

另外，大学新生除了熟悉校园环境，还应该主动接触社会环境。勇敢地走出“象牙塔”，到校园外面的世界看一看，不逃避现实也不做无根据的幻想，有目的地进行一些有益的社会实践活动，有助于认清自己在社会中的实际位置。

（三）当你失衡了……

问题1：新环境中知音难觅

正如一位大学新生在接受心理辅导时所说：“刚上大学时远离了父母，远离了昔日的朋友，我的心里非常迷惘、非常伤感。新同学的陌生更增加了我心底那份化不开的孤独。每天背着书包奔波在校园中，独自品味着生活的白开水。”

青春期的大学生有强烈的自尊、认同和归属的需要，渴望从朋友中获得感情的共鸣，但往往由于青春期的闭锁心理，在与新同学接触时，总习惯拿高中好友为标准加以衡量，常常觉得新面孔不太合意，因而宁愿采取被动接受的态度，从而阻碍了沟通和交流。此外，进入大学后，个人的目标和志向会发生很大的变化，要找个志同道合的朋友，往往需要较长时间的努力。

法国作家罗曼·罗兰说过：“有了朋友，生命才显示出它全部的价值。智慧、友爱，这是照亮我们黑夜的唯一光亮。”大学同学来自五湖四海，学生的

“异质化”程度很高，地区的差异使他们在思想观念、价值标准、生活方式等方面存在着明显的差异，因此，在遇到实际问题时往往容易发生冲突。首先应该承认每个人的生活方式和价值体系各有不同，与别人生活在一起，你就应该试着接受他们的生活方式，学会换位思考。如果感觉别人的生活方式有碍于你，可以与其沟通，委婉地提出，并适当地进行自我调整。需要注意的一点是，给别人提意见一定不能当着众人的面，以免使对方难堪。

要想处理好同学之间的关系，还要做到对人宽、对己严，切忌“以自我为中心”。在平时的生活中，要做到“三主动”：主动与同学打招呼，主动和同学讲话，主动帮助别人。在帮助别人的时候，不要过于计较别人能不能、会不会报答你。此外，要主动去做一些公共的工作，以增加同学们对你的好感，同学间的关系也自然融洽了。

从中学进入大学，离开了熟悉的环境，尚未适应新的环境之时，难免会有些不舒服的感觉，这是非常自然的，不必为此而焦虑。希望能够通过以上这些，使大学新生能够更好地了解自己，做好心理准备，顺利完成学业。心态好了才能使大学生活充满阳光。

人际交往中的黄金定律和白金定律

黄金定律：“你想要别人怎样对待你，你就要怎样对待别人。”

格莱恩·布兰德（《一生的计划》作者）说，为什么有的人总是受到欢迎，得到别人的拥戴，好运气也总是落到他们头上？关键是他们学会并接受了一条人际关系黄金定律：你想要别人怎样对待你，你就要怎样对待别人。黄金定律的秘诀在于：你掌握着人际关系的主动权，只要你想要一个和谐顺畅的人际关系，你就可以拥有，当然关键是你先付出。

孔子说过，己所不欲，勿施于人。这样的教导流露出对别人的体谅，对自己的约束，体现出你需要拥有更为主动的态度或者优先服务他人的精神：你想要别人关心你，你先要关心别人；你想要获得别人的理解，你先要去理解别人；你想获得别人的服务，你先要服务于别人；你想要得到别人公平的对待，你先要公平地对待别人———

白金定律：“别人希望你怎样对待他们，你就怎样对待他们。”

白金定律是美国最有影响的演说人之一和最受欢迎的商业广播讲座撰稿人亚历山德拉博士的研究成果。白金定律的精髓在于从研究别人的需要出发，然后调整自己的行为，运用我们的智慧和才能使别人过得轻松、舒畅。黄金定律和白金定律启示我们，在社会交往和处理人际关系时，要尊重人，待人真诚，公正待人。

学会真正了解别人——然后以他们认为最好的方式对待他们，而不是我们中意的方式。这一点还意味着要善于花些时间去观察和分析我们身边的人，然后调整我们自己的行为，以便让他们觉得更称心和自在。白金定律处理问题的出发点是别人，承认人的风格是有区别的，这是白金定律与黄金定律最根本的区别。

三、大学生常见的心理问题之网络成瘾篇

随着信息时代的飞速发展，网络已经成为大学生学习知识、获取信息、交流思想、人际交往、开发潜能、休闲娱乐的平台，成为他们学习、工作所必需的工具与媒介。网络在方便人们生活、学习、工作的同时，也具有不容忽视的负面影响。过度地使用网络，必然会对使用者的身体、心理、人际关系等产生不利影响，导致一些不良的社会后果。

由于过度使用网络而导致沉溺和上瘾，出现明显的社会心理损害及伴随生理性不适应的现象可称为“网络成瘾”，轻度网络沉溺行为可称为“网络依赖”。

（一）“网络成瘾”者的行为表现

（1）对网络有一种心理上的过度依赖感，把网络当做个人生活的中心，上网时间失控。

（2）从上网行为中获得愉快和满足，产生依恋性，一旦停止上网，马上就会出现情绪低落、兴趣索然、精力不足、容易激动、自我评价力下降、头昏眼花、疲乏无力、食欲下降等不良身心反应。

（3）对现实生活失去兴趣，参与社会活动及与他人交往减少。

（4）以上网作为排解、调节自己情绪的一种方式，用以逃避现实生活中的烦恼、情绪、不顺心的事等问题。

（5）即使意识到上网成瘾问题的严重性，也难以自拔，严重影响了个人的身心健康水平和人格的发展。

（二）网络成瘾的诱因

产生“网络成瘾”或“网络依赖”现象的诱因比较复杂。有关报告指出，病态的使用网络者，很少将网络作为搜索信息、获取知识的工具，而是在网络上寻找社会支持，寻找性满足或是利用网络创建新的人格面具。

一般来说，青年学生“网络成瘾”或“网络依赖”现象产生的诱因大致可分为客观和主观两类，即外部环境和网络使用者的内在因素。客观因素主要包括网络的可获得性：网络自身的特点与社会生活环境，如上网条件便利、上网费用不多、课业需求等使学生将网络视为不可缺少的必需品。校园生活的单调也容易使学生将学习和娱乐的重心转移到网络上。而针对青少年的心理需求，商家设计出不断升级的带有强烈吸引力、刺激性、挑战性的网络游戏，也使青年学生容易上瘾。家庭中不良的教育方式也会使青年学生对网络产生依赖。

主观因素主要指个人的心理需求与人格因素。青年学生所处的年龄阶段决定了他们求知欲强，好奇心重，渴望理解和交友，寻求感情的支撑，希望摆脱成人的控制，获得更自由的成长空间。他们理想高远但承受力差，容易有挫折感。当学习竞争压力过大，人际关系不和谐或生活不顺心时，因为缺乏应对困难的能力以及相应的勇气和信心，他们常会利用网络作为发泄、放松或逃避的途径。而越是沉溺于网络之中，实际生活中遇到的困难越是无法解决，这种恶性循环导致了沉溺者对网络的依赖日益严重，最终发展为“网络成瘾”者。从人格特征分析，“网络成瘾”者常常具有如下一些特点：性格内向，低自尊，焦虑抑郁，人际沟通不良，缺乏自控力，不善于管理时间，缺乏符合自身特点的具体生活目标，盲目追求时尚，缺乏兴趣爱好，爱寻求刺激、冒险，社会生活支持不足等。

（三）网络成瘾现象的预防及应对

1. 事前预防重于事后治疗

一般来说，大一新生发生网络成瘾的比例显著高于其他年级。面对来自不同地方、不同生活背景和不同性格的新同学，他们更容易被网络所提供的多样性内容所吸引。这是因为他们缺乏良好的自我管理能力，突然到一个陌生的环境与很多人相处让他们感觉到有交往的压力，所以更愿意把时间消磨在虚拟的网络上。有鉴于此，高校应加强预防网络成瘾的宣传工作，可以将预防网络成瘾的课程纳入新生入学教育或融入其他知识教育中，引导学生正确使用网络或有限地使用网络，以达到早期预防的功效。

2. 适当的网络使用

计算机的普及与因特网的使用大大改变了人类日常生活形态，只要具备计算机、浏览软件和基本通信设备，可随时透过网络搜寻数据、收发电子邮件、交友、聊天、购物、金融交易或玩在线游戏等。这提高了人们的生活价值，但沉迷于此则会剥夺它带给人们生活的便利。网络成瘾者往往是在无法自拔时才发现事态的严重性。高校辅导员可以通过学校网络规范与室友互动，来减少大学生过度依赖网络的现象。因此，应适当地提供与限制网络的使用量。例如，限制上网的时间或是下载档案的容量，是微机室、图书馆、宿舍网络管理者可以实行的限制措施，这样可以保护大学生在网络使用上不至成瘾。

3. 营造良好的外部环境

网络成瘾的大学生大部分时间沉溺于网络，大大压缩了其他活动的时间，譬如学习、工作、运动、人际关系等活动时间都可能因此而减少。高校应协助网络成瘾高危险群减少对网络的依赖程度，多组织一些参与面较广的大学生社会实践活动，开展一些丰富多彩的集体活动以减少他们上网的时间。针对缺乏社会支持的网络成瘾高危险群，学校应鼓励当事人走出网络、融入集体，培养学生的兴趣爱好，拓展现实生活的友谊，避免对虚拟友谊的过度依赖。例如，鼓励当事人多参与社团、联谊活动、地区性人际成长团体，或者是协助当事人找寻合适的支持团体，有助于当事人减少对网络的依赖。

四、大学生常见的心理问题之心理障碍篇

心理障碍主要是指神经症、人格异常和性心理障碍等轻度心理失调。大学生中具有心理障碍的比例占15%左右。

（一）神经症

神经症是大学生中较为常见的心理障碍，如睡眠障碍、焦虑症、抑郁症、强迫症、疑病症等都是神经症的不同类型。

1. 睡眠障碍

睡眠障碍是指睡眠量不正常以及睡眠中出现异常的行为表现，也是睡眠和觉醒正常节律性交替紊乱的表现。可由多种因素引起，常与躯体疾病有关。

2. 焦虑症

焦虑症又称焦虑性神经症，以广泛性焦虑症（慢性焦虑症）和发作性惊恐状态（急性焦虑症）为主要临床表现，常伴有头晕、胸闷、心悸、呼吸困难、口干、尿频、尿急、出汗、震颤和运动性不安等症状，其焦虑并非由实际威胁所引起，或其紧张惊恐程度与现实情况很不相称。

3. 抑郁症

抑郁症是一种常见的神经症类型，主要表现为情绪低落，兴趣减低，悲观，思维迟缓，缺乏主动性，自责自罪，饮食、睡眠差，担心自己患有各种疾病，感到全身多处不适。严重者可出现自杀念头和行为。

4. 强迫症

强迫症是以强迫观念和强迫动作为主要表现的一种神经症。以有意识的自我强迫与有意识的自我反强迫同时存在为特征。患者明知强迫症状的持续存在毫无意义且不合理，却不能克制其反复出现，愈是企图努力抵制，愈感到紧张和痛苦。

5. 疑病症

疑病症以对自身健康的过分关心和持难以消除的成见为特点。患者怀疑自己患了某种事实上并不存在的疾病，反复就医，虽然经反复医学检查确定正常，但医生的解释仍不能打消病人的顾虑，常伴有焦虑或抑郁情绪。

（二）人格障碍

人格障碍指人格特征显著偏离正常，使个体对环境适应不良，影响其社会功能。其基本特征是：法制观念较差，行为受原始欲望所驱使，知行脱节，具有高度的冲动性和攻击性，缺乏羞愧、自责和责任感。一般认为，紊乱不定的心理特点和难以相处的人际关系是各类人格障碍的突出特征。

常见的人格障碍有以下几种：反社会型人格障碍、偏执型人格障碍、分裂型人格障碍、强迫型人格障碍、自恋型人格障碍、癔症型人格障碍、依赖型人格障碍。

1. 反社会型人格障碍

反社会型人格障碍也叫悖德型、违纪型或无情型人格障碍，主要特征是极端自私自利，冷酷无情，容易冲动，往往受偶然动机驱使，经常违反道德法纪而不后悔。在现实生活中，易有经常逃学、反复挑起斗殴、不遵守社会规范和法律约束等言行。

2. 偏执型人格障碍

偏执型人格障碍又叫妄想型人格障碍，指极其固执己见的一类变态人格，表现为对自己过分关心，自我评价过高，常把挫折的原因归咎于他人或客观条件。极度感觉过敏，对侮辱和伤害耿耿于怀；思想行为固执死板，敏感多疑、心胸狭隘；爱嫉妒，对别人获得成就或荣誉感到紧张不安，妒火中烧。

3. 分裂型人格障碍

分裂型人格障碍表现为疏离社会，情感淡漠。此外，他们在思维、知觉和交流方面表现古怪，如有偏执性思维等。这些古怪表现提示有精神分裂倾向，但够不上精神分裂症的诊断标准。

4. 强迫型人格障碍

强迫型人格障碍的主要特征是要求完美，容易把冲突理智化，具有强烈的自制心理和自控行为。他们焦虑、紧张、悔恨时多，轻松、愉快、满意时少；不能平易近人，难于热情待人，缺乏幽默感。

5. 自恋型人格障碍

自恋型人格障碍的基本特征是夸大自我价值感，缺乏对他人的共感性。实际生活中，他们会夸大自己的成就和才干，认为自己的想法高人一等，只有特殊人物才能理解。稍不如意时，会觉得自我毫无价值。他们的自尊很脆弱，会过分关心别人的评价，要求别人持续的注意和赞美，对批评则感到内心愤怒和羞辱。

6. 癔症型人格障碍

癔症型人格障碍具有戏剧化的表现，善变、做作，喜欢引起他人的注意和关心，易有强烈的情绪反应，常常以自我为中心，依赖性很强，需要别人的支持。喜欢挑逗别人，诱惑异性，或玩弄、威胁别人。在表面上看来，这种人很容易与人接触，马上熟悉，可是不容易深交。

7. 依赖型人格障碍

有依赖型人格障碍的人的最大特点是：对亲近与归属有过分的渴求，时刻想得到别人的温情，只要能找到一座靠山，宁愿放弃自己的个人趣味、人生观。他们懒惰、脆弱，缺乏自主性和创造性，处处委曲求全。

（三）性心理障碍

由于大学生个人的成长经历及家庭、社会因素的影响，大学生中有少数人存在着较严重的性心理障碍。最为常见的性心理障碍有性指向障碍、性偏好障碍和性身份障碍。

1. 性指向障碍

性指向障碍指的是其性欲对象与常人相异，如同性恋等。

2. 性偏好障碍

性偏好障碍指的是性心理和性行为都带有儿童性活动的特点，以幼年的方式求得性满足，如易装癖（以穿着异性服装和戴异性饰物来激起性兴奋、获得性满足）、露阴癖（以在不适当的场合裸露自己的生殖器来激起性兴奋、获得性满足）、窥阴癖（以窥视异性的裸体和他人的性活动来激起性兴奋）。

3. 性身份障碍

性身份障碍指的是从心理上否认自己的生理性别，强烈希望转换成异性，即易性癖。

如果大学生出现了上述任何一种症状，将会严重影响大学生的生活和学习，影响其今后的发展，所以应当及时向有关人员进行咨询，予以治疗。

自恋心理演绎的是精彩还是无奈

自恋型病态人格是人格障碍之一，这种人格描述为自以为是、自我陶醉。其主要特征是：强烈的自我表现欲和从他人那里获得注意与羡慕的愿望；一贯自我评价过高，过度自我专注；常产生海阔天空的幻想，内容多是自我陶醉性的；权欲倾向明显，期待他人给自己以特殊的偏爱和关心；缺乏责任心，常用自负傲慢、妄自尊大、花言巧语和推诿转嫁等态度来为自己的不负责任辩解，漠视正确的自重和自尊；在人际交往方面，与他人缺乏感情交流，喜欢占便宜；在面对批评和挫折时，要么表现出不屑一顾，要么表现出强烈的愤怒、羞辱或空虚；容易给人造成一种毫不在乎和玩世不恭的假象，事实上却很在意别人的注意和称赞。

自恋是人性中广泛存在的现象，但符合自恋型人格诊断标准的只有极少数。

从表面上看，自恋型人格障碍患者处处为自己物质的和心理的利益考虑，而实际上，其一切利益都因为自恋而受到了损害。

第一，自恋是一种对赞美成瘾的症状，为了获得赞美，自恋者会不惜一切代价。比如有人冒生命危险而求得“天下谁人不识君”的知名度，这就走向了自恋的反面——自毁、自虐。

第二，自恋是一种非理性的力量，自恋者本人无法控制它，所以就永远不可能获得内心的宁静，永远都会被无形的鞭子抽打，只知道朝前奔走，而没有一个可感可知的现实目标。

第三，自恋者也会下意识地明白，总是从别人那里获得赞美是不可能的，所以他会不自觉地限定自己的活动范围，以回避外界任何可能伤及自恋的因素。

第四，在与他人的交往中，自恋者会因为自己的自私表现而丧失其最看重的东西——来自别人的赞美，这对其来说是毁灭性的打击，并且可以使其陷入“追求赞美——失败——更强烈地追求——更大的失败”的恶性循环之中。自恋者易患抑郁症，原因就在这里。

五、大学生常见的心理问题之精神障碍篇

精神障碍是所有心理问题中最严重的疾病，这些障碍包括双相情感性精神障碍、精神分裂症、偏执型精神病和反应性精神病。大学生如果出现精神障碍，一定要尽快到专科医院就医。

1. 双相情感性精神障碍

双相情感性精神障碍是比较常见的、以心情的高涨或低落为基本症状的精神障碍。情绪高涨时，伴有联想加速、活动过多、话多和夸大，这称为躁狂发作或躁狂症。情绪低落时，伴有悲观、缺乏乐趣、缺乏精力以致动作和思维迟钝，这称为抑郁发作或抑郁症。首次发病多在16~30岁。躁狂和抑郁可以单独发作，也可以交替发作，因此本病又称躁郁症。

2. 精神分裂症

精神分裂症是一种由于大脑功能出现问题，感知、思维、情感、行为等多方面出现障碍，以精神活动不协调和精神活动与环境不协调为特征的一种最常见的精神病。患者的思

想、情感、行为与现实脱节，不能分辨幻想与现实，因而丧失或降低自理及对社会生活的适应能力。它属于重性精神病之一，严重影响病人的日常工作、社交、生活及自我照顾的能力。

3. 偏执型精神病

偏执型精神病是一组疾病的总称。其共同特点是以持久的、系统的且比较固定的妄想为主要临床特征，行为、情感反应与妄想观念相一致，无幻觉或偶伴幻觉，病程长而无精神衰退，智能保持良好。

4. 反应性精神病

反应性精神病是由剧烈或持续的精神紧张性刺激直接引起的。这些刺激包括个人损失、沮丧、凌辱、自然灾害等。这类精神病大多数为期短暂，常随诱发因素的消退而减轻，经适当的治疗，精神状态即可恢复正常。所以，反应性精神病的愈后良好，一般不再复发。

除了上述三类心理问题外，大学生中还有一类非常严重的心理问题，稍不重视即会危及大学生的生命，此类问题被称为大学生的自杀危机。大学生自杀危机问题时有发生，然而，有心理疾病和自杀危机的学生若能主动寻求心理帮助，就能及时得到救助。

总之，大学生常见的心理问题主要是各类心理困扰和神经症，但也会出现极个别的人格障碍、性心理障碍和精神障碍。从北京市教育工委2006~2008年连续三年对北京地区28所大学心理咨询中心接待大学生心理咨询情况的调查情况来看，大学生寻求心理咨询最多的是人际交往问题，约占咨询人数的17.7%；排在第二位的是就业问题，约占咨询人数的15.5%；排在第三位的是学习和适应问题，约占咨询人数的14.7%；排在第四位的是恋爱问题，约占咨询人数的14.5%；其他还有家庭问题、各种情绪问题及精神障碍问题等。

案例1 情感淡漠背后的那个我

小霞是某重点大学二年级女生，性格内向，学习很好，人际关系状况良好，是同学眼里的才女，被同学称为知心姐姐。她来自农村，有一个哥哥。父母不太善于协调人际关系。母亲性格外向，父亲则沉默寡言。小霞的性格像父亲，父母关系良好，但是母亲因照顾外公经常不在家，自己受父亲的影响较大。

坐在咨询室里的小霞说话很有条理，思路清晰，给人的感觉是文静而秀气。就是这样一个让家人骄傲、同学喜欢的女孩却有着自己的苦衷："我觉得跟别人在一起体验不到任何感觉，尽管同学们都很喜欢我，我也能跟他们和谐相处，甚至有几个同学把我当知心朋友看待，但是我自己却没有任何感觉，体验不到他们所说的这种友情。""跟父母、哥哥在一起也是一样，我没有特别强烈的亲情的感觉，比如好久没有回家了，我就觉得应该想他们，应该给他们打个电话了，甚至是应该回家，但是我的心里却没有很期待的感觉。每次爸爸妈妈见到我，那种欣喜的感受我都体会不到。"小霞说这些时语调始终平静，像是在讲述别人的事情。

然而，看似心如止水的她，却有着始终困扰自己的另一面。自己独处的时候，经常莫名其妙地出现情绪波动，有时很自信，有时又非常自卑，觉得自己总是不如别人。尽管在别人眼里自己很优秀，但她对自己却相当不满意，非常在意别人的眼神、别人对自己的评价，希望人人都能喜欢自己。如果发现有人不喜欢自己，就会非常希望得到所有人的赞扬与认可。

思考：小霞的情感淡漠以及对自己的不接纳源自何处？她应该如何去改变自己？

案例2 嫉妒的毒药

小A与小B是某院校大三的学生，同在一个宿舍生活。入学不久，两个人成了形影不离的好朋友。小A活泼开朗，小B性格内向，沉默寡言。小B逐渐觉得自己像一只丑小鸭，而小A却像一位美丽的公主，心里很不是滋味。她认为A处处都比自己强，把风头占尽，时常以冷眼对小A。大学三年级，小A参加了学院组织的服装设计大赛，并得了一等奖，小B得知这一消息先是痛不欲生，而后妒火中烧，趁小A不在宿舍之机将A的参赛作品撕成碎片，扔在小A的床上。小A发现后，不知道怎样对待小B，更想不通为什么她要遭受这样的对待？

思考：嫉妒心理如何改变？是否可以升华为向上的动力？

案例3 是什么使他（她）变成了"孤岛"

来自农村的小A是某知名大学的一年级新生，对大学生活无限憧憬的他刚入学就遇到了一个微妙的交际障碍：同宿舍的四个人中有三人都来自大城市，兴趣也惊人地相似：喜欢打游戏、看NBA，都是吉他爱好者。小A对计算机的认识仅限于基本的系统操作，对基本的篮球规则一无所知，对吉他一窍不通且不爱好音乐。这让小A感到无比孤独，他或者在图书馆和自习室里度过空余时间，或者在校园里游荡，直到快熄灯时才回宿舍。选择“自我放逐”的小A苦笑着说：“其实，我更想和舍友们一起聊天，可是我实在不知道怎样融入他们的世界……为了避免尴尬，我只能成为宿舍里的‘游魂’。”

临近毕业的小C新学期伊始便搬出宿舍，在外租房居住。在大学校园里待了三年多的小C对校园里的人际关系有自己一套独特的看法：“大一时，我的想法还很单纯，要在大学里找到几个好朋友。但是，几个月后我就逐渐打消了这种念头，只剩下了交朋友的苦涩和无奈。”同时，繁重的课业负担几乎占据了她的全部时间，根本抽不出时间参加各种学生社团。谈到朋友，小C说：“我还是有一些一般朋友的，也就是可以一起聊聊天、吃吃饭的那种，但是没有什么特别知心的朋友。”

思考：如何与他人建立亲密关系？

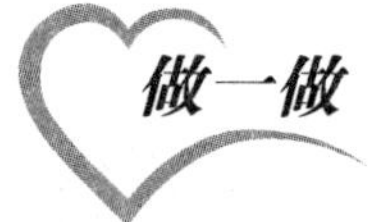

做一做

活动1：抓蜻蜓

目的：活跃团体气氛，让学生体验快乐的感觉。让学生体验到紧张、放松和兴奋的情绪及各种情绪之间的循环转换。通过轻微的身体接触，促进学生彼此的交流。

时间：根据故事长短可进行调整，一般5分钟左右。

操作：

（1）学生围成一个圆圈（可以站也可以坐），每个人的右手手掌伸平，掌心朝下放在其右边同学的左手食指上方，做好“抓”的准备。同时，其左手食指朝上顶住左边同学的右手手掌心，做出“蜻蜓”的样子。

（2）教师讲一个故事，在听故事的过程当中，学生听到“乌鸦”和“乌龟”这两个词的时候，要迅速去抓右侧同学的食指，同时避免自己的左手食指被抓。根据故事内容，会出现多次抓“蜻蜓”的情况。

（3）在活动过程中，学生仅可以变换手部的姿势，但不能移动手臂来探抓或逃避。每个人在手部姿势变化后要快速复原。听到其他词的时候不能动手。

讨论与分享：

如果教师是在带领管理的团体训练活动中应用这个活动，教师可以引导学生讨论“刚才玩游戏的时候，你有什么感觉”以及与情绪有关的问题。

注意事项

教师在讲述故事的过程中，应该尽量语音清晰、语速缓慢。使用适当的断句和夸张的语气会让学生更能体会紧张和注意力高度集中的感觉，学生的情感体验也会更强烈。如在朗读那些以“wu”音开头而又不是“乌龟”和“乌鸦”的词语时，如果故意加快速度或加重语气，可能会达到更好的游戏效果。

创新建议：

（1）可以通过对故事材料的改变来降低或提高活动的难度，也可以将带来行动改变的词换为“乌贼”和“巫婆”等。

（2）也可以改变学生之间的手势，例如每个人的左手掌心向下平摊在左边同学的右手上，而右手掌心向上托着右边同学的左手。当听到“乌”或“乌龟”时，右手迅速掌心翻下，垒打在右边同学的左手背上，同时，收回自己的左手，防止被左边同学打到手背。

活动2：嫉妒问卷调查

目的：提高对嫉妒心理的自我认识。

准备：纸、笔。

时间：约8分钟。

操作：

（1）提供指导语。这里为你提供一份“嫉妒心理诊断问卷”，共8个问题，每个问题的后面有A、B、C、D四种可选择的答案。请你认真阅读每个题目，在符合自己情况的答案上打“√”。

（2）开始测试。

1. 你的同学穿了件过时的服装却又洋洋得意，问你：“这件衣服漂亮不？”那么，你如何回答？

A.“……”（不吭声，暗自发笑）

B.“这不错，在前段时间穿更好。”

C.“不错，很漂亮！我也想有一件。”

D.“不大适合，过时了。”

2. 同学带来了极为漂亮的钢笔，你会怎么办？

A. 询问是在何处买的

B. 自己找支与之相似的钢笔来

C. 你也想买这么一支，并婉转地打听是哪家商店出售的

D. 放弃购买

3. 班会上，一位看上去并不比你强的同学提出了比你高明的建议，当老师问你意见如何时，你怎样回答？

A. 赞成这个建议　　B. 不赞成，并提出其他建议

C. 回答“我没有看法！”　　D. 一声不吭，事后发牢骚

4. 著名电影导演的周围簇拥着你的许多同学索要签名留念。你看到时会采取什么行动？

A. 挤进去也让导演给你签一下

B. 站在那儿看热闹

C. 说一句“哼，瞎起哄，真没意思！”

D. 不吭一声地走开

5. 你被同学奚落了一番，你会怎样？

A. 在什么时候也刁难对方一下

B. 感到心里很不好受，却发作不得

C. 决定和这种人断交

D. 自我解脱

6. 你喜欢的一位异性同学在校门和人亲切交谈，但你看不到那人的样子，这时你会认为这位异性同学最可能和谁谈话？

A. 老师　　B. 你的同性同学

C. 你的异性同学　　D. 肯定是他（她）的那一位

7. 平时成绩一直与你不相上下的那位同学，这次由于某个原因而成绩比你差，你是如何对待这件事的？

A.“他本来就不如我嘛！”

B.“哼，活该！最好下次也这样。”

C.“要不是因为这件事，他准会考得更好。”

D.“他真够可怜的！”

8. 本来你和另一位同学都有条件被评为“三好学生”，但由于名额有限，老师决定让那位同学获得这一荣誉，这时你的态度是：

A. 衷心地为那位同学鼓掌

B. 心里愤愤不平，认为老师偏心

C. 认为自己确实不如人

D. 背后到处揭那位同学的短

（3）计分方法及结果解释。

① 计分方法：

题号		1	2	3	4	5	6	7	8	总分
答案	A	2	2	1	2	2	1	3	1	
	B	3	5	3	3	3	3	5	3	
	C	1	3	2	5	5	2	1	2	
	D	5	1	5	1	1	5	2	5	

② 结果解释：

类型	Ⅰ型	Ⅱ型	Ⅲ型	Ⅳ型
总分	32~40	24~31	16~23	8~15

根据作答计分表的得分，算出总得分，然后根据总得分对照判断你的嫉妒心理属于以下Ⅰ、Ⅱ、Ⅲ、Ⅳ型中的哪一种类型。

Ⅰ型：强烈型

你比一般人更容易产生嫉妒心理，你相当敏感，稍稍感到自己被歧视或不如别人时，就会产生较强的嫉妒心。你即使处于优越的地位中，也会担心别人随时夺去这个位置。你常疑神疑鬼、胡乱猜测，结果适得其反。当你有了嫉妒心时，你往往就会有一种强烈的发泄心理。有了这种嫉妒心，常会给你带来不快的心情。尽管你在很多方面都高人一筹，也备受器重，但你往往不会合群，心胸不够开阔，因此你得到的虽多，但失去的也不少。

Ⅱ型：时发型

你具有一般人容易产生的嫉妒心理，但平时你不会轻易产生，通常也不影响同学之间的交往和自己的生活。但对特定的事，或在一定的时候，你也会产生强烈的嫉妒心。处理得好时，嫉妒会成为你上进的动力，让你获得成功；处理得不好时，你往往会以狂风暴雨式的姿态不择手段地拆别人的台。但你又有较强的反省力和较大的勇气主动认错，因而事后你不会怨恨在心，反而会主动地找人和好。

Ⅲ型：克制型

你常有自我满足感，平时很少让别人觉察到你的嫉妒心理。你也会在某些场合产生嫉妒的心理，只是你能够克制忍耐，情绪绝不外露，并常用其他事情来冲散抵消。一般说来，你不仅能自我控制，而且工于心计，富于理智，能听进别人的话，因此，你往往能把嫉妒的心理化为上进的力量。但你也会有处理不好的时候，弄得自己和别人都不痛快，幸好这种局面只是短暂的。

Ⅳ型：平和型

你很少有嫉妒的心理，独自悠然自得，对小事毫不介意，遇事达观，不自寻烦恼。可能是由于你对周围环境无动于衷，根本不想把自己同别人作比较，也可能是由于你对自己抱有极大的自信，认为嫉妒是愚蠢的表现，是不体面的，即使有些事让你感到意外和不服，但你能在产生嫉妒的初期就采取调节或转化的措施，所以你很少有嫉妒别人的言行，与人关系融洽。

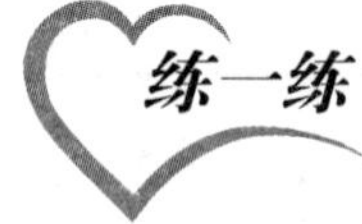

一、大学生常见心理问题有哪些?

二、测一测自己是否已经网络成瘾，如果是，如何走出网络成瘾的泥淖?

三、我们每个人都会或多或少地有一些心理困惑和问题，我们应该如何去理性地看待和面对?

四、大学是人生的一个非常重要的起点，我们在进入大学之始就应该有所规划。请写一篇800字左右的题为“大学几年该如何度过”的职业生涯规划报告。

中　篇

了解自我，发展自我

第四章

大学生的自我意识与培养

"我是谁？"

"我能做什么？"

"我将来想要成为什么样的人？"

很多同学在上大学后开始寻找这些问题的答案，踏上了自我探索的路程。大学阶段是自我发展趋于完善的时期，这个时期的大学生对自我更加关注，开始客观地审视自我，渴望更深入地了解自己，形成对自我的认识，同时体验着对自己的接纳或不满，在这个过程中感受着自尊、欣喜、迷茫、矛盾、怀疑、失望……

古希腊时期的戴尔波斯神托所的入口处，矗立着一块巨大的石碑，上面醒目地写着："认识你自己！"心理健康最重要的一个标准便是对自我的接受和认可，有正确的自我认识和健康的自我形象。正确认识自我是进一步发展自我和超越自我的前提和基础，是塑造健康人格的第一步。

本章将首先从自我意识的概念及组成开始介绍，重点放在大学生自我意识发展的特点、大学生自我意识的偏差及调适、自我意识的评估上，以引导学生建立自尊自信的自我意识。

“我是谁？”“我是一个什么样的人？”这样的问题实际上是心理学中的“自我意识”问题，它是心理学研究的一个重要概念。

一、自我意识概述

（一）什么是自我意识

自我意识，是人对自己存在的觉察，即自己认识自己的一切。比如，对自己外貌的认识，对自己的能力、性格、情绪情感等的认识，对自己的地位、自己与周围人相处的融洽程度的认识，等等。

自我意识是一种特殊的认识过程，认识的主体和客体都是自身（英语中的自身“self”，既包括主我“I”，也包括客我“me”），因此，自我意识是主我“I”对客我“me”进行认识，并按照社会的要求对客我进行调控。比如，“我（I）认为我（me）比较低调”。自我意识是人的意识发展的高级形式，是人类特有的心理活动，是一个多维度、多层次的心理系统，一般可从内容和结构上对其加以分析。

（二）自我意识的组成

1. 从内容上看，自我意识可分为生理自我、心理自我和社会自我（见图4-1）

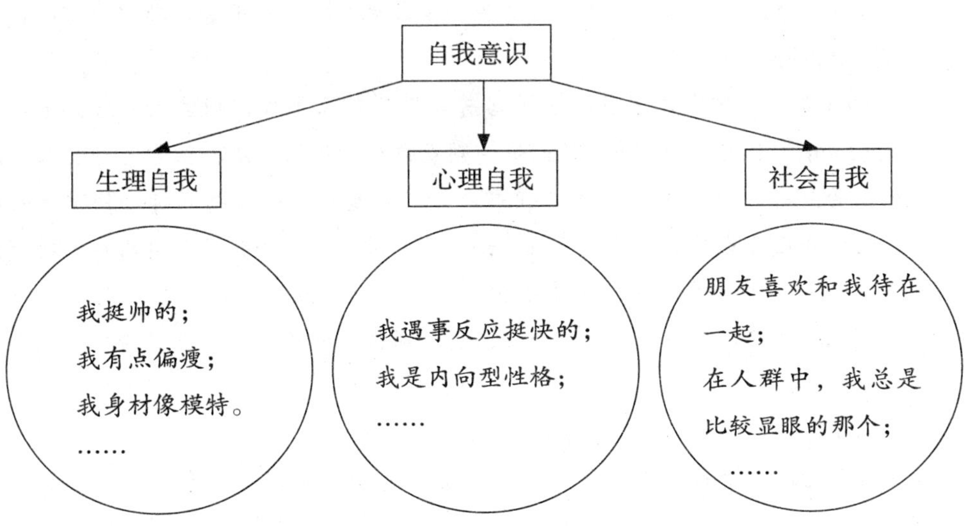

图4-1　自我意识的内容

（1）生理自我：是指对自己的身体、外貌、衣着、风度、所有物的认识和体验，如是否健壮、漂亮等。

（2）心理自我：是指对自己的智力、性格、气质、理想、能力、情感等心理特征的认识和体验。

（3）社会自我：是指对自己在社会中的地位、在人际关系中的角色和作用等的认识和体验。

自我意识是人的意识发展的高级阶段和重要特征。自我意识的这三个属性是既相互独立又相互关联。在我们的自我意识系统中，如果有一个系统出了状况，其他的部分亦受池鱼之殃，一个属性可以影响其他的属性。最近网络上流行一句话："芙蓉姐姐减肥都成功了，你好意思胖下去吗？"减肥，变瘦，是"生理自我"的特点，但它会影响一个人对自己心理自我的判断——比如，自己是不是有自控力，是不是有恒心等。同时，因为身材原因，也可能变得不愿在人群中展示自己，"社会自我"也受到影响。

但是，有时候出问题的部分可以被直接或间接地修补。比如，晓勇看起来不怎么起眼，长得又瘦又小，相貌也一般（很低的生理自我概念），但他善于学习，兴趣也很广泛（增加了他的心理自我概念），使他成为很友善又乐观的人，而且他随时随地都愿意帮助别人（发展出正面的社会自我概念）。晓勇用一种间接的方式努力补偿自己的弱点因素，强化其他自我因素，这使得他成为一个受人欢迎的人。①

如何测量自我意识呢？——镜像红点测试

部分发展心理学家认为，刚出生的小孩是没有自我意识的，他们无法将自己和环境相区分。如何确定孩子自我意识的形成呢？有一个很著名的实验可以在一定程度上检验这个问题。

1970年，美国科学家戈登·盖洛普设计了镜像自我识别实验（mirror self-recognition，MSR）。它并不是最好的测量自我意识的方法，但却是目前人们能想出来的最巧妙的方法。研究人员趁孩子不注意时将一个红点标记到孩子的额头，过一会儿将其引至一面镜子前。如果他知道镜子中的孩子是自己，他就会很关注——也就是盯着看或者用手去抠额头上那个红点。如果他根本没有自我意识，那他就会忽略那个红点。这个方法也可通俗地称为镜像红点实验。一般一岁半之前的婴儿会忽略额头上的红点，他们对镜中的小孩兴趣不大，不认为那是自己。只是冲着镜子拍拍手，嘴里吐吐泡泡。但一岁半至两岁的儿童开始认识到镜中映像是自己，他们会对着镜子用手去触摸脑门上的红点，好奇地想把它弄掉。

①〔美〕David R. Shaffer & Katherine Kipp. 发展心理学. 邹泓，等，译. 北京：中国轻工业出版社，2009：428.

2. 从结构上看，自我意识由自我认识、自我体验和自我控制三种心理过程组成（见图4-2）

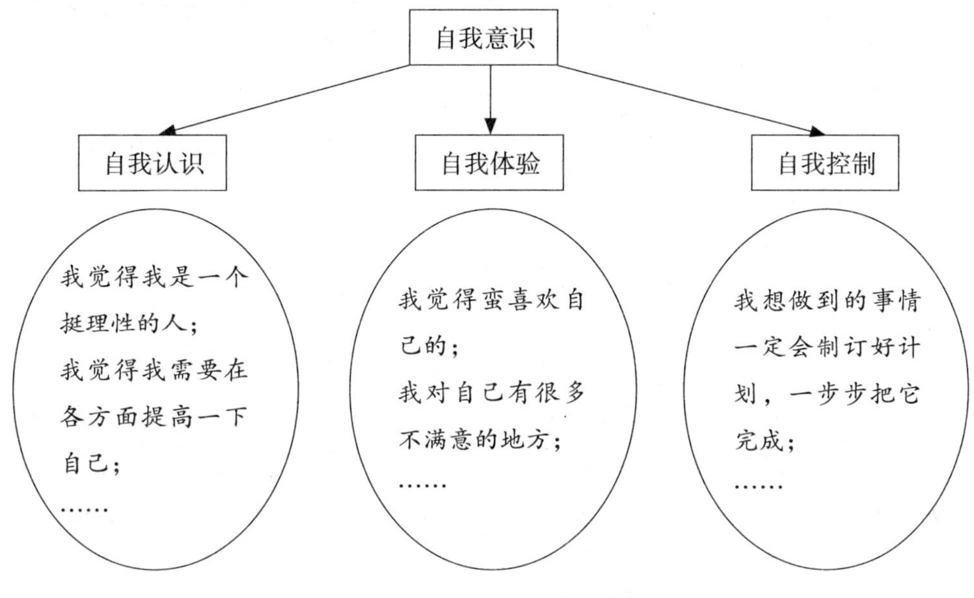

图4-2　自我意识的结构

（1）自我认识：主观的我对客观的我的认识与评价，包括自我察觉、自我感知、自我概念、自我评价等，主要解决“我是一个怎样的人”、“我为什么是这样一个人”等问题。

（2）自我体验：自己对自己怀有的一种情绪体验，即主观的我对客观的我所持有的一种态度，包括自信、自爱、自尊、自卑、责任感、优越感等，主要解决“我这个人怎么样”、“我是否满意自己”等问题。

（3）自我控制：自己对自身行为和思想语言的控制，即主观的我对客观的我的制约作用，包括自我调节、自我监督、自我制约等。自我控制主要解决“我应当成为一个怎样的人”、“我怎样改变现状成为理想的那种人”等问题。

上述三种表现形式以自我认识为基础，产生自我体验，进而达到自我控制；同时又在自我体验的推动下加强自我控制，加深自我认识，增强自我体验。这三者的有机组合和完整统一，就成为一个人的自我意识。

“迟延满足”实验

发展心理学研究中有一个经典的实验，称为“迟延满足”实验。实验者发给4岁被试儿童每人一颗好吃的软糖，同时告诉孩子们：如果马上吃，只能吃1颗；如果等20分钟后再吃，就给吃2颗。有的孩子急不可待，把糖马上吃掉了；而另一些孩子则耐住性子，闭上眼睛或头枕双臂做睡觉状，也有的孩子用自言自语或唱歌来转移注意力、消磨时光，以克制自己的欲望，从而获得了更丰厚的报酬。研究人员进行了跟踪观察，发现那些以坚忍的毅力获得了2颗软糖的孩子，长到上中学时表现出较强的适应性、自信心和独立自主精神；而那些经不住软糖诱惑的孩子则往往屈服于压力而逃避挑战。在后来几十年的跟踪观察中，也证明那些有耐心等待吃2块糖果的孩子，事业上更容易获得成功。实验证明，自我控制能力是个体在没有外界监督的情况下，适当地控制和调节自己的行为、抑制冲动、抵制诱惑、延迟满足、坚持不懈地保证目标实现的一种综合能力。它是自我意识的重要成分，是一个人走向成功的重要心理素质。

（三）自我大家族

自我与自私是截然不同的概念。自我是人格的核心成分，它在个体发展中逐渐形成和发展，是人们认识自己、评价自己、建构自己、发展自己的关键成分。当孩童具有“我”的意识之后，自我系统也开始分化，在分化的过程中，自我统合的机能也随之发展起来，使人格的自我系统健康发展。心理学家对自我概念进行了多种描述与划分，每种理论都反映了自我的不同特征，使我们更能看清我们自己的面目。自我是一个大家族，各具特色的自我汇聚在一起，行使着自己的职责。

1. 主我与客我

自我的这两个方面最早是由美国心理学之父詹姆斯于1890年提出的。他认为自我被视为“我”，具有双重性：主我“I”和客我“me”。

（1）主我“I”：作为认知者的自我，指个人对外界的感受与思考。

（2）客我“me”：作为被认识的自我，指个体对自己的态度、情感和判断，把自己也视为一个客体来感知，表现在如何看待自己，如同看着自己的照片给自己作评价。

2. 个人自我与社会自我

1984年，威利认为自我可以分为两种类型：一种是个人自我概念，一种是社会自我概念。

（1）个人自我：一个人对自身的认识。如我是一个快乐的人，我喜欢长发，我热爱艺术，等等。这些自我认识的特征基本上是比较稳定的。

（2）社会自我：指的是你认为别人是如何看待你的。如妈妈说我浮躁，同学认为我大方、随和，老师觉得我张扬、骄傲。这些人格特点会随着个体所相处的人或团体而改变，因为你在不同的社会情境中的表现会有一些差异。一个人的个体自我概念与社会自我概念会格格不入。

3. 镜中自我

1902年，社会心理学家库利提出了“镜中自我”的概念。他认为：“人与人之间相互作为镜子，都能折射出他面前的人的形象。”所以，库利指出，别人的态度就如同是反射自己人格的一面镜子，我们通过这面镜子来了解我们自己。

镜中自我也属于社会自我，它具有三个主要元素：

（1）个人的期望，即希望别人怎么看自己；

（2）对他人观点的猜测，即想象别人怎么看自己；

（3）自我感觉，即对自己的猜测做出反应，如自豪或屈辱。

都从烟囱里爬出来，谁会去洗澡？

爱因斯坦对学生说："有两个工人从烟囱里爬出来，一位很干净，一位很肮脏，请问谁会去洗澡？"

一个学生说："当然是肮脏的工人会去洗澡。"

爱因斯坦摇了摇头，讲起一件父亲说给他的有趣的事情。父亲说："有一天，我和邻居杰克大叔去清扫南边工厂的一个大烟囱。那烟囱只有踩着钢筋踏梯才能从烟囱里上去。你杰克大叔在前面，我在后面。我们抓着扶手，一阶一阶地终于爬上去了。下来时，你杰克大叔依旧走在前面，我跟在后面。钻出烟囱，我看见你杰克大叔的模样，心想我肯定和他一样，脸脏得像个小丑，于是我就到附近的小河里去洗了又洗。而你杰克大叔呢，他看见我钻出烟囱时干干净净的，就以为自己也和我一样干净呢，于是就只草草洗了洗手就大模大样上街了。结果，街上的人都笑痛了肚子，还以为你杰克大叔是个疯子呢！"

"干净的工人看见肮脏的工人，他会觉得的确很肮脏。肮脏的工人看到干净的工人很干净，就不这么想了。我想再问问你们，哪个工人会去洗澡？"爱因斯坦又问。……

一个人，常常会把别人作为自己的镜子来照。

4. 理想自我与现实自我

美国心理学家罗杰斯依据发展的观点，将自我分为理想自我和现实自我。

理想自我是指向于未来的，希望自己成为怎样的人，具备何种人格。

现实自我是指自己目前的状况，现在已经具备的人格特征。

当一个人现实自我与理想自我一致时，就是自我实现。德国心理学家荷妮论述了现实自我与理想自我之间的关系，她认为，每个人都存在着理想自我与现实自我的差距。当二者之间的距离过大并呈非调节性关系时，就会出现心理问题。当一个人的人生指向于一种不切实际的理想自我时，就会对现实自我采取一种专横的态度，横挑鼻子竖挑眼，最终由于无法达到理想自我而产生自我憎恶和自责自毁的心态，这是以完美理想自我来要求实现自我的结果。只有当二者之间保持适当的、可调整的距离时，这种理想自我才是符合个人实际的。理想自我随着现实自我的变化而不断调整，当完美达到一个可及的理想自我时，我们又会提出一个新的理想自我。调节这二者关系的方法是准确的自我分析，这是一种自助过程，要依据现实自我来确定理想自我。

5. 好我、坏我和非我

美国心理学家沙利文非常强调社会、人际关系对人格发展的影响力。在自我概念的形成过程中，儿童总是受到父母和重要人物评价的影响。儿童在与他人接触时，别人对他的褒贬评价，使孩子形成了有关“自己”的感受体验。当儿童的某些行为受到表扬而产生愉快的体验时，孩子就会自我接纳地形成“好我”；当孩子某些行为受到指责而产生痛苦的体验时，他就会自我禁止地形成“坏我”；当孩子的行为不为他人所接受而产生焦虑的体验时，他就会自我排斥地形成“非我”。所以，在儿童的人格成长过程中，他们与父母、老师、朋友、同学的相互关系，成为自尊、焦虑等人格的重要来源。

二、大学生自我意识发展的特点

大学阶段同学们开始关注自我，这有很多原因。青年时期是身心发展的关键期，更是自我意识发展的关键期。一是由于身体成熟，他们开始注意、关心自己的身体、内驱力及内部欲求；二是由于人际关系的扩大，他们将自己的内在能力与他人进行比较，从而关注自己的素质、天赋等问题；三是由于认识能力的发展，他们开始对自己行动的原因、结果以及自己的存在价值和人生意义进行思考。大学生自我意识的发展，自我明显的分化，意味着自我矛盾冲突的加剧，其结果便造成在新的水平和方向上达到协调一致，即自我统一。

（一）大学生自我意识的独特性

与同龄群体相比，大学生的生活阅历与学习特点决定了大学生自我意识的独特性，主要表现在以下三个方面。

1. 时间上的“延缓偿付期”

大学并非人生必经时期，对大学生而言，思想上的独立与经济上的依赖，生理上的成熟与心理社会性成熟的滞后，存在着深刻的矛盾。从年龄上看，大学生到了应该自立和独立承担社会责任的时候，但校园相对单纯的学习生活又使他们应当承担的社会责任从时间上向后延续。这种社会责任的向后延续使学生们处于“准成人”状态。这样也为大学生广泛深入、细致地思考自我提供了时间的现实可能性。值得重视的是，大学生现实的责任感的后移并不能减轻他们心理上的压力，特别是对于贫困学生。很多学生在作业中写道：“每当自己坐在教室里读书时，常常不自觉地想到白发父母，本应当挑起家庭的重担，为父母分忧解难，却还要花父母的血汗钱，想来觉得非常难过，感到很不忍心。一种负罪感悄悄地袭上心头。”

2. 空间上的“自主性”

象牙塔为学生提供了一个多元文化背景下的学习环境，特别是网络更为学生提供了无限广阔的平等自由的学习与交流空间。而东西方文化的交融与发展更为大学生自我意识的发展提供了客观条件。但这种影响是双重的：一方面，大学生来自不同的家庭背景、来自不同的地域文化、有着不同的人生追求，在共同的学习生活中，大家互相影响、互相包容，在这种互动的环境中逐渐形成自己的价值观念，特别是在心灵的沟通与碰撞中建立与尝试新的自我；另一方面，大学生在多种价值体系、多种文化的冲撞面前，原来建立的价值体系、自我观念会受到强烈的冲击，这种冲击有时甚至会使大学生怀疑自己。特别是大学新生，从原来的环境中进入新的环境中，原有的自我价值体系在重建中需要较高的反思能力与自我控制能力，“我是优秀的”这种自信可能被期末考试的“红灯”击得粉碎。这时，调整与反思自我便显得非常重要。

3. 自我意识发展的“不平衡性”

大学生生理、心理与社会自我的发展并非平稳如河川。大学生的主观自我与他观自我往往表现出不一致性，特别是大学高年级学生，一直处于较高的自我意识水平，但随后到来的人才市场上的职业选择常常使他们长期建立起来的“高自我意识”与“自我概念”变得摇摇欲坠。一位毕业生说道：“长期以来，一直心存优越感，尽管从多种渠道了解到大学生已不再是天之骄子，但在就业市场上的冷遇还是受不了。”高主观自我与他观自我的不平衡，生理、心理与社会自我发展的不平衡都直接影响着大学生自我意识发展的水平。造成这种不平衡的主要原因，一是大学生的人生观、世界观尚在形成与健全之中，对自我的认识易受环境的影响；二是大学生的自我概念仍在不断的发展变化之中，大一新生到毕业生的自我概念并不一致，只有到大学毕业才能在不断的变化与调整中建立自己的自我概念；三是经历高考，大学生真正开始痛苦的“心理断乳”，适应新环境、新的人际关系必然带来发展着的自我意识与自我概念的不平衡。

（二）自我意识的主动性、自觉性、丰富性逐步提高，但又有矛盾性

自我认识更具主动性和自觉性，自我评价更具广泛性。大学生的自我认识更加积极主动，开始在社会的大坐标中认识自我，思考人生的意义，并自觉地体现在具体的行动中。

大学生的自我体验更具丰富性。研究表明，大学生自我体验基本倾向于自信、热情、憧憬、舒畅、紧张、急躁等。大学生的自我控制水平明显提高。大学生的自我控制能力，在主动性、自觉性、果断性、坚持性等方面有了明显提高，独立意识增强。追求独立人格是当代大学生自我意识强的突出表现。

一个大三女生的自我描述

我是一个身体健康、活泼开朗、爱漂亮、喜欢唱歌、坚强、正直、自信、有理想、懂事、乐于助人、渴望成功与优秀、有点娇气、喜欢撒娇、自制力弱的大三女生。

父母眼中：我是一个懂事、有些害羞、听话、上进的、不乱花钱、喜欢撒娇的女儿。

同学眼中：我是一个热情、爱漂亮、乐于助人、好人缘、有些懒散、崇尚自由的人。

老师眼中：我是一个开朗、正直、自信、有理想、品学兼优、有时有些木讷的女孩儿。

恋人眼中：我是一个温柔、幽默、热爱生活、有情趣的女孩儿。

从上面可以看出自我的多层次，正是一个既有优点又有缺点的“我”，构成了一个个鲜活的人物形象。

但大学生自我意识的发展也会出现不少的矛盾冲突：

1. 主我与客我、理想自我与现实自我的冲突

这是大学生自我意识矛盾中最突出、最集中的表现。日本学者研究发现，在高中生、大学生和成年人的自我意识中，尤以大学生的主我与客我、理想自我与现实自我之间的距离最大。随着大学生活的深入，大学生已开始将自我分离为主我和客我，当在现实中看到许多人比自己还出色时，逐渐地出现了不接纳自我的现象，从而使“理想自我”与“现实自我”间产生较大的落差，这种落差给大学生带来许多困惑。

2. 独立意识与依附心理的冲突

随着成熟水平的提高，大学生心理上产生了一种前所未有的成人感，渴望自立自治，同时又有反叛倾向。另一方面，他们渴望的人格独立与经济依赖的困境形成鲜明的反差。这种既想独立又无法真正独立、既想摆脱又摆脱不掉的独立意向与依附心理的矛盾一直困扰着他们，经常使一些学生感到苦恼和彷徨。

3. 自信与自卑感的冲突

自信是大学生较为普遍的优秀品质。有资料报道，大学生的自卑体验占28%左右。自信心和自卑感常常处于相互交织的状态，内心极为矛盾和痛苦。

4. 渴望友谊与自我封闭的冲突

大学生有强烈的交友需求，渴望友谊，寻求社会归属。但许多人在与群体共处时却又表现出狭隘意识，以自我封闭的方式进行消极防卫，小心呵护自己在他人心中的印象，生怕露短。这种矛盾冲突，使一些大学生失去心理和谐，备受孤独的煎熬。

5. 自我中心与从众心理的冲突

这一代独生子女的大学生，表现出强大的唯我惯性。他们以自我为中心，个人价值膨胀，喜欢把个人意志强加于人，而缺少对他人的尊重和关心，致使人际关系多不和谐，同时又具有从众心理，过强的从众心理将导致缺乏个性和较强的依赖性。表现在遇到具体问题情境时，要么我行我素，要么随波逐流，这都有碍于心理的发展。

三、大学生自我意识的偏差及其调适

大学生自我意识在统合的过程中易于出现两种情况：自我意识消极和自我冲突。

（一）消极的自我意识

它分为两种类型：自我贬损型与自我夸大型。

自我贬损型的人由于总在积累失败与挫折的经历，对现实自我的评价较低，并时常伴有没有价值感、自我排斥、自我否定。他们不但不接纳自己，甚至自我拒绝、自我放弃，表现为没有朝气、随波逐流、缺少激情，生活没有目标。其结果是更加自卑，从而失去进取的动力。

自卑怎么了，名人也曾自卑过

中央电视台著名节目主持人白岩松，年轻时曾非常自卑。当他从一个北方小镇考进了北京的大学，上学的第一天，他邻桌的女同学第一句话就问他：“你从哪里来？”而这个问题正是他最忌讳的，因为在他的逻辑里，出生于小城，就意味着没见过世面。就因为这个女同学的问话，使他一个学期都不敢和女同学说话！很长一段时间，自卑的阴影都占据着他的心灵。每次照相，他都要下意识地戴上一个大墨镜，以掩饰自己的自卑心理。

同样是中央电视台著名节目主持人的张越，当年也曾为自己的肥胖而自卑。20年前，她在北京上大学，几乎每天都在自卑中度过。她疑心同学会在暗地里嘲笑她的肥胖样子太难看，因此不敢穿裙子，不敢上体育课。大学毕业时，她差点领不到毕业证，不是因为功课，而是因为她不敢参加体育长跑测试！老师说：“只要你跑了，不管多慢，都算你及格。”可她就是不跑。因为恐惧，恐惧自己肥胖的身体跑步一定非常愚笨。可是她连给老师解释的勇气都没有。

著名歌星王菲说，她也曾自卑过很多年。因为她觉得自己不聪明，18岁时勉强考上福建一个很不出名的大学，又没有去上，到现在也没有一个正经学历；她觉得自己没有毅力，减肥通常不超过一周就要打退堂鼓；明知抽烟不好，却总也戒不掉；她觉得自己不擅长交际，尤其不会讲话，所以一见记者就着急，不善于和媒体沟通，老给人家一个耍大牌的感觉……

德国天才哲学家尼采，出生于勒肯的一个牧师之家，自幼性情孤僻，而且多愁善感，又矮又瘦，纤弱的身体使他总是有一种自卑感。他曾追求过一个美丽的姑娘，但因为太笨拙，没有成功，这使他更加自卑。因此，他一生都是在追寻一种强有力的人生哲学来弥补自己内心深处的自卑。

但是，后来他们都成功了。白岩松、张越，成了中央电视台著名节目主持人，经常对着全国几亿电视观众侃侃而谈，特别是张越，还是第一个完全靠才气，丝毫没有凭借外貌走进中央电视台的主持人。王菲如今被称为歌坛天后，拥有无数粉丝，事业很成功，所到之处万人空巷。尼采成了著名哲学家，"超人哲学"的奠基者，他打破了以往哲学演变的逻辑秩序，凭的是自己的灵感来作出独到的理解，写了许多文笔优美，寓意隽永的著作。

因为他们没有怨天尤人，没有自暴自弃，而是超越了自卑，战胜了自卑；因为自卑而产生的动力使他们比别人更努力，付出更多。所以，曾经有过自卑并不可怕，可怕的是因为这个放弃了自己。

自我夸大型的人正好相反，他们对自我的评价非常高，往往脱离客观实际，常常以理想自我代替现实自我，盲目自尊，虚荣心强，心理防御意识强。其行为结果要么表现为缺乏理智、情绪冲动、忘记现实自我而沉浸于虚无缥缈的自我设计中，要么自吹自擂、自我陶醉，却不去为实现自我做出努力。

自我贬损型与自我夸大型的共同特点是对自我评估不正确，理想自我不健全，缺乏实现理想自我的手段，形成后的自我虚弱而不完整，是一种不健康的自我整合。

（二）自我冲突

自我冲突是难以达到整合的自我意识，它表现为自我评价始终在真实自我上下徘徊，自我认知或高或低，自我体验或好或坏，自我控制时强时弱，心理发展极不平衡，有时显得自信而成熟，有时又表现出自卑而不成熟，让人无法评估。例如，自我冲突会表现为"有时会觉得自己是天使，而有时觉得自己是魔鬼"。

2012年2月，被称为有史以来最负盛名的女歌手之一的惠特尼·休斯顿，在48岁时离开了人世，全世界歌迷为之感慨。她的职业生涯中赢得了许多奖项，若干单曲和专辑荣居排行榜的第一位。玛丽亚·凯莉、克里斯蒂娜·阿奎莱拉等艺术家都曾试图效仿惠特尼·休斯顿耀目的表演，但通常都不如惠特尼·休斯顿出色。作为全球女歌手专辑总销量第一名纪录的保持者，惠特尼·休斯顿一直在与毒品抗争。据悉，惠特尼·休斯顿婚后毒瘾缠身，她因为吸毒，几乎断送演艺事业，歌唱事业陷入低潮。她在接受ABC采访时说："最大的魔鬼是我，我不是自己最好的朋友，就是自己最大的敌人。"

自我冲突的人表现为两种类型：自我矛盾型与自我萎缩型。

自我矛盾型的大学生，内心冲突激烈，持续时间长，自我认识、自我体验、自我控制不稳定，新的自我无法整合。例如，有的大学生可能既是一个自负的人，又是一个自卑的人；既是一个诚实的人，又是一个有时会说谎话的人；既是一个有时内向的人，又是一个别人看上去善于交际的人。

自我萎缩型的大学生缺乏理想自我，但又对现实自我深感不满，他们消极放任、自怨自艾，甚至麻木、自卑，以至于越来越消沉、对自己丧失信心，严重的还会导致精神分裂症或绝望轻生。因此，自我冲突的大学生要逐渐调整自己的自我认知，客观认识自己与他人，客观看待成功与挫折，这样才能使自我意识在良性轨道上循环。

四、塑造健全的自我意识

（一）健全的自我意识的标准

自我意识对人的心理健康起着很重要的作用，它制约着人格的形成发展，在人格的优化中发挥着强大的动力功能。健全的自我意识是心理健康的重要标准，是人类自身内在的一种成功机制，在人才发展中发挥着重要作用。健全的自我意识有如下标准：

（1）自我意识健全的人，应该是一个有自知之明的人，既知道自己的优势，也知道自己的劣势，能正确地评价自我和自我发展。

（2）自我意识健全的人，应该是自我认识、自我体验和自我控制相协调一致的人。

（3）自我意识健全的人，应该是积极自我肯定的、独立的并与外界保持一致的人。

（4）自我意识健全的人，应该是理想自我与现实自我统一的人，有积极的目标意识和内省意识，积极进取，永无止境。

（二）如何塑造健全的自我意识

1. 客观地认识自己

要正确地认识与评价自我，正确认识自我，就要全面了解自我，把握自己与群体的关系以及自己在社会群体中所处的位置，对自我作出恰如其分的评价。客观地认识自己主要可以通过以下途径来实现。

（1）通过自我比较认识自我。所谓自我比较，就是把现在的自我和过去的自我、所追求的将来的自我进行比较，动态地看待目前的自己。

如果三者之间基本一致，个体就会肯定现在的自我，对自我是满意的、悦纳的，并产生自信和自尊。如果对过去的自我不满意，或觉得现在的自我与将来的自我有较大的差距，那么自我就会产生不平衡，对现在的自我就会持否定态度，个体的自信心会动摇，自尊心也会受到伤害。

对这种自我比较，心理学家詹姆斯提出了一个公式：自尊＝成就/目标。公式中的“自尊”可以看做自我对现在的自我的态度；“成就”是过去活动的结果，因而标志着过去的自我；“追求”即自我为自己设定的目标，因而标志着将来的自我。詹姆斯的这个公式，概括了过去的自我、现在的自我、将来的自我三者的关系。如果已取得的“成就”与追求的“目标”一致，甚至高于“目标”，自信心就会较强，标志着现在的自我充满自信，自尊感就较强。 反之，如果“成就”低于自我设定的“目标”，自信心和自尊感都会降低，并对现在的自我产生不满意的感觉。

从这个公式可以看出，一个人过去所取得的成功或失败对个人的自我评价有着重要的影响，并通过此评价影响到整个自我的态度。公式也表明，一个人追求的目标如果超过过去取得的成就，那么对现在的自我就会不满意，心理上的平衡就会被打破。因此，为自己设定恰当的目标就显得十分重要。当然，如果把目标定得很低，不费吹灰之力就能达到，那对个人来讲也是毫无意义的。可是如果把目标定得过高，超过自己的能力或实际条件，结果即使付出巨大的努力也无法达到，这不仅会使行动失败，更重要的是会给自我带来打击和创伤。现实生活中有不少同学就是因为脱离实际条件，为自己定出过高的目标，对自己提出不切实际的期望，从而给自己带来精神上的折磨和痛苦。

（2）通过他人对自己的评价认识自我。若不借助外物，人是永远没办法看清楚自己的，正如要知道自己的长相，人们必须要借助镜子一样。那么，反映真实自我、反映内心世界的自我的镜子在哪里？他人就是一面镜子，个体的一言一行都会对周围人产生影响，留下印象。他人对你的反应与评价，就如同一面镜子，反映出你的形象，是个体形成自我评价的一个重要线索。比如某人若是被父母所钟爱，被师长所重视，被朋友所尊重和喜爱，大家都会乐于和他交往，愿意和他一道学习或工作，那就表示他一定具有某些令人喜欢的品质。如果他经常被大家推举担任某项工作，或是经常成为周围人们求教的对象，则表明他具备某些才能，或是在某些方面超越了其他的人。很多人与别人相处时总有一种愿望，就是“想了解别人怎么看待我”。积极寻求外界的评价对个人自我意识的确立是有必要的。唐太宗李世民曾把魏征批评他的一篇奏章写在屏风上，当做“镜子”，随时对照。他总结自己“照镜子”的体会说：“以铜为镜，可以正衣冠；以古为镜，可以知兴衰；以人为镜，可以明得失。”一般来说，当对方与自己的关系愈密切时，他的态度也愈有影响力。

但是，镜子也不一定能够完美地表达出事物的本来面目。有时会因为反光作用欠佳，使人看不清镜中影像；有时也会因为表面平整的缺陷，而使人物的影响扭曲变形。像游乐场所陈设的哈哈镜，有意夸张地把人反映成为种种怪异和滑稽可笑的形象。同样的道理，由别人的态度反映出来的自我印象，有时也存在有意歪曲或夸张。由于对方的偏见或是缺乏了解，使其赞美或批评，常常与当事者本身的情况不尽相符。如果单纯据此来建立自我的印象，则可能存在偏差。

（3）通过与他人进行比较认识自我。与他人比较，是个人获得自我认识的主要来源。就像用分数来比较知识能力一样，我们可以通过处世方法、感情方式等方面与别人比较，找出自己的位置和形象。我们对自己的很多看法，实际上都是在把自己与别人进行比较之后得来的。很多的研究表明，人们想通过准确的社会比较来评判自己的能力、观点、情绪以及人格特点。但是，在比较中主观色彩很重：和谁比，一般选择的是什么样的人去比较？是比自己强的，还是不如自己的？比什么——是不可改变的，还是通过努力可以改变的？这些都需要个人去思考去选择。在和不同的人比较相同的内容的过程中，或者和相同的人比较不同的内容的过程中，我们都可能获得完全不同的答案。那么，思考一下，你经常习惯于和谁比？到底跟谁比，怎样比，才能更好地评价自己？

（4）从实际学习和生活的实践中认识自我。学习和工作的成就与挫折可以帮助人们重新认识自己。你如果觉得自己具有某方面的天赋或才能，不妨寻求适当的机会予以展示，以证实自我感觉的正误。有时，我们主观上并未注意到自己的某种特殊才能，然而，偶然的机会却使这种才能令人吃惊地呈现在自己面前。美国著名科普作家阿莫西夫在青年时代从实际工作中发现，自己不可能成为一名科学家，却可能成为出类拔萃的科普作家。于是，他矢志科普创作，终于获得巨大成功。

如果你一直觉得自己很豁达，但今天就因为一件很小的事而烦恼生气，很长时间不能释怀，这时你可能自己也很奇怪，自己怎么是这样，自己到底是什么样的人？

在我们认识自己时，考虑多个方面，把三者联系起来看自己，不要仅仅选择一种。

2. 积极地悦纳自己

悦纳自我是指个体对自身以及自身所具特征所持的一种积极的态度，即能欣然接受自己现实中的状况，满意于自己有某些长处的同时，也要允许自己有很多不足的地方。承认自己总是有限制的，但要能够接纳自己，爱自己，坦然地面对自身缺陷。例如，在网上有过这样的小笑话：“熊猫的两大理想：去掉黑眼圈和拍一张彩色照片。”熊猫永远也无法把黑白之身变为彩色，那该怎么面对呢？

在生活中，不接纳自己的人常会把很多能量用在自我否认和排斥上，带着较多对自己的不满、失望，甚至否认和拒绝，不可能很好地学习和生活。同时，不能爱自己的人也不会很好地爱别人。心理疗法专家斯坦芬妮·德瑞克说：“如果我们不了解和信任我们自己，我们就不能很好地了解和信任他人。”你与自己的关系决定了你与别人的关系，你只有看重自己，才能看重别人。积极地悦纳自己可以从两个方面进行努力：

（1）肯定自己的长处。积极地肯定自己的长处，并进行积极的自我暗示，这样可以产生自信心。

（2）善待自己的短处。短处有两种，一种是自己可以改变的，如不好的生活习惯、自私、懒惰等，对此可以通过努力而改正；另一种是自己不能改变的，例如身体缺陷、相貌问题等，对此要学会勇于面对现实，坦然接受。不要用挑剔的目光看待自己，无论他是什么样子，学习无条件地接纳自己，学习做自己的朋友，站在自己这一边，接受并且关心自己的身体和心理状况，不加任何附加条件地接纳自己的一切。

3. 勇敢地完善自己

自我完善是个体在认识自我、认可自我的基础上，自觉规划行为目标，主动调节自身行为，积极改造自己的个性，使个性全面发展，对自身能力或素质进行突破，以适应社会要求的过程，并努力走向自我实现。

（1）确立正确的理想自我。正确的理想自我是在自我认识、自我认可的基础上，按社会需要和个人特点来确立自我发展的目标。大学生要积极探索人生、理解人生，树立正确的人生观、价值观和世界观，为理想自我的确立寻找合适的人生坐标，从个人与社会的联系中认识有限人生的价值和意义，并通过实现这一目标而努力地完善自我。

（2）努力提高现实自我。不断战胜旧的自我，重塑新的自我。首先，可以给自己制订一个自我发展的计划。想清楚今后3~5年想要做的事情。然后，可以考虑下近期需要做好的事情是什么，也就是说，为了实现自己的发展目标如何去努力。对这一问题的思考越细致越好。制订计划时，可以用书面的形式，放在容易看到的地方，并且可以把计划告诉身边的同学朋友，让他们也给自己的学习计划提点意见或出些主意并监督自己的计划，这有利于计划的顺利实施。

（3）认真进行自我探究，逐步获得积极的自我统一。自我统一意味着“主体我”和“客体我”的统一，自我认识、自我体验和自我调控的统一。大学生在认真探索人生的过程中，逐步获得积极的自我统一，实现自身的价值。在获取自我统一的过程中，首先要分析和确认“理想自我”的正确性和可行性，然后与现实自我相对照，最后有针对性地、有计划地解决二者之间的矛盾，缩小差距，最终获得统一。

周迅：好好想想十年后你要成为什么样的人

周迅作为国内一线女演员，作品受人关注，成绩也相当斐然，获得过中国电影金鸡奖、百花奖、香港电影金像奖最佳女主角等诸多荣誉，2011年世界经济论坛公布的年度“全球青年领袖”（The Young Global Leaders，YGL）名单中，周迅是唯一的一位文化娱乐明星。她曾经写过一篇文章——“好好想想十年后你要成为什么样的人”。

18岁之前，我是个不知道自己想要什么的人，那时我每天就在浙江艺术学校里跟着同学唱唱歌，跳跳舞。偶尔有导演来找我拍戏，我就会很兴奋地去拍，无论多小的角色。

如果没有老师跟我的那次谈话，那么也许直到今天，仍然没有人知道周迅是谁。

那是1993年5月的一天，教我专业课的赵老师突然找我谈话："周迅，你能告诉我，你对于未来的打算吗？"

我愣住了。我不明白老师怎么突然问我如此严肃的问题，更不知道该怎么回答。

老师问我："现在的生活你满意吗？"我摇摇头。

老师笑了："不满意的话证明你还有救。你现在就想想，十年以后你会是什么样？"

老师的话音很轻，但是落在我心里却变得很沉重。我脑海里顿时开始风起云涌。沉默许久，我看着老师的眼睛，忽然就很坚定地说："我希望十年以后自己成为最好的女演员，同时可以发行一张属于自己的音乐专辑。"

老师问我："你确定了吗？"

我慢慢地咬紧着嘴唇回答："是的——"而且拉了很长的音。

老师接着说："好，既然你确定了，我们就把这个目标倒着算回来。十年以后，你28岁，那时你是个红透半边天的大明星，同时出了一张专辑。"

"那么你27岁的时候，除了接拍各种名导演的戏以外，一定还要有个完整的音乐作品，可以拿给很多很多的唱片公司听，对不对？"

"25岁的时候，在演艺事业上你就要不断进行学习和思考。另外在音乐方面一定要有很棒的作品开始录音了。"

"23岁就必须接受各种各样的培训和训练，包括音乐上的和肢体上的。"

"20岁的时候就要开始作曲、作词。在演戏方面就要接拍大一点的角色了。"

老师的话说得很轻松，但是我却一阵恐惧。这样推下来，我应该马上着手为自己的理想做准备了，可是我现在却什么都不会，什么都没想过，仍然为小丫鬟、舞女类角色沾沾自喜。我觉得有种强大的压力忽然朝自己袭来。

老师平静地笑着说："周迅，你是棵好苗子，但是你对人生缺少规划，散漫而且混乱。我希望你能在空闲的时候，想想十年以后的自己，到底要过什么样的生活，到底要实现什么样的目标。如果你确定了目标，那么希望你从现在就开始做。"

一年以后，我从艺校毕业了，老师的话从那天开始直刻在了我的心底：想想十年后的自己。是的，当我意识到这是个问题的时候，我发现我整个人都觉醒了。

从学校毕业后，我忙于接拍各种各样的影视剧。我始终记得，十年后我要做最成功的明星，所以对角色我开始很认真地筛选。后来我拍了《那时花开》，拍了《大明宫词》，我渐渐被大家接受，也慢慢地尝到了成功的快乐。

2003年4月，恰好是老师和我谈话后的十周年，我不知道这是偶然还是必然，我居然真的拥有了属于自己的第一张专辑——《夏天》。

其实你和我一样。如果你能及时地问自己一句："十年后我会怎么样？"你会发现，你的人生就会在不知不觉中发生变化。时刻想着十年后的自己，你会朝着自己的梦想越走越近。

想一想

案例1

从前，有个里长押送一个犯罪的和尚到边疆去服役。这个里长有点糊涂，记性也不太好，所以每天早晨他上路之前，都要先把所有重要的东西全部清点一遍。他先摸摸包袱，告诉自己："包袱在。"又摸摸押解和尚的官府文书，告诉自己："文书在。"然后他走过去摸摸和尚的光头和系在和尚身上的绳子，又说道："和尚在。"最后摸摸自己的脑袋说："我也在。"

里长跟和尚走了好几天了，每天早晨都这样清点一遍，有一天，狡猾的和尚想出了一个逃跑的好办法。

晚上，他们在一家客栈里住了下来。吃晚饭的时候，和尚一个劲地给里长劝酒，把他灌醉，躺在床上睡着了。和尚去找了一把剃刀，把里长的头发剃光了，又解下自己身上的绳子系在里长身上，就逃跑了。

第二天早晨，里长醒了，开始例行公事清点。他摸摸包袱："包袱在。"又摸摸文书："文书在。""和尚……咦，和尚呢？"里长大惊失色，但他忽然看见镜子里自己的光头，再摸摸身上的绳子，就高兴了："和尚还在。"可是忽然又恐慌起来："那么我到哪里去了呢？"

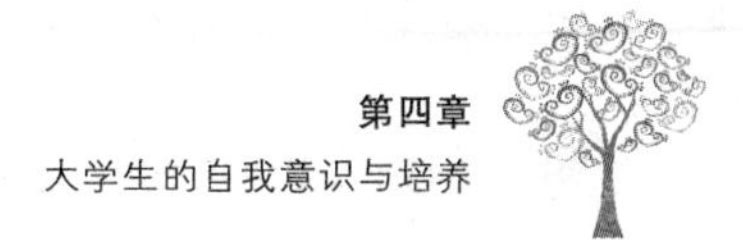

思考：里长从什么方面认识他自己？你自己呢？

案例2

对于将要进入大学的王立而言，大学生活丰富多彩、绚丽斑斓，而自己将成为这多彩生活中不可或缺的一分子。怀揣着满满的自信和憧憬，他走进了心仪已久的大学。谁知，不到一个学期的时间，他的这种自信被彻底摧毁了。军训时总有人表现得比他积极，与人打交道总有人比他游刃有余，上课时总有人反应得比他快而且正确，作业、考试总有人比他出色一点点。这时的他，陷入了深深的困惑里：或许，我该承认，其实自己仅仅是一个个子不高、其貌不扬、不聪明也不能干的一个男生？

思考：王立对自己的认识究竟是不是客观的呢？

案例3

《化身博士》中的主人公杰克尔博士原来是一位品德高尚的科学家，由于对人性中恶的一面感兴趣而进行科学研究。他成功发明了一种药水，可以让人在喝了药水后不久就变成完全由恶支配的人。他很小心地先在自己身上做实验。最初，他还能控制自己在善与恶之间穿行，渐渐地，恶的力量越来越强，他对自己失去了控制。白天，他依然是学识渊博、谈吐文雅的学者，而在深夜他则成为丑陋无比、杀人如麻的凶犯。最终，在善的意识就要全部消退之际，他请求朋友结束自己的生命以终止这项失控的研究。

思考：他为何要终止研究？人的自我意识如果存在冲突会带来怎样的后果？

案例4

凤姐因一系列雷人言论在网络上走红。她自称懂诗画、会弹琴，精通古汉语，自称“9岁起博览群书，20岁达到顶峰，智商前300年后300年无人能及”……

思考：请善意地分析下凤姐自我意识的特点及问题？

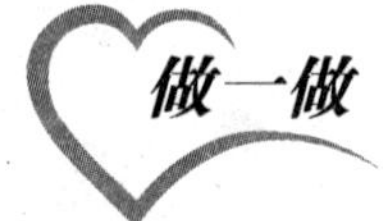

活动1：20个我是谁

目的：了解自己，认识自己。

准备：纸、笔。

时间：约20分钟。

操作：

（1）在下面写出20句“我是一个怎样的人”，要求尽量选择一些能反映个人风格的语句，避免出现类似“我是一个男生”、“我是一名中国人”这样的句子。

① 我是一个______________________________。

② 我是一个______________________________。

③ 我是一个______________________________。

④ 我是一个______________________________。

⑤ 我是一个______________________________。

⑥ 我是一个______________________________。

⑦ 我是一个______________________________。

⑧ 我是一个______________________________。

⑨ 我是一个______________________________。

⑩ 我是一个______________________________。

…………

（2）归类：将上述20个句子根据以下内容归类：

① 身体状况（你的外貌、身高、体型等）

编号：______________________________；

② 心理状况（你常有的情绪情感，比如开朗、内向、心烦、多愁善感；你的才智状况，比如有能力、灵活、迟钝等）

编号：______________________________；

③ 社会状况（与他人的关系，对他人常持有的态度和原则，如乐于助人、爱交朋友、坦诚的、孤独的等等）

编号：______________________________；

（3）检查你的答案里是不是包括了这些方面？如果没有的话，再补充一些句子从这三个方面去认识一下自己。

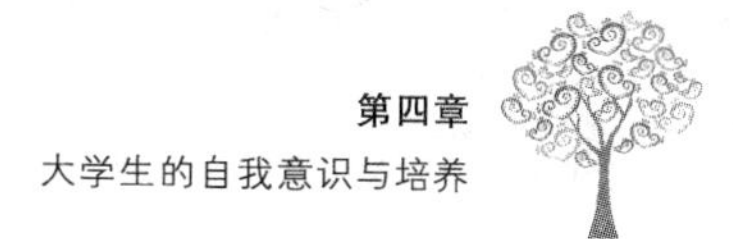

活动2：我心目中的自己和别人眼中的我

目的：了解自我评价是否与他人一致，更客观地评价自己。

准备：纸、笔，个人特征的形容词表格。

时间：约15分钟。

操作：

（1）下面是一些描述个人特征的形容词，将最符合你的特征的描述涂上绿色，将较符合你的特征的描述涂上黄色，将不符合你的特征的描述涂上红色。

朴实的	单纯的	成熟的	有才华的
内向的	爱发脾气的	助人的	温和的
固执的	律己的	随便的	有信用的
冒险的	乐观的	勇敢的	独立的
刻苦的	慷慨的	热情的	腼腆的
顺从的	不服输的	有同情心的	外向的
自私的	快乐的	有进取心的	幽默的
认真的	爱表现的	懒惰的	有毅力的
果断的	谨慎的	可靠的	合群的

（2）做完上述练习后，请将下面同样的表给你的同学，让他根据对你的印象，分别涂上绿色、黄色和红色。

朴实的	单纯的	成熟的	有才华的
内向的	爱发脾气的	助人的	温和的
固执的	律己的	随便的	有信用的
冒险的	乐观的	勇敢的	独立的
刻苦的	慷慨的	热情的	腼腆的
顺从的	不服输的	有同情心的	外向的
自私的	快乐的	有进取心的	幽默的
认真的	爱表现的	懒惰的	有毅力的
果断的	谨慎的	可靠的	合群的

（3）将下表交给你的家长，让他们也对你的了解，在下表中涂上颜色。

朴实的	单纯的	成熟的	有才华的
内向的	爱发脾气的	助人的	温和的
固执的	律己的	随便的	有信用的
冒险的	乐观的	勇敢的	独立的
刻苦的	慷慨的	热情的	腼腆的
顺从的	不服输的	有同情心的	外向的
自私的	快乐的	有进取心的	幽默的
认真的	爱表现的	懒惰的	有毅力的
果断的	谨慎的	可靠的	合群的

（4）对比你所填的色与同学和家长所填颜色的相同数，即可知道你的自我评价是否与别人一致。

（5）思考："为什么别人会这样看我？"

活动3：我是一个独特的人

目的：了解自己，接纳自己。

准备：纸、笔，"我是一个独特的人"表格。

时间：约20分钟。

操作：

（1）填写下表。

（2）分组分享。

我是一个独特的人

我的长处	我的局限
当我再一次看清楚自己的长处和局限之后，我感到：	

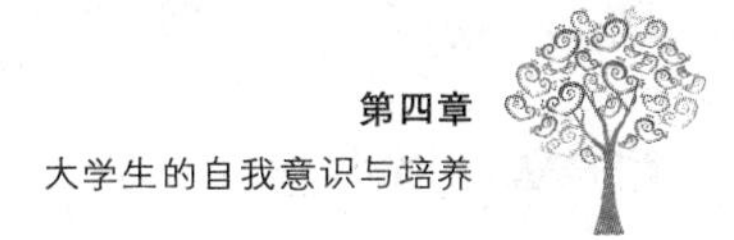

活动4：理想的我

目的：帮助学生建立积极的自我信念，逐步实现理想的自我。

时间：约30分钟。

准备：2张纸，1支笔，歌曲《真心英雄》。

操作：

（1）想象出你想成为的那个人（理想的我）：闭上眼睛，全身放松，尽可能清晰地想象出你想成为什么样的人（漂亮的我、自信的我、快乐的我），你的长相如何，你的感觉如何，你将在哪里，你将会做什么?

（2）自画像："现实的我"与"理想的我"。

（3）临近（前后左右位置）的四位同学分享交流：分享自画像，描绘你想成为的那个人。

（4）填写自我分析表。

现实的我与理想的我

	满意的方面（外貌、能力、成就、性格等）	不满意的方面	是否需要改变	完善的方法
现实的我				
理想的我				

（5）制订行动计划：找出实现理想的我，自己已具备的有利条件与不利条件，为了使自己成为想成为的那个人应从哪些方面去努力。拟定一个具体可行的行动计划，并付之行动。

活动5：自信心小测试

目的：了解自己，增强对自己的信心。

准备：纸、笔。

时间：约10分钟。

操作：学生自己填写《自信心小测试》，根据自己的情况，选择"是"或"否"。

自信心小测试

（是　否）1. 没有人赞同我，我仍然会冷静地坚持到底。

（是　否）2. 我不满意自己的容貌。

（是　否）3. 当别人对我态度不好时，我的情绪不会受到影响。

（是　否）4. 我很不欣赏自己。

（是　否）5. 我乐意接受别人对我的批评。

（是　否）6. 我总觉得自己不够优秀。

（是　否）7. 我觉得自己是个有能力的人。

（是　否）8. 参加演讲比赛之类的活动时，我心里总是没底。

（是　否）9. 我是一个受欢迎的人。

（是　否）10. 我觉得自己缺乏魅力。

（是　否）11. 我不喜欢与他人攀比。

（是　否）12. 我总觉得自己将来很难有所作为。

（是　否）13. 我很少为了讨别人喜欢而打扮自己。

（是　否）14. 我经常勉强去做自己不愿意做的事情。

（是　否）15. 我不喜欢他人安排或支配我的生活。

（是　否）16. 我认为自己的缺点很多，优点很少。

（是　否）17. 我经常认真听取别人的意见。

（是　否）18. 我总是回避与别人交往。

（是　否）19. 我的记性非常好。

（是　否）20. 学习中遇到难题，我总是求助他人。

（1）计分方法：

奇数题回答“是”记1分，回答“否”记0分；

偶数题回答“否”记1分，回答“是”记0分。

（2）结果解释：

总分数为14~20分：说明你更倾向于积极地看待自己，对自己信心十足，明白自己的优点，对自我的评价比较高。

总分数为7~13分：说明你的自信心比较适中，对自己的评价不过高也不过低，偶尔表现出缺乏信心的情况。

总分数为0~6分：说明你对自己的评价比较低，显得对自己不太有信心。你可能过于谦虚或自我轻视。因此，你可能过分关注自己的缺点和不足了，你需要更多关注一些自己的优点和长处。

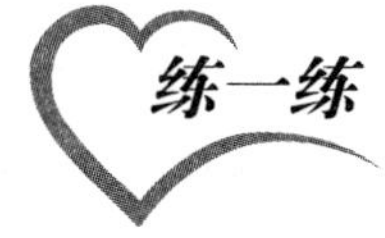

练一练

一、自我意识系统的组成包括哪些?

二、认识自我的途径有哪些?

三、通过本章的学习与思考，你清楚自己是什么样的人吗?

四、写一篇“我的故事”。以传记的方式写出“我的故事”：自己的成长经历或者你眼中的自己（不少于800字），以促进对自己独特性的认识，同时反思自己。

第五章

大学生人格发展与心理健康

“你是双鱼座？哦，那一定敏锐又满怀梦想……”

“她是摩羯……”

你身边是否常有同伴热衷于此类话题？或者，你本人也被这些带有神奇色彩的内容所吸引？希望借此来了解自己属于哪类人，会有怎样的个性特点，容易和哪类人投契，又会跟哪些人不合拍？……好吧，星座也许不失为一种探索自我的有趣方式。不过，用出生时间来判断和确定一个人的性格，是否妥当呢？

与星座热衷者们相似，心理学家同样热衷于对人格进行研究和分析，他们致力于建立人格理论来说明人与人之间的不同，以及形成差异的原因，希望可以对人们在不同情境中所采取的行为进行预测。不过，作为学者，他们更喜欢借助“科学”的拐杖行走在寻求人格答案的研究道路上。

那么，你是否也愿意带上这根拐杖，跟随心理学家的脚步，重新认识一下自己？本章中，我们先一起看看各流派学者是如何阐释人格概念的，然后再回归我们自身——大学生的人格特点，同时了解人格异常的表现和评估，最后介绍大学生人格完善的途径和调适方法。

一、人格概述

对于人格的概念，百年来，学者们给出的定义达50多种，现代的定义也多达十几种。心理学家试图准确定义这个日常用词，但却无法就人格的本质达成共识，至今争论激烈。

“人格”（personality）的来源

从词源上讲，源于古希腊的“person”，指的是古希腊戏剧中演员所带的面具，它代表了演员在戏里所扮演的角色和身份，相当于我们国家的京剧脸谱。这隐含了怎样的意思呢？人的双面性——展现在众人面前是一面，隐藏在背后的又是另一面。

其实在日常生活中，我们自己又何尝不是自己的心理学家呢？

你是否记得初入大学校园，首次在班里介绍自己、结交新朋友的情形？大家是怎样描述自己的？有同学说自己“爱交朋友，爱笑爱闹，活泼开朗”；也有同学说自己“喜静，喜欢幕后支持性工作”。听到这样的介绍，觉得前者更“外向”吧！当你瞬间作出判断时，你对人格的这样一个简单看法，却刚好在某些方面跟特质流派的学者们不谋而合了。

（一）特质流派的人格论

1. 什么是特质

特质流派的理论虽源于2000年前即见雏形的类型论，但比之类型论简单地把人分为“偏内向”、“偏外向”等类型，特质理论认为：人格的结构其实要复杂得多，人格是由许多的“维度”构建而成的。而这些维度，就是特质。在这许多不同的维度或者说特质上，人们都表现出不同的指标水平，于是，这使得我们每个人都有机会成长为与众不同的个体。

人格类型论

早在古希腊时代，这种分类形式就产生了。例如，希波克拉底将人格和体液多少相对应，归纳出多血质、黏液质、抑郁质和胆汁质四种人格。

除此以外还有体型说：内胚层型，体型矮胖，人格表现为情绪放松，喜爱社交；中胚层型，体型健壮，表现为自信、勇敢、精力充沛；外胚层型，体型瘦长，表现为思虑过多、喜欢思考、内向寡言。同体液说一样，体型也被证实与个体行为没有相关。

出生顺序说认为：头生儿守旧，安于现状；次生儿创新，勇于突破。

面对这些迥异的个体，特质理论家们并不在乎行为的成因是什么，不关心行为机制。他们的目的，是通过努力的调查统计，收集人格数据，以便清楚地描绘构成人格的维度。他们认为，一种典型的行为就代表了一种特质。于是，假如你的舍友总喜欢收集成堆的废报纸、废纸片、废广告等一切疑似垃圾的物品，特质理论家很可能将他解释为非常节俭，而不会像精神分析学家那样，去跟他谈谈他的童年经历，然后探究他为什么会这样做。

不过，特质理论家们的研究也是有前提的。他们认为，一方面，人格的特质在“时间”、“空间”上的表现是稳定的，比如，一个人喜欢独处，那么他过去在家里如此，现在在学校如此，明天或者很久之后在公司也不会有太大的变化；另一方面，人群在人格维度上呈现正态分布。也就是说，在某一项特质上，大多数人处于中间水平，只有少数人处于两个极端。

2. 不得不说的两个人物——奥尔波特和卡特尔

高尔顿·威拉德·奥尔波特，特质流派创始人。

1921年，他和自己的哥哥一起出版了《人格特质：分类和测量》，成为特质理论流派诞生的标志。

奥尔波特生于美国，早年因为动作笨拙常受到同伴嘲笑。后和哥哥一起在哈佛大学完成心理学的本科和研究生学业。刚毕业时，奥尔波特曾到维也纳拜会弗洛伊德，这次会面对奥尔波特产生了深远影响。

当时，弗洛伊德带奥尔波特到自己的工作室，坐下后就一言不发。奥尔波特为了打破沉默，就对弗洛伊德说了一件自己在火车上看到的事：一个小男孩很怕脏，总对妈妈说，“这里脏，我不坐”、“这里不干净，我不想在这儿”等。而男孩子的妈妈看起来很古板，似乎居高临下喜欢支配人的样子。这个妈妈的特征也许就是男孩子怕脏的原因。等奥尔波特说完，弗洛伊德以治疗师的目光问他：“这个孩子，就是你自己吧？”搞得奥尔波特瞠目结舌，感觉受到很大伤害。

这使得奥尔波特对精神分析有些反感，他认为弗洛伊德过分重视人的无意识而轻视当前的意图和体验，这也使奥尔波特明确了自己的研究方向和人格主张。

奥尔波特的研究认为，特质就是动机，是特质发动了人的行为，并且这种动机是有自主性的。例如，大学生入学时努力学习的动机可能是不想挂科，但之后，他渐渐喜欢上自己的专业时，学习的动机就变成了兴趣。同样的行为却是由不同的动机推动，这种变化证明了动机是有自主性的。

奥尔波特还对特质进行了分层——首要特质、中心特质、次要特质三个层次。所谓首要特质，是一个人最典型、最具概括性的特质，如林黛玉的多愁善感，葛朗台的吝啬。中心特质是构成个体独特性的几个重要特质，在每个人身上大约有5~10个中心特质，如林黛玉的清高、聪明、孤僻、抑郁、敏感等，都属于中心特质。次要特质是个体不太重要的特质，往往在人们的爱好上有所体现，如食物、衣着。

另一位是雷蒙德·卡特尔，著名的人格心理学专家之一，一生著述颇丰。

卡特尔出生于英国，童年经历了第一次世界大战，大学时由化学专业转向心理学专业学习，博士毕业后受邀到美国从事研究，曾与奥尔波特共事。受到因素分析法发明人斯皮尔曼的影响，卡特尔萌生了用因素分析法研究人格结构的兴趣，最终形成了举世闻名的16PF人格问卷，也叫做卡特尔16种人格因素量表。

因素分析法

因素分析法是现代统计学中一种重要而实用的方法，它是多元统计分析的一个分支。使用这种方法能够使研究者把一组反映事物性质、状态、特点等的变量简化为少数几个能够反映出事物内在联系的、固有的、决定事物本质特征的因素。因素分析法的最大功用，就是运用数学方法对可观测的事物在发展中所表现出的外部特征和联系进行由表及里、由此及彼、去粗取精、去伪存真的处理，从而得出客观事物普遍本质的概括。其次，使用因素分析法可以使复杂的研究课题大为简化，并保持其基本的信息量。

比之奥尔波特，卡特尔更关注人格的基本结构。他相信，人们都有一个共同的人格结构，而自己的工作就是去发现这些结构共同的根源特质。有了这些根源特质就可以更便捷地把不同的人们进行比较。

表5-1　人格结构的根源特质

特质	高端表现	低端表现
乐群性	外向、热情	冷漠、刻薄
聪慧性	聪明	愚钝
稳定性	沉静、情绪稳定	不稳定、容易激怒

特质	高端表现	低端表现
特强性	武断、好斗	温顺、随和
兴奋性	好动、活泼	冷静、严肃
有恒性	自觉、守规则	玩世不恭、模式规则
敢为性	胆大、冒险	退缩、犹豫
敏感性	富于幻想、敏感	讲求实际
怀疑性	怀疑、警觉	信赖、接纳
幻想性	想象力强、不切实际	脚踏实地、现实
世故性	老练、精明	坦率朴实
忧虑性	不安、焦虑	自信、满足
试验性	思想自由、求新	保守、传统
独立性	自立	依赖
自律性	受约束、强迫	任性、松懈
紧张性	紧迫感	沉着、镇定

16PF人格问卷自1949年发表以来被翻译为40多种语言，在心理测量专业领域被誉为“世界十大心理测评”之一，一直沿用至今。1979 年被引入我国，由专业机构修订为中文版。对此有兴趣的同学，可以网上搜索，或到咨询中心进行测试。

3. 特质流派的新理论

随着科技手段的进步和全球化背景下信息的交融，特质流派在卡特尔16个基本人格因素思路上继续开拓，在20世纪90年代提出了五因素模型，也叫大五模型。

该模型认为，人格的基本维度有5个，即：神经质，描述情绪的稳定程度；外向性，描述社交能量；开放性，描述对世界的开放态度；随和性，描述对他人的关注程度；尽责性，描述人们的责任心。

表5–2　各维度高低分表现

维度	得分高分表现为	得分低分表现为
神经质	情绪消极，缺乏安全感，对自我不满意等	情绪平静，有安全感，自我满意等

维度	得分高分表现为	得分低分表现为
外向性	爱好交际，精力充沛，乐观自信，友好等	爱独处，排斥他人等
开放性	喜欢新奇的事物，思维活跃，思想独立等	保守，看重规则
随和性	易合作，富有同情心，信赖他人等	敌对，缺乏信任，在意竞争
尽责性	有条理，有计划，尽心尽责等	马虎大意，虎头蛇尾等

虽然该理论得到了普遍认可，但也仍有学者提出质疑，比如：为什么人格的基本维度是这五个？这是五因素模型也是特质理论学家无法回答的问题。

特质流派与其他人格流派有很大的不同，是唯一一个没有治疗理论的流派。这与特质流派更多地关注正常人，以正常人为研究对象有关。与之相反，精神分析流派则是从研究精神病人出发，从古典到新精神分析，著名人物众多。那么，他们对人格又有怎样的说法呢？

（二）精神分析流派的人格论

1. 西格蒙德·弗洛伊德

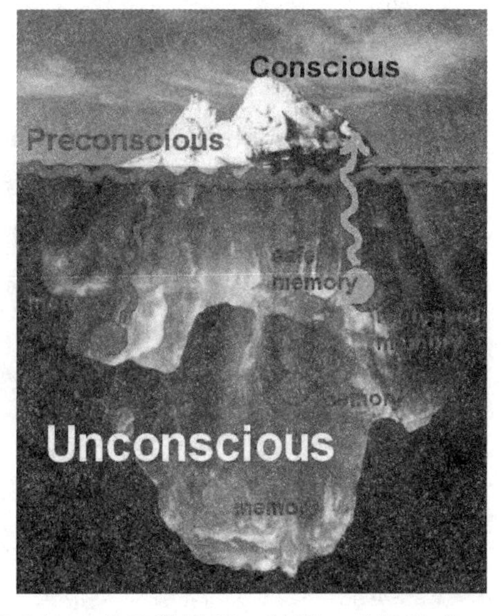

自弗洛伊德创立精神分析学派伊始，便一直为世人所瞩目。对其评价仁者见仁、智者见智：崇拜他的，说他可与马克思、爱因斯坦媲美；诋毁他的，把他看做“一头冲进人类文明花园的野猪”。这样的争议，都源于弗洛伊德对人格的解读。

首先，他基于对神经性疾病的治疗经验和在法国时沙科教授给予的指导，描绘了一幅前所未有的“心理画卷”。他提出，人类的心理有三个层面，最浅的表面层是“意识”，即人们传统意义上的心理。比意识层更为复杂、隐秘、富于活力且广袤的是潜意识层，且它又分为无意识层和潜意识层。无意识层由各种受到压抑或被遗忘了的情绪、欲望、动机组成，几乎无法进入人的意识层。潜意识作为意识和无意识的中介，在某些情况下可以使“伪装后”无意识的信息进入到意识层，比如，梦。弗洛伊德用冰山理论形容说：露出水面的一小部分是意识，潜藏在水下的巨大冰体是无意识，随着波涛而时上时下的是潜意识。

释　梦

弗洛伊德《梦的解析》出版时被认为“惊世骇俗”，书中分析了潜意识表象——梦。弗洛伊德将别人不敢接收的疑难精神病人接收下来，搜索他们的心理创伤，分析他们每一次怪异的梦境。他认为梦的方式有四种：凝缩、换位、戏剧化和润饰。

由此，弗洛伊德在世人惊诧的目光中指出，以理性意识为中心的心理学学说根本就是自欺欺人，人类心理的基本部分和力量是来自无意识。人的一切表现都由无意识所引发，绝非偶然。比如，一个人看似碰巧发生的口误、笔误，其实都是无意识在幕后指使。从此，无意识理论隆重登上心理学的历史舞台。

后来，弗洛伊德在此基础上又提出了人格结构理论，认为人格是由本我、自我、超我三部分组成。① 本我是原始的、无意识的。它是一切心理能量之源泉，包含了所有欲望、冲动和生命力。唯一的行事原则就是“获得快乐、避免痛苦”，不理会任何道德、规范的约束，只寻求个体的舒适、生存和繁殖。② 自我是可以意识到的自己，依照意识来执行行动。它既要保证本我的冲动得以满足，又要使个体适应现实的需要。它遵循“现实原则”。③ 超我则是内化了的道德规范，是人格中的理想部分。它像本我一样非现实，严厉地监督、批判并管束个体的行为，要求自我遵循“道德原则”去管束本我。这三个部分无休止地照各自原则决定着我们每分每秒的生活。

如果你一周后就要参加CET4，却有朋友邀请你周末去他家开生日派对，这时候，会发生些什么呢？“本我”会欢呼一声，大叫：“太棒了，一定要好好热闹热闹，美美地吃顿大餐！”“超我”却紧皱眉头，严肃地批评：“你的考试真题没做几套，踏踏实实学习才是正途！”“自我”瞧瞧“超我”，又瞅瞅“本我”，于是决定：“周末在餐厅先自己吃顿好的，回头考完了再看看怎么补偿朋友和自己吧！”

除此以外，弗洛伊德还提出了人格的发展阶段，认为在不同阶段上发生的童年事件会影响人格的形成。

另外，他还有一个本能理论，认为人的本能驱动力是性，本能驱动了个体的行为。人类最基本的本能有“生本能”和“死本能”。“生本能”保持人类种族的繁衍和个体的生存；“死本能”或称攻击本能，则危害生命，比如自杀、酗酒等。

2. 卡尔·古斯塔夫· 荣格

荣格曾一度师从弗洛伊德，关系密切，两人却终因在人格理论上的分歧而决裂。

荣格认同弗洛伊德的无意识理论，继而提出“集体无意识”、“原型”、“人格八类型”理论。

（1）“集体无意识”。荣格认为，集体无意识是远古时代祖先留下来的经验的储存，是对几千年来不胜枚举的细微变化和差异事件的记录。每个人的头脑中都遗传了这样一个相同的组成部分，无处不在地影响着每个人，影响着我们的社会。

（2）“原型”。原型是集体无意识的表现，人格的重要组成部分。①“人格面具”，是人们在生活中公开表现出的各种角色在不同情境下的不同面具。如，我们面对父母的样子跟面对同学时一定不同。②“阿尼玛”，是男人心灵中的女性成分，它能使男性拥有一些女性人格特征，例如体贴、细腻等；同时，阿尼玛呈现的理想女性形象为男性提供了男女之间交往的模式。③“阿尼姆斯”，则是女性心灵中的男性成分。④“阴影”是集体无意识中的先祖遗留，人类原始欲望的代表，让人有疯狂的、攻击的倾向。⑤“自我”，与弗洛伊德的自我概念相同，人格中的“调解员”，起到整合统一人格的作用。

（3）“人格八类型”。“人格八类型”理论结合了内、外两类倾向和感觉、思维、情感、直觉4项技能对人格进行了划分。每个人都是一种或几种技能的综合体。

表5–3　4项技能对人格的划分

	外倾	内倾
思维	恪守规则，客观冷静，思维活跃 情感压抑	聪慧，特立独行，适应力差 情感压抑
情感	易感，喜交往，遵循权威传统 思维压抑	安静敏感，思想不外露，时而幼稚 思维压抑
感觉	享乐无忧，追求新奇艺术，适应性强 直觉压抑	安静被动，爱好艺术 直觉压抑
直觉	创造力强，易变，依感觉行事 感觉压抑	好思考，追求新奇，偏执 感觉压抑

3. 阿弗雷德·阿德勒

阿德勒与弗洛伊德共事多年，受自身成长经历的影响发展出自己的理论，与弗洛伊德分裂，建立了“个体心理学”。

阿德勒认为，人天生自卑并受到环境的压抑从而造成抑郁。但人又有追求卓越和完美的倾向，且适度追求能促进个人发展，对社会有益；过度追求，则容易以自我为中心忽视他人，缺乏社会兴趣。在追求卓越的过程中，人们派生发展出不同的行为特征与习惯，即生活风格，主要有四种：

（1）“支配—统治型”。这一类型的人倾向于支配和统治别人，缺乏社会意识，很少顾及别人的利益，他们追求优越的倾向特别强烈，不惜利用或伤害别人以达到自己的目的。他们需要控制别人从而感到自己的强大和有意义。在儿童期，他们在地板上打滚、哭闹，希望父母向他屈从。

（2）"索取型"。这种类型的人相对被动，很少努力去解决自己的问题，他们对自己缺乏信心，而希望周围的人能满足他们的要求。许多有钱的父母对孩子采取纵容的态度，尽量满足孩子们的一切要求，以使他们免受挫折。在这样的环境下，孩子很少需要为自己努力做事，也很少意识到他们自己有多大的能力。

（3）"回避型"。这样的人缺乏必要的信心解决问题或危机，不想面对生活中的问题，试图通过回避困难从而避免任何可能的失败。他们常常是自我关注的、幻想的，他们在自我幻想的世界里感受到优越。比如，有些同学现实中失意，沉迷于网络世界中虚幻而强大的自我角色。

（4）"社会利益型"。这样的人能面对生活，与人合作，为社会贡献自己的力量，他们常常成长于和睦的家庭，家庭成员相互帮助支持，人与人之间彼此理解尊重。

在上述四种生活风格中，前三种是适应不良或错误的，只有第四种才是适当的。

另外，影响人格形成的除了自卑，阿德勒认为，家庭中孩子出生的顺序也很重要。

（三）行为主义流派的人格论

让我们把人生的时钟拨回到生命的头几年。当你在商场里摇着妈妈的手臂盯着柜台，意图得到心仪的玩具，却发现无论如何妈妈都不肯同意时，如果号啕大哭和倒地打滚儿能最终使妈妈妥协的话，那么从此以后你将倾向于用这种方式达成目的。于是，行为主义学家判断：用耍赖威胁达成目标的人格特征就在"妈妈妥协"的刺激下训练形成了。

我们可以看出，行为主义学家不关心人格的结构，他们的研究重点在人格的发展和教育方面。他们认为学习和习惯是人格形成的重要因素，人的行为是可控并可以被改变的。

1. 鸽子笼里诞生的理论

B·F·斯金纳，是行为主义学派最负盛名的代表人物——被称为"彻底的行为主义者"。他在巴普洛夫和华生的行为主义理论影响下，用设计精巧的动物试验箱（人称"斯金纳箱"），研究出了"操作性条件反射"和"及时强化"。

箱子里有一个杠杆、电子开关和一个食物盘。当箱内的杠杆被动物触动，或者人为按动箱外的电子开关时，食物就被送到食物盘上。鸽子生活在其中，会自己压杠杆找食儿吃吗？开始当然不会。但使用电子开关，可以塑造鸽子的反应：鸽子走到试验箱有杠杆的一边时给强化（按电子开关给食物）→向杠杆移动时强化→触到杠杆时强化→尽力压杠杆时强化→只有当压杠杆时强化。最终，鸽子压杠杆这一操作，一步步得到了及时强化，让鸽子慢慢练习学会了"劳动"后就有"果子"吃。

对人类而言，这样的塑造程序可以用于培养孩子的好习惯。据说，在犹太人家里，小孩子稍微懂事后，母亲就会翻开《塔木德》，滴一点蜂蜜在上面，然后叫孩子去吻书上的蜂蜜，由此开始强化孩子对读书、对读《塔木德》的喜好。

弗洛姆曾与斯金纳争论，反对其观点，认为人不是机器，更不是鸽子，不能被操作性条件反射技术控制。一次学术会议上，斯金纳坐在弗洛姆身边，听着弗洛姆激情飞扬的演讲，斯金纳决定做一次现场强化实验。他传了一张纸条给朋友："请注意弗洛姆的左手，我将塑造一次他做出砍的动作。"每当弗洛姆举起左手时，斯金纳就会直视他；如果弗洛姆挥动左臂如同砍东西，斯金纳就会微笑并点头赞许。但如果弗洛姆的手臂伸得比较直，斯金纳就撇开眼睛或表现出不耐烦的样子。如此这般五六次之后，弗洛姆不知不觉地开始用力挥动左臂，以至于他手腕上的表都甩落在地。

斯金纳成功证明了自己的理论。的确，其理论在行为塑造和教学实践中得到了良好证明，对矫正和培养儿童良好的行为习惯都有很好的作用。但，他的理论单单强调了应该怎样做，而不能解释人格本身，对于我们每个迥异的个体而言，他的理论似乎显得过于机械和简单。

2. 榜样的作用

艾尔伯特·班杜拉，社会学习理论创始人，担任斯坦福大学心理学教授至今。

班杜拉认为人的行为受到个体、环境影响，三者交互作用，并可以在观察中学习。这种观察学习或者说模仿由四个阶段构成：①"注意阶段"，注意和知觉示范行为各方面特征的阶段。②"保持阶段"，示范虽然不再出现，但仍给观察者以影响，示范行为在记忆中被长时间保持。③"再现阶段"，把记忆中的符号和表象转换成适当的行为，再现以前所观察到的示范行为。④"动机阶段"，模仿者是否会常表现出示范行为取决于动机力量，而外部强化、自我强化和替代性强化就是再现示范行为的动机力量。在这样的过程中，人们学会了行为或者规则。

班杜拉的玩具娃娃试验

试验中，研究者让儿童观察成年人攻击一个玩具娃娃的行为。儿童分三组，一组在现场观看，成年人时而踢娃娃，时而打娃娃；第二组儿童看成年人踢打娃娃的彩色录像；第三组儿童观看有攻击行为的卡通片。之后，研究者给儿童一样的玩具娃娃，并离开房间。结果发现，儿童都重复了成年人的攻击行为，甚至有的还加入了新的攻击行为。有意思的是，看现场表演和电视对儿童模仿攻击行为的影响更大一些，看卡通片则要稍小。

可见，榜样的作用对儿童的影响有多大。

依照该理论，人们对榜样的学习无处不在，幼儿园小朋友学会骂人，社区老奶奶学跳扇子舞，实习医生观察主治医师进行手术，等等。模仿的影响巨大，却不总是正向的。生活中，我们该留意自己的模仿行为。

（四）人本主义流派的人格论

经历了精神分析和行为主义的洗礼，人们发觉这两个流派都忽视了人性中一些非常重要的东西：人的价值、潜能、自由、尊严，忽视了个体的自主作用。

这些恰恰是人本主义研究的主题，他们相信人们的“真实自我”需要一个良好的环境，比如：温暖、美好的祝愿、父母的关爱等，让自我得以实现。

1. 马斯洛的需要层次理论

在理解人性的问题上，马斯洛找到了一个非常恰当的突破口——人类的动机和需要。他提出了由低到高、由强到弱呈金字塔形状等级系统排列的需要层次理论。

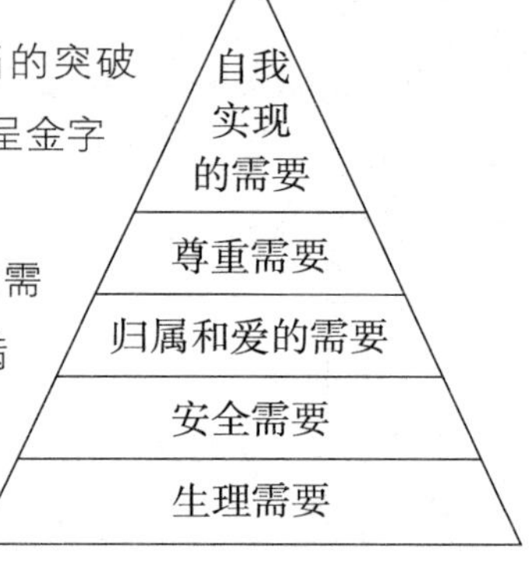

图5-1　马斯洛的需要层次理论

（1）生理需要。生理需要是人们最原始、最基本的需要，比如食物、水、睡眠等。这些需要必须要首先被满足，这是人们行动的最强大动力。例如，长时间缺乏食物、安全和爱情，总是缺乏食物的饥饿需要会占据最大优势。当一个人为生理需要所控制时，其他一切需要都被推后。

（2）安全需要。安全需要在生理需要被满足后出现，包括远离恐惧危险、被保护和稳定，以及对结构和顺序的需要。正常人身上一般安全需要都被满足了，但儿童阶段对安全的需要占据主导地位。人生发展中停留在安全需要的人可能会因为寻求安全感而导致生活不幸或者去参军。

（3）归属和爱的需要。这是指人们渴望得到家庭、团体、朋友、同学的关爱和理解，是对友情、信任、温暖、爱情的需要。有家有业、衣食无忧还不能让很多人感到幸福。马斯洛指出，“现在人们强烈感受到缺少朋友、妻子和孩子的爱，人们渴望与他人之间有亲密关系。”

（4）尊重需要。它分为两种：自尊和受到他人尊重。自尊包括获得信心、能力、本领、成就、独立和自由的愿望；来自他人的尊重包括威望、承认、接受、关心、地位、名誉和赏识。如果无法满足，人们就会产生自卑、无助、沮丧的情绪。

（5）自我实现的需要。这是最高等级的需要。它要求人们能最充分地发挥自己的潜能，帮助自己成为所期望的人物，完成与自己能力相衬的一切。马斯洛说：“音乐家必须创作音乐，画家必须作画，诗人就要写诗。如果他最终想要达到自我和谐的状态，就必须要成为他能够成为的那个人，必须真实地面对自己。”但人们完成这一过程所采取的方式不尽相同，这依赖于前面几层需要被满足的程度。

自我实现的人并非完美无缺，但他们能接纳自己，承认自己的弱点并努力改进。他们尊重自己，对自己满意。自我实现的人也更容易拥有高峰体验，因为这一阶段的人有个人发展的需要，他们不会像大多数人一样被焦虑折磨而曲解现实，他们能更清楚地评判他人和环境。当然，如果你从来没有过高峰体验，也并不意味着你的心理没有达到高水平。记住，连马斯洛也说并非所有自我实现的人都会有那样的体验。

2. 罗杰斯的来访者中心

卡尔·兰塞姆·罗杰斯认为，人们总是力图保持稳定的自我概念，但遇到与之冲突的体验时就会产生焦虑。

例如，假设你认为自己是一个受欢迎且平易近人的人，但有一天你听到有人说你冲动不好交往，你会怎样做？如果你是个完善的人，可能会愿意接受这个信息——有人不喜欢你。但不是每个人都能像你一样包容对自己不利的信息。为什么人们难以接受呢？

罗杰斯认为，这是“有条件地积极关注”导致的。多数人都是在有条件地积极关注环境中长大，很多父母都只在孩子们满足了自己的期望要求时，才表现出关爱；如果父母对孩子的行为不满意，则收回爱以示惩罚。这样的结果就是，孩子学会了抛弃真实的感情和愿望，只接受父母赞许的那一部分自我。慢慢的，孩子开始拒绝承认自己的弱点和错误。

要获得完善的自我，提供“无条件的积极关注”才是正途。在无条件积极关注下，孩子会觉得不需要隐藏，知道无论自己做什么都会被接受、被爱。这能够让他们自由体验全部的自我，自由地把错误和弱点都纳入自我概念中，真实地表现自我。

心理咨询师可以在心理治疗中以来访者为中心，贯彻这种无条件积极关注的思想，从而达到治疗的目的。不只是父母和心理咨询师，我们的生活中有很多人都可以成为无条件积极关注源，比如朋友、伴侣等。

（五）认知学派的人格论

我们虽身处同一个世界，但是你眼中的世界一定与我眼中的不同，即所谓一千个人眼中有一千部《红楼梦》。

认知学派对此非常认同。他们认为，每个人都有自己处理信息的模式，由于观察角度不同，会对客观事物有不一样的认知，这些认知以及个人经验是影响了人格的形成。

乔治·亚历山大·凯利认为“个人建构”是人格核心，它是人们在生活中通过对环境中的人、事、物的认识、期望、评价、思维所形成的观念。例如，你可以建构：“黛玉是小心眼儿的”、“宝玉是叛逆乖张的”，也可以这样建构：“黛玉是才学浓郁的”、“宝玉是追求自由的”。不同建构源于不同的人格特征。

沃尔特·米希尔的“认知—情感”理论则认为，每个人都有不同的心理表象，从而使我们有不同的行为模式。例如，一颗圣诞树可以让一个人想到宗教信仰，也可以让另一个人回忆起家庭和假期的欢乐，亦可以让第三个人想起童年的悲伤回忆。

认知学派也有有关“原型”的定义。与荣格的概念不同，其所谓原型是指某个事物在个人心目中的典型形象。人们用原型来区别事物或者人。举例来说，一个叫张三的高中生，留着长长的、乱蓬蓬的头发，上课总坐在后面，对课堂内容毫无兴趣。英语老师可能会认为他是一个不思进取、制造混乱的糟糕学生，这是因为英语老师多年的经验形成了一个“惹是生非”学生的原型，而张三恰好与这一原型吻合。于是英语老师和张三之间的对立愈加明显，张三的英语成绩也每况愈下。而历史老师却发现张三与她的“孤独学生”的原型相匹配，是个需要关心和鼓励的孩子。于是历史老师对他任何试图学习的信号都给予积极反馈，张三也一点点进步。不同的原型使我们对同一个人有不同的看法，用不同的方式和不同的人交往。

二、大学生的人格特征

大学阶段，是身心发展和自我意识分化的特殊时期。我国有关学者的研究表明，当代大学生其人格特征是：勇于创新和开拓，有努力取得成就的坚忍性，富有热情，自信心强等。然而，文化和观念的多元化碰撞、社会及家庭结构的变化使人格的形成变得更加不确定，使大学生的人格发展遭遇迷茫和冲突。

（一）我国当代大学生的正向特征表现

1. 能正确认知自我

能自我认可，形成对自我的积极看法；对自己的优点与缺点都比较清楚和明确，理解现实自我与理想自我之间的差别；大多数人都有明确的奋斗目标和愿望，并为之努力。

2. 智能健全

观察力、记忆力、思维力、注意力和想象力发展良好，各种认知能力能有机结合并能发挥应有作用。

3. 对社会环境的适应能力较强，不断进行社会化活动

对外部世界有着浓厚的兴趣、广泛的活动范围和兴趣爱好，人际交往范围扩大，积极参与各种形式的社会实践。同时，能容忍别人与自己在价值观与信念上存在的差别，能根据事物的实际情况看待事物，而不是根据自己的主观愿望来看待事物。

4. 富有事业心，具有一定创造性和竞争意识

能把事业看成生活的重要组成部分，有较强的进取心和责任感；具有竞争意识，具有开放性的思想观念，少有保守思想；喜欢创造，勇于创新，敢于冒险，独立性强，富有幽默感，态度务实。

5. 情感饱满适度

情绪上稳定性与波动性、外显性与内隐性并存，情感丰富，积极的情绪情感体验占

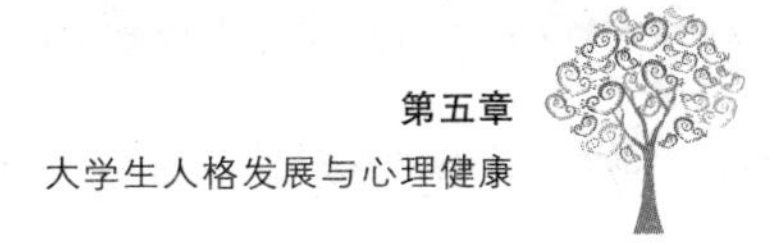

主导。

这些特点表明，我国大学生人格发展状况基本良好，大学生在人格教育方面具有良好的自觉性。

20世纪80年代，我国心理学工作者在全国范围内对大学生的性格特点进行过调查，结果表明：

（1）大学生在谦让、克己、忍耐、谨慎、负责等性格特征方面较突出，说明他们的心理健康程度较高，与现实社会有良好的适应性，也反映出中华民族的传统性格特点。

（2）在处理人际关系时，通常首先会考虑社会和他人，但绝不是一味地追求社会的赞许。他们并不过分掩饰自己，而是表现出敢于面对现实、尊重事实的特点。

（3）在社交上倾向于积极进取；他们具有稳健、从众的性格特点，具有良好的社会化程度。虽然他们在聪慧、敏感等与智力有关的性格特征方面较好，但他们的“独立成就感”较低。

20世纪90年代之后，大学生中的独生子女越来越多，独生子女的一些弱点也较多地暴露出来。从性格结构的四个方面来分析，一般而言，当前大学生的性格特点如下：

（1）性格的态度特征。在对社会、他人的态度方面，大学生主要表现出热爱祖国、关心集体、守纪律、乐观、富于同情心、助人为乐、正直诚实、有礼貌等良好的性格特征；也有人对祖国缺乏感情，具有个人第一、自由散漫、冷漠、虚伪、粗暴等不良的性格特征。在对学习、工作、劳动的态度方面，有些大学生表现出勤奋、认真、细致、首创和节俭等良好的性格特征；有些人则表现出懒惰、粗心、保守、浮华、浪费等不良的性格特征。在对自己的态度方面，多数大学生具有严于律己、谦虚、自信、自尊、大方等良好的特征；也有些人具有自负、自傲、自卑、羞怯等不良的性格特征。

（2）性格的意志特征。多数大学生表现出自觉、独立、主动、自制、果断、坚强、沉着、勇敢、持之以恒等良好的性格特征；有些人则表现出一定的盲目、依赖、被动、经常冲动或优柔寡断、软弱、慌张、敷衍等不良的性格特征。

（3）性格的情绪特征。有的大学生情绪一触即发，有的不易激动；有的喜怒无常，有的情绪很少起伏；有的情绪体验持久、深厚，有的稍现即逝；有的非常开心愉快，有的终日愁眉不展；有的冷静沉着，有的任性。

（4）性格的理智特征。大学生在认知的态度和活动方式上，经常表现出的特征是性格的理智特征。在感知、记忆、想象、思维等活动中，多数大学生是主动而不是被动，大胆而不妄为，深思熟虑、细心谨慎而不是怕动脑筋、粗心轻率。

（二）大学生常见的人格发展缺陷

人格发展的缺陷是指介于健康人格与人格障碍之间的状态，表现为人格发展的不良倾向。在大学生心理咨询中，有相当一部分人存在着不同程度的人格发展缺陷，常见的主要有自卑、懒惰、拖拉、粗心、鲁莽、急躁、悲观、孤僻、多疑、抑郁、狭隘、冷漠、被动、骄傲、虚荣、焦虑、自我中心、敌对、冲动、脆弱等。在此，我们对其中的10种进行简要分析说明。

1. 自卑

自卑是对自己不满、鄙视、否定的情感。进入大学后，有些大学生发现“山外有山”，尤其是当学习、社交、文体方面显露出某些不足时就会怀疑自己、否定自己，产生自卑心理。自尊心受挫，如果没有自尊心也就不会有自卑感，过强的自卑感往往又以过强的自尊心表现出来。有些大学生敏感脆弱、经不起批评，原因即在于此。

怎么办？首先，要正确认识自己，悦纳自己。多寻找自己的优点，不要为自己的短处而自卑。其次，要进行自信心训练，将目标定得小些，切合实际些，多积累成功的愉悦体验。再次，要确立合理的评价参照点，若总以强者为标准则可能自卑，寻找适合自己的评价标准。理性比较，多与自己作纵向比较，而非一味地与人作横向比较。一点点积累自信心，自卑感就会悄然而退。

2. 害羞

害羞现象在大学生中并不少见，比如不敢在大众场合发表意见，害怕与陌生人打交道，路上见到异性同学会手足无措，见到老师会难为情，说话感到紧张等等。这是一个人自我防御心理过强的结果，他们常常过于胆小被动、谨小慎微，过于关注自己，自信心不足。总注意自己在别人心目中的形象，觉得自己时时处在众目睽睽之下，一句话要在喉咙口反复多次，一件事总要左思右想，为此神经紧张、坐立不安。

害羞心人皆有之。但过分的害羞，不该害羞时害羞，尤其当害羞成了一种习惯时，则有害。它会导致压抑、孤独、焦虑等不良心理状态，还会阻碍人际交往，影响一个人才能的正常发挥。

可有意识地进行训练调节。① 要增强自信心。许多害羞者在知识、才能和仪表方面并不比别人差。美国心理学家J·可奇和W·利布曼的一项研究表明，怕羞的女大学生自以为长得不美，但不相识的男生凭照片都认为她们与那些活跃的女生一样动人。要正确评价自己，看到自己的长处。② 放松思想，不去计较别人的议论。每个人都会说错话、做错事，这并没什么大不了，没有完美的人和事。③ 注意心理锻炼。胆量和能力都是可以锻炼出来的。上课、开会时尽管坐到前排去；走路时抬头挺胸，把速度提高四分之一；主动大胆地和别人尤其是陌生人、异性、老师讲话；与人说话时，正视对方的眼睛；在高兴时，开怀大笑。

3. 怯懦

主要表现为缺乏勇气和信心，在挫折、困难面前往往害怕、退缩。有些大学生过去的经历一帆风顺，“只能成功，不能失败”的非理性意念反而使一些大学生表现怯懦。

有些大学生由于胆怯，不敢表明自己的态度，甚至不敢向老师提问题。有些大学生由于软弱不敢冒风险，不敢担重任，不敢坚持自己正确的观点。但越是这样回避矛盾、躲避失败，越是容易体验到强烈的挫折感。

在挑战与机遇并存的现代社会，怯懦者会失去很多成功的机会，并可能成为落伍者。积极迎接挑战，敢于抓住机遇，积极锻炼，不怕失败；多给自己鼓励和压力，在生活的词典中划掉“不敢”二字。

4. 懒惰

青年大学生本应是充满朝气和活力、开拓进取的群体，但事实并不总是如此。大学校园内曾有这样的打油诗：“人生本该HAPPY，何必整天STUDY，只要考试PASS，拿到文凭GO-AWAY。”懒惰是不少大学生为之感到苦恼并难以克服的缺陷，是意志活动无力的表现，也是影响大学生积极进取、张扬青春活力的天敌。处于懒惰状态的大学生也常以此感到内疚、自责、后悔，但又觉得无力自拔，心有余而力不足，这主要是因为他们往往想得多而做得少，缺乏毅力所致。

要克服懒惰，应充分认识到其危害性，自己对自己负责。振作精神，“起而行之”，从日常小事做起，努力做到不给自己找借口，不原谅自己的偷懒，力争今日事今日毕。多关心外部世界，多参加有益身心的社会活动。要做到这一切，有一个坚定而有价值的理想是非常重要的。

5. 狭隘

受功利主义影响，大学生中的“狭隘”现象有增无减。凡事斤斤计较、耿耿于怀、好嫉妒、好挑剔、容不得人等，都是心胸狭隘的表现。心胸狭隘往往伤害他人感情，也给自己带来烦闷苦恼。

克服狭隘，一是要胸怀坦荡，一切向前看，如歌德所言，比海洋更广阔的是天空，比天空更广阔的是心灵。二是要丰富自己，一个人的视野越开阔，就越不会陷入狭隘之中，这就是所谓的“站得高，看得远”。三是要学会宽容。

6. 拖拉

这是不少大学生的通病，正是：“春天不是读书天，夏日炎炎正好眠，秋多蚊虫冬又冷，一心收拾待明年。”导致拖拉的原因，一是试图逃避困难的事，二是目标不明确，三是惰性作用。拖拉耽误了事情却并没有使人因此轻松，相反往往会增加心理压力，引起更严重的焦虑，使人总觉得有事情没完成，难以安心。

改变拖拉的缺点，首先要充分认识其危害性，找到自己拖拉的原因，下决心改变。其次要妥善管理时间，凡事讲轻重缓急，要讲究科学的方法。再次要敢于克服困难，做不合心意或者花费大力气的事。有些事，与其拖着、欠着，不如及早动手，完成后会有一种如释重负后的欣喜、满足、成就感，而拖拖拉拉只会带来疲倦、松垮及焦虑。

7. 抑郁

抑郁是大学生常见的情绪困扰，是一种感到无力应付外界压力而产生的消极情绪，常伴有厌恶、痛苦、羞愧、自卑等情绪体验。抑郁人皆有之，对于大多数人来说，抑郁只是偶尔出现，时过境迁，很快会消失。抑郁的主要表现是：情绪低落，郁郁寡欢，闷闷不乐，思维迟缓，兴趣丧失，缺乏活力，反应迟钝，干什么打不起精神，体验不到快乐。那些性格内向、多疑多虑、不爱交际，生活中遭遇意外挫折的人更容易长期处于抑郁状态，甚至发展为抑郁症。

要避免抑郁或从抑郁中解脱出来，就需要正确地评价自己，建立自尊，增强自信；调整认知方式，建立理性认知，不把事物看成非黑即白；扩大人际圈子，多与人沟通，多交朋友。如果抑郁情绪较严重，应寻求专业心理机构的帮助。

8. 焦虑

焦虑是个体主观上预料将会有某种不良后果产生或模糊的威胁出现时的一种不安感，伴有忧虑、烦恼、害怕、紧张等情绪体验。在这个紧张刺激不断增多、竞争不断增强的社会里，每个人都可能处于一定的焦虑状态。适度的焦虑对于保持生命活力是必要的，这里所说的焦虑主要是指不适当的高度焦虑。

被焦虑困扰的大学生常表现出烦躁不安，思维受阻，行动不灵活，身体不舒服等症状。大学生焦虑主要集中在考试和人际交往技能差（或自认为差）、自尊心过强等方面。

为此，应增强自信，磨炼意志，积极行动。严重的，应寻求专业心理机构的帮助。

9. 虚荣

可以说虚荣心普遍存在，尤其是在女生身上。这是正常的，但过分虚荣则会有害。虚荣心往往与自尊心、自卑感联系在一起，没有自尊心，就没有虚荣心，而没有自卑感，也就不必用虚荣心来表现自尊心，虚荣心是自尊心和自卑感的混合物。虚荣心强的大学生一般性格内向、情感脆弱、多愁善感，虽然自惭形秽，却又害怕别人伤害自己的尊严，过分介意别人的评论与批评，与人交往时总有一种防御心理，不允许有稍微侵犯，而且会千方百计地抬高自己的形象，他们捍卫的往往是虚假的、脆弱的、不健康的自我，以致无暇来丰富、壮大真实的自我。

防止或改变过强的虚荣心，除了要对其危害性有清醒的认识以外，应当努力认识自己，树立自信和健康的荣誉心，正确表现自己，不卑不亢。

10. 自我中心

随着自我意识的发展，大学生越来越感到自己内心世界的千变万化、独一无二，越来越多地把关注的重心投向自我。尤其是那些有较强自信心、自尊心、优越感和独立感的学生，比较容易出现自我中心倾向。当这种倾向与一些个人主义、自私自利思想结合时，就会表现出过分的、扭曲的自我中心。想问题、做事情，从“我”出发，颐指气使，盛气凌人，不允许别人批评。长此以往，很难有和谐的人际关系。

克服过分自我中心的途径包括：一树立健康的人生观，自觉地将自己和他人、集体结合起来，走出自己的小天地；二恰当地评价自己，既不低估也不高估，既不妄自菲薄，也不自高自大；三尊重他人，只有尊重和信任才能获得友谊；四换位思考，将心比心，真诚地关爱他人，“我爱人人，人人爱我”。

（三）一些学者观点

弗洛伊德认为，20岁左右的青年人处于生殖期，其最重要的发展任务是力图从父母那里摆脱出来，与父母分开，建立自己的生活，发展异性关系。但独立并非易事，和父母分离在感情上是痛苦的。在这一时期或以前各时期的发展任务如果遭受挫折，就会给个体带来种种问题，甚至发展为心理疾患。

荣格认为青年期是人生发展的第二阶段。在这个阶段里，每个人都有一定的理想和希望，但这种希望可能很难得到实现。这是因为：① 对面临的任务和问题估计过高或过低，过分乐观或者过分悲观，使希望不能被实现；② 理想和实际的条件不符，如一个人希望成为长跑运动员，但腿却有问题。青年期的理想和希望如果得不到实现，便会导致个体各种心理问题的发生。

埃里克森则认为，从20岁到24岁的青年处于“亲密对孤独”的阶段。在这一阶段，人的发展的主要任务是亲密关系，但只有建立了牢固的自我同一性的人才敢与他人发生爱的关系，热烈追求和他人建立亲密关系。一个没有建立自我同一性的人，会担心因同他人建立亲密关系而丧失自我。这种人离群索居，不跟他人建立亲密关系，从而导致发展异常。

三、人格发展异常的表现与评估

在英国，有一个叫托马斯的图书馆管理员，钓鱼的时候总将自己打扮成一棵树；还有一位叫查尔斯的绅士，野外郊游时总爱睡吊床，并把脚伸出来期待吸血蝙蝠的光顾，好让他见识一下中世纪的吸血鬼传说。如果遇到这样的人，不知你会有何感想？会不会把他们划分到人格异常的群体中去呢？

人格异常又称人格障碍或人格疾患。一般认为，个体在没有认知或智力障碍的情况下表现出异常的情绪反应、动机和行为，出现人格发展的内在不协调，当这种不协调发展到极端，就是异常心理了。

（一）人格障碍的表现

1. 人格障碍最突出的表现是行为和认知上的障碍，并对他人造成影响甚至伤害

心理学家科尔曼说，人格异常的人觉得自己对别人是没有责任的，即使做了什么不道德的事情也没有负罪感，更不会为此后悔。甚至，他会把自己的问题和困难都归咎于他人

或者命运的不公，是“人人负我”，自己是没有问题的。无论走到哪儿，都会把自己的固执想法带到那里。当他把周围人搞得鸡犬不宁的时候，自己却可以泰然处之、稳如泰山。

2. 人格障碍还表现为情感和意志活动的障碍，虽然他们的思维智力并无异常

著名印象派画家凡·高的画作举世闻名，他的形象思维到达了极高的高度。然而形象思维与其他能力发展的不平衡、不协调，导致了他难以适应生活环境，使其精神极为痛苦。当然，也有很多著名人物摆脱了这样的困扰，比如，众所周知爱因斯坦的抽象思维能力很高，但他平时也注意培养自己形象思维的发展，如喜欢拉小提琴等。作为一个尖端的理论物理学家，他的人格中也充满了人文味道。

图5-2 凡·高

那么，开头提到的图书馆管理员和绅士属于人格障碍吗？不，这些只能算是异常行为，并非人格障碍。他们只是满足了内心一些比较可笑的想法，让自己的身心得到调节放松罢了，是快乐的样本。英国的一位临床心理学家研究表明，在这些有怪癖的人当中，只有四分之一可能属于人格障碍。人格障碍在正常和异常的范围上居于中间位置，不像精神分裂那样严重，又比一般生活中的异常要稍严重，在行为表现上有程度的差别，严重的才会伴有身体或精神性问题。

（二）人格障碍的类型

依照美国《精神障碍的诊断与统计手册》第四版的划分，人格障碍有三大类：

1. 古怪和偏执的人格障碍

（1）偏执型人格障碍：主要表现为对他人的不信任和猜忌。这类人会持续、无端地猜忌他人，一旦发现自己不受重视或被藐视，就会很愤怒甚至使用暴力，并多年心存怨恨。但他们自己可以藐视别人的意见，或者表现情绪冷淡。他们往往敏感且教条，能从无关的情境中找到隐含的不愉快意义，认为朋友会背叛自己，配偶会不忠。如果进一步发展，会形成偏执型精神分裂症。

（2）分裂型人格障碍：是一种观念、外貌和行为奇特以及人际关系有明显缺陷且情感冷淡的人格障碍。他们对社会关系不重视，情感生活孤独内向，生活圈子狭小，孤僻是最突出的特点。他们喜欢孤独的环境，很沉默，很少愤怒，不在乎别人的夸奖，同样不在乎别人的批评，一切都无所谓。他们的怪癖会表现在思想、语言和行为中。例如，交谈时突然自言自语或做出怪异举动。据统计，男性患分裂型人格障碍的比例比女性要高。

2. 戏剧或情绪化的人格障碍

（1）反社会型人格障碍：又称“悖德型”、“违纪型”、“无情型”人格障碍，是指破

坏社会准则，无视别人权利、需要和感受的人格障碍。这种人无论在亲密关系还是人际交往上都有严重问题，不履行责任、不歉疚反省，严重的会滥用药物，连羞耻和同情心也没有，只想满足自己的欲望。这种类型的人格在少年时即表露违法特征，多见于男性。

（2）边缘型人格障碍：主要以情绪、人际关系、自我形象的混乱不稳定为特征。其典型特征是“稳定的不稳定”，有时候由于焦虑或抑郁，情绪低落，但几小时后又会转为兴奋。他们对愤怒的情绪难以控制，容易与人争执、冲突，通常还会伴有自我毁灭的举动，例如自杀、自伤、吸毒等。这种障碍复杂，往往伴有其他障碍症状，治疗难度很大，女性的发病率高于男性。

（3）表演型人格障碍：又称癔症型或戏剧型人格障碍，是指以过分夸张的言行表现自我以获取他人关注的人格障碍。这类人情绪外露，表情丰富，喜怒哀乐皆形于色；他们是自我为中心者，不停地追求他人对自己的夸奖和赞扬；他们十分关注外表，有的为了获得关注甚至常表现出挑逗行为。如果不能成为万众瞩目的人物，他们的不正常行为和认知就会显露，表现出人格异常。这种人格障碍的女性发病率约为男性的两倍。

（4）自恋型人格障碍：其基本特征是对自我价值感的夸大和缺乏对他人的共情。这类人容易海阔天空地自我陶醉，却自私、不愿意分担责任；缺乏人际交流，表现出不屑一顾，其实内心非常在意别人的注意和赞扬。在很多方面，自恋型人格与表演型人格相似，但具有戏剧型人格的人外向且热情，自恋型的则内向、冷漠。

3. 焦虑或恐惧的人格障碍

（1）逃避型人格障碍：又称回避型人格障碍，特点是行为退缩、心理自卑、逃避挑战。《精神障碍的诊断与统计手册》中这样描述这类人：很容易因他人的批评或不赞同受到伤害；除了至亲之外，没有好朋友或知心人(或仅有一个)；除非确信受欢迎，一般总是不愿卷入他人事务之中；行为退缩，对需要人际交往的社会活动或工作总是尽量逃避；心理自卑，在社交场合总是缄默无语，怕惹人笑话，怕回答不出问题；敏感羞涩，害怕在别人面前露出窘态；在做那些普通的但不在自己常规之中的事时，总是夸大潜在的困难、危险或可能的冒险。只要满足其中的四项，即可诊断为回避型人格。该类型的退缩与分裂型不同，分裂型的独来独往是自愿，而逃避型则是出于自卑。

（2）依赖型人格障碍：对亲近与归属有过分的渴求，这种渴求是强迫的、盲目的、非理性的，与真实的感情无关。这类人往往缺乏自信，表现得顺从，宁愿放弃个人的趣味、人生观，只要能找到一座靠山，时刻得到别人对他的温情就心满意足了。依赖型人格的这种处世方式使得这类人越来越懒惰、脆弱，缺乏自主性和创造性。由于处处委曲求全，依赖型人格障碍患者会产生越来越多的压抑感，这种压抑感反过来又阻止着他们的行动力和判断。

（3）强迫型人格障碍：僵化地要求严格、秩序和完美，容易把冲突理智化，具有强烈的自制心理和自控行为。

这类人对自我过分克制，过分注意自己的行为是否正确适当，因此表现得特别死板。他们责任感特别强，往往用十全十美的高标准要求自己，同时又墨守成规、过于谨小慎微，常因过分拘于细节而忽视全局。这让他们总是焦虑紧张，很少享受轻松愉快的满意感，同时陷入与自己、与他人、与环境的冲突之中。

（三）人格障碍的成因

一般认为，人格障碍源于两方面。

1. 生物学因素

（1）遗传。研究表明，亲属中人格障碍的发生率与血缘关系呈正比，血缘关系越近，发生率越高。双生子与寄养子调查结果都支持遗传因素起一定作用的观点。同卵双生儿的同性恋一致率达100%；而病态人格患者的子女即使从小寄养在正常家庭，仍有较高的病态人格发病率。另外还有染色体异常的影响，47XYY综合征和47XXY综合征患者中人格障碍的患病率也非常高。

（2）脑发育。研究发现，情绪不稳定类型障碍的人有较多神经系统软体征表现，也在神经心理学测验中显示轻微脑功能损害。研究显示，常有攻击行为的男人中，57%具有异常脑电图，且多表现在前颞区，有学者认为问题可能存在于网状激活系统或边缘系统。

2. 环境因素

（1）社会因素。有学者强调，病态社会在人格形成上有极大的不良影响，健康的社会是避免发生精神分裂的屏障，恶劣的社会风气和不合理的社会制度均可影响儿童的心身健康。

（2）家庭教育。初生儿童的大脑发育未成熟，有较大可塑性，强烈的精神刺激会给儿童的个性发育带来严重影响，不合理教养可导致人格的病态发展，缺乏正确教养或缺少父母的爱是发生人格障碍的重要原因。

（3）父母对子女的遗弃、虐待、专制、忽视、溺爱和放纵可以影响子女的人格发育，导致人格障碍。幼年失去母爱、父母死亡或遭受其他精神创伤也能影响儿童的人格。

（4）学校教育。以师生关系为主轴的校园生活中，教师的行为品德、同学间的相互关系，都在一定程度上影响个体的生活风格和人格发展。一项教育研究发现，在冷酷、刻板、专横老师所管辖的班集体中，学生的欺骗行为会增多；在友好民主的教师管理下，学生的欺骗行为会减少。

（四）评估人格的方法

如何能获知有关于人格特征的真实的、精确的资料呢？我们可以借助如下手段：

1. 问卷法

又称自陈测验，是借助书面形式测量人格的做法。人格问卷分根据研究内容编制的、根据因素分析法编制的、根据生活经验来编制这三种。标准化的问卷是经过科学检验的，有信度、效度，操作方便，广为使用。

相信很多同学都参与过问卷测试，无论是笔答还是电脑录入，大家一定都期待着尽早看到问卷结果。当然，结果准确与否，取决于你的作答是否准确如实。

2. 史料分析法

史料包括历史资料、个人资料，如，日记、自传、回忆录等，这些材料中都含有大量的个人人格信息。当我们无法直接获得信息和资料时，史料分析就成为人格评定的主要方式。

比如看过《三国演义》，你可能会认为曹操是枭雄，奸诈狠毒。无可否认，这是很多人的判断，但我们依然需要带着"去伪存真的眼镜"来研读这些鸿篇巨制，尽量还原其真实的人格信息。

3. 访谈法

通过面对面的方式了解被试人格特点的访谈法，这在人格评定中也较为常见。它分为有计划的结构式访谈和无目标的开放式访谈两种，使用访谈法可以直接获取具体信息。

大家在学生社团纳新、面试工作等场合，都会有这样的访谈经历。但当时信息状况如何？是不是容易受到访谈环境以及主观因素的影响而使信息并不能准确地反馈呢？

4. 投射法

投射测验一般由若干个模棱两可的刺激所组成，被试可对其任意解释，使自己的动机、态度、感情以及性格等在不知不觉中反映出来，后加以分析推断其人格特质。虽然该方法被评价缺乏客观标准，但在实际应用中广受欢迎。

联想法、构造法、完成法、表露法都属于投射法。联想法是给你一个刺激（字词、墨迹等），让你说出由此联想到的东西，精神分析学家最早使用这种方法，著名的有罗夏墨迹测验。构造法是要求被试根据一套含有过去、现在、未来等发展过程的图片编故事，由故事分析被试内心。这一类著名的测验有TAT主题统觉测验。完成法要求被试将一些不完整的句子、故事或材料以自己的方式补充完整从而得出判断的测验，例如，"我认为婚姻……"、"我喜欢……"。表露法是利用一种媒介，如绘画、舞蹈、游戏等获得自然表露的心理状态的方法，常用的有画树测验。

5. 情境法

情境法是在预先设定的情境下，观察被试的表现并以此判断其人格特征的方法。比如招聘面试时，曾有公司在走廊设置歪倒的扫帚，然后观察应聘者表现，用的就是这种方法。

如今，获取人格信息的手段越来越多。如果使用这些方法依然让你对了解自我或他人不够满意，还有一个最直接简单的办法，那就是到专业的心理机构去寻求帮助。

四、大学生人格完善的途径和调适方法

（一）塑造健全人格的途径

1. 认识自我，优化人格整合

生活中的许多事例告诉我们，要有效地进行人格塑造，就应该充分了解自己的人格状况，明确人格塑造的目标、内容、途径、方法。认识自我是改变自我的开始。

人格塑造也就是为了实现优化人格整合，以达到人格的健全。人格整合即随着个体心理的成熟，人格的各个方面逐渐由最初的互不相关，发展到和谐一致状态的过程。优化人格整合，一要择优，二要汰劣。

择优即选择某些优良的人格特征作为自己努力的目标，如自信、勇敢、勤奋、坚毅、善良、正直等可作为人格塑造的依据。汰劣即针对自己人格上的缺点、弱点，比如自卑、胆怯、抑郁、冷漠、懒惰、任性、自我中心等予以纠正。

外向型性格的，要节制过于频繁的社交，避免学习工作过度，注意细节，对事情不要简单下结论，注意丰富内心世界，交内向型的朋友；内向型性格的，则要积极参加社会交往，建立自己的行事风格，培养决断力，追根问底要适度，发挥内在独特性，想象力应面向创造。

2. 丰富知识

培根说："读史使人明智，读诗使人灵秀，数学使人周密，科学使人深刻，伦理学使人庄重，逻辑修辞之学使人善辩，凡有所学，皆成性格。"人的知识面越广，人的本身也越完善。增长智慧的过程也是优化人格整合的过程。事实上，有不少人格发展缺陷源于无知，无知容易使人自卑、粗鲁，而丰富的知识则使人自信、坚强、理智、热情、谦恭。

受应试教育影响，许多理工科大学生缺乏人文知识，文科大学生缺乏科学精神，这对于人格的健全发展是不利的。大学生不能只局限于自己的专业知识，还应该扩大自己的人文社会科学知识面，加强修养，用丰富的知识充实自己。

3. 积极参加实践活动，从小事做起，养成好习惯

无论是知识的获取、能力的形成还是意志的磨炼，都离不开实践。一个人的勤奋、坚忍、乐观、细致等人格特征都是长期实践锻炼的结果。

人的一言一行往往是其人格的外化，反过来，一个人日常言行的积淀成为习惯就是人格，英国诗人德莱顿说："首先，我们培养习惯，然后，习惯塑造我们。"行为主义理论创始人华生指出，人格就是我们的习惯系统的产物。优化塑造人格首先要有自我改变的意识，而改变过程的核心就是从改变习惯做起。

4. 发展良好的人际关系，融入集体

人格发展、塑造的过程是个体实现社会化的过程，是个体与他人、集体、社会相互作用的过程。人格是在行为中表现的，健全的人格也只有在与人交往中才能体现出来。塑造健全人格，必须发展良好的人际关系：尊重社会习俗、关心他人的需要、真诚地赞美、不作无建设性的批评、多与他人沟通意见、保持自尊和独立等。

集体是人格塑造的土壤，通过与集体交往，自己的某些人格品质或受到赞扬、鼓励或受到压制、排斥，从而有助于做出有针对性的调整，而且集体能够伸出手来帮助集体中的个体择优汰劣。

5. 锻炼身体，强健体魄

人格发展的过程是体质、心理因素与智力因素协同作用、相互促进的过程，健康的体质是人格健全发展的物质基础。一个体弱多病的人是难以发展健全人格的，拖拉、懒惰、急躁、怯懦等人格发展缺陷与不坚持体育锻炼明显有关。

6. 防止“过犹不及”

凡事都有“度”，人格发展和表现的“度”也十分重要，人格塑造过程中应把握辩证法，掌握好“度”。具体说来，应该是：自信而不自负，自谦而不自卑，自爱而不自恋，自助而不自扰，勇敢而不鲁莽，果断而不冒失，稳重而不犹豫，谨慎而不怯懦，豪放而不粗俗，好强而不逞强，活泼而不轻浮，机敏而不多疑，忠厚而不愚昧，谦让而不软弱，干练而不世故，自珍而不自骄。

人格“度”的把握还表现在不同的人格特质要协调发展，做到“刚柔兼济”，对于“刚”者应多发展些“柔”，对于“柔”者应多发展些“刚”，这样才能形成合理、和谐的人格结构。此外，有时应多表现自信，有时应多谦恭，即所塑造出的人格应有韧性，有较强的应变、适应能力。

（二）心理学家们的建议

1. 精分的弗洛伊德

弗洛伊德和后来者荣格、阿德勒、霍妮等认为，有效、得当应用的防御机制，可以减轻很多内心的不适和痛苦，帮助自己渡过心理难关。当然，过犹不及也会导致不健康的状况。

（1）压抑：这是一种消极的防御机制，指个体尽量将过去遭受的失败引起的痛苦、焦虑等深埋心底，这是一种主动遗忘和抑制。比如战场上的士兵、从火里逃生的人、失恋的人……在事件过后，以失去记忆来避免面对的痛苦与悲伤。

（2）投射：消极型机制，指把自己内心一些不能得到社会允许的冲动、态度、行为等转移到他人身上，以减少自身的压力。例如，以小人之心度君子之腹即是如此。再例如，有些不良少年，别人无意中看他一眼，他就动手打人，认为别人瞧不起他。

（3）倒退：是指受到挫折无法处理时就放弃已经学会的成熟态度和行为模式，使用过去比较幼稚的方式来应对。例如，做父亲的在地上扮马扮牛给孩子骑，做妻子的偶然向丈夫撒娇等。“偶然倒退”反而会给生活增添不少情趣与色彩，但如常常“退化”，使用较原始而幼稚的方法来应付困难，而利用自己的退化行为来争取别人的同情与照顾，用以避免面对现实的问题与痛苦，其退化就不仅是一种现象，而是一种心理症状了。

（4）隔离：指人们将一些不快的事实或情感分离于意识之外，以免引起不愉快的机制。如身边的人死去了，大家因为伤痛会刻意逃避，不直接说“死”这个词，而用“仙逝”、“长眠”、“离世”这样的词。又如，有人把“厕所”说成“上一号”或“去唱歌”，也是一种隔离。

（5）补偿：当个体因本身生理或心理上的缺陷致使目的不能达成时，改以其他方式来弥补这些缺陷，以减轻其焦虑。例如，一个相貌平庸的女学生，致力于学问上的追求以赢得别人的重视。前联邦德国于第二次世界大战后，成立许多慈善救济组织，也特别成立了对犹太人救济的组织，以弥补第二次大战时希特勒政府对世界的危害和杀害犹太人的内疚。古希腊的演说家笛莫斯安思，为了克服口吃，而将石子含在口中练习，以使发音更正确，结果他不但克服了口吃的缺陷，还成为著名演说家与辩论家。有位美国总统的第一夫人曾说，她年轻时，容貌不美，转而致力于培养内在美，去追求成就感。以上这些例子，和我们常说的“失之东隅，收之桑榆”这句话的含义是一样的，都是成功的补偿。

（6）合理化：个体遭遇挫折时使用一些理由来为自己解释和申诉。如，娶了姿色平平的妻子，说她有内在美；嫁给木讷寡言的丈夫，说他忠厚老实；孩子资质平庸，说他“傻人有傻福”。

（7）认同：借由心理上分享他人的成功，为个人带来不易得到的满足或增强个人的自信。例如，一位物理系学生留了胡子，是因为他十分仰慕系中一位名教授，而该教授的“注册商标”就是他很有性格的胡子。此学生以留胡子的方式认同教授。

（8）升华策略：指当个体原有的冲动或欲望不能实现或不可能得到社会的允许时，就将它们改变成社会许可的形式，或者用更崇高的、具有创造性和建设性的、有利于社会的活动表现出来。例如，有打人冲动的人，借锻炼拳击或摔跤等方式来满足；喜欢骂人的人，以成为评论家来满足自己。一生命运多舛的西汉史学家司马迁，被判处宫刑后在狱里撰写了《史记》；达·芬奇对其母亲的感情升华后创作了《圣母像》等等。

弗洛伊德认为，生活是最高水平的防御机制，只有一个人在很成熟和健康的时候才会采用的机制。

2. 人本的马斯洛

马斯洛认为自我实现是人生追求的最高境界，他列举了历史上38位最成功的名人，包括富兰克林、林肯、罗斯福、贝多芬、爱因斯坦等，从他们的人生历程中归纳出如下16条：

（1）了解并认识现实，持有较为实际的人生观；

（2）悦纳自己、别人以及周围的世界；

（3）在情绪与思想表达上较为自然；

（4）有较广阔的视野，就事论事，较少考虑个人利害；

（5）能享受自己的私人生活；

（6）有独立自主的性格；

（7）对平凡事物不觉厌烦，对日常生活永感新鲜；

（8）在生命中曾有过引起心灵震撼的高峰体验；

（9）爱人类并认同自己为全人类之一员；

（10）有至深的知交，有亲密的家人；

（11）有民主风范，尊重别人的意见；

（12）有伦理观念，能区别手段与目的，绝不为达到目的而不择手段；

（13）带有哲学家气质，有幽默感；

（14）有创见，不墨守成规；

（15）对世俗，和而不同；

（16）对生活环境有改造的意愿和能力。

马斯洛认为，以上述人格特征为参照，是塑造健全人格、达到自我实现的主观条件。

3. 其他建议

（1）对自己和生活的世界有积极的看法。把自己看做被喜欢的、被需要的、被热情接待的，生活在自己能应付的世界上的人。

（2）和别人有着热情的亲密的人际关系。和别人有基本信任的关系。

（3）有时间完全冷静地独处反省，使自己有机会揣摸、体验各种人的情感，而这有助于更好地理解自己的人格。

（4）在发展社会性的、智力的以及职业的各种技能方面取得成功，即在学习上、工作上和与人交往上有成功的体验。

（5）接受新思想、新哲学，和有独特见解的人交往。新的思想可以从读书中、从对戏曲和音乐的感染中取得，也可从旅行、和陌生人相识中获得。

（6）找出充分表达出自己情绪的方法、嗜好，和朋友间的亲密关系或“一群青年人聚在一起”，有助于基本情绪的释放。

（7）经常提高独立性的程度。逐步减少对他人的依赖而更多地依靠自己的能力和价值体系，如对工作和家庭、邻里以及人类社会承担更多的责任，在该做该说时，无拘束地表达自己的意见，自尊和自爱。

（8）有灵活性和创造性。并非在任何情境中都按一个标准行事；学会知道不总是“非此即彼”，而是“这个、那个和更无限量的各种组合”。

（9）多关心他人。

（10）在每一生活阶段学会和别人一起时变得更人性些。

人格健全的过程，就是心理健康和心理成熟的过程。塑造健全人格，是一项系统工程，关键贵在坚持。

想一想

案例1

20世纪40年代美国战略情报局（中央情报局）对海外特工的要求如下表所示：

条件	内　　容
一般条件	1. 任务动机：战斗士气，对所从事工作感兴趣
	2. 活力和自主性：积极性水平高，热情，努力，主动
	3. 有效智力：最有效选择策略、达成目标，快速处理事务、关系、观念的思维能力。足智多谋，独创，判断力强
	4. 情绪稳定：能控制烦躁情绪，强压之下沉着冷静，有对混乱状况的忍受力，没有神经质倾向
	5. 社会关系：能和他人很好相处，愿望良好，团队行动机智，没有社会偏见，没有让人讨厌的特质
	6. 领导才能：能激发合作的能力、组织管理能力，勇于承担
	7. 安全性：保守秘密的能力，机智谨慎、有欺骗和让人误入歧途的能力
特殊条件	8. 体能：敏捷、大胆、耐心、毅力
	9. 观察和报告：观察和准确记住重要事件及相互关系、评价信息和简洁报告的能力
	10. 宣传：洞察人心理弱点的能力，设计一种或几种颠覆技术，说写绘画有说服力

思考：看过电影《007》系列和《反恐精英24小时》吗？试比较一下，你能在詹姆斯·邦德和杰克身上发现多少与上表匹配的特质和能力？

案例2

《定风波》

苏轼

莫听穿林打叶声，何妨吟啸且徐行。竹杖芒鞋轻胜马，谁怕，一蓑烟雨任平生。

料峭春风吹酒醒，微冷，山头斜照却相迎。回首向来萧瑟处，归去，也无风雨也无晴。

苏轼这首词作于他被贬黄州后第三个春天。

林语堂先生评价苏轼："佛教否定人生，儒家正视人生，道家简化人生，这位诗人在心灵识见中产生了他的混合人生观……所以生命毕竟是不朽的、美好的，所以他尽情享受人生。这就是这位旷古奇才乐天派的奥秘的一面。"

思考：这首词让你看到了苏轼怎样的人格特质?

案例3

希腊神话里的美少年纳西瑟斯（Narcissus）是河神父亲和仙女母亲的孩子。他出生后，仙女母亲得到神谕：纳西瑟斯长大后，会是天下第一美男子；但，他会因为迷恋自己的容貌，郁郁而终。为了避开神谕，纳西瑟斯的母亲刻意让儿子在山林间长大，远离溪流、湖泊、大海，让纳西瑟斯无法映照自己的容貌。如其所愿，纳西瑟斯在山林间平安长大，而他也的确容貌俊美非凡，可谓天下第一美男子。见过他的少女，无不为他动心。然而，纳西瑟斯性格高傲，只喜欢整天与友伴在山林间打猎，对于倾情于他的少女不屑一顾。

纳西瑟斯的铁石心肠伤透了少女的心，复仇女神娜米西斯（Nemesis）看不过眼，决定教训他。一天，纳西瑟斯在野外狩猎，天气异常酷热，不一会儿已经汗流浃背。就在这时，阵阵清凉微风吹来，于是他循着风向前行，来到一个水清如镜的湖边。湖，对纳西瑟斯来说非常陌生。他走过去，坐在湖边，想伸手去摸一摸湖水，试试那是一种怎样的感觉。谁知他瞧向湖水时，看见一张完美的面孔，不禁惊为天人！纳西瑟斯惊叹："这美人是谁？多么漂亮呀！"凝望中，他发现，当自己向水中的美人挥手，美人也向他挥手；自己向美人微笑，美人也微笑。但当他伸手去碰触美人，美人便立刻消失了；他把手缩回来，不一会儿，那美人又再度出现，并深情款款地回望着他。纳西瑟斯不明白美人其实就是自己的倒影，竟然深深地爱上了倒影。为了不愿失去湖中的人儿，他日夜守护在湖边，日子一天一天过去，纳西瑟斯还是不寝不食、不眠不休地待在湖边，甘心做他心中美人的守护神。他时而伏在湖边休息，时而绕着湖岸漫行，但目光始终离不开水中的倒影，总是目不转睛地凝望湖面。终于，神谕应验了，纳西瑟斯因迷恋自己的倒影憔悴致死。

仙女们知道后伤心欲绝，赶去纳西瑟斯惯坐的湖边。但，那里只长着一丛奇异的小花，高傲孤清，甚为美丽。原来，爱神怜惜纳西瑟斯，把他化成花儿，盛开在有水的地方，让他永远看到自己的倒影。为了纪念他，仙女们就把花儿命名为Narcissus，也就是水仙花。

思考：水仙花向我们隐喻了什么？这表达了怎样的心理情结？

案例4 王某，女，20岁。本人不愿意求治，拒绝承认自己心理方面存在问题。经心理医生耐心说服，自述状况

我读高中时成绩相当好。平时虽然不经常与人交往，不喜欢与同学交谈，但我总觉得他们嫉妒我，总是用一种异样的眼光看我，他们也常常否定嫉妒我这件事。但我觉得他们说的不是真话，是在为自己辩解。有人因此就疏远我，这说明了什么呢？还不是嫉妒我的才能？还有，那时我喜欢顶撞班主任，我觉得他的想法就是错的，他反而说我错了。真是好笑。我一向我行我素，说话办事全凭个人喜好，因为我比他们更聪明啊。当然，虽然有时候结果不理想，但那并不是因为我的能力存在什么问题，而是客观原因造成的。我才不管别人的喜怒哀乐。他们一定认为我思想简单，最好欺负。后来，我就懒得与别人交往了，我更乐于自己单独待着。

我平时对任何人，包括班里的同学甚至自己的亲人，我都打心眼儿里怀疑。为什么要信任他们呢？如果信任他们，说不定哪天就会利用我的信任加害于我。这不，最近我就被人利用了，可以说是没有理由的，我被退出学生会去社团干活。为什么要调走我——我猜是有人搞鬼，他们嫉妒我的才干，老师老说我跟同学搞不好关系，给我安排工作我的意见总是很多。我为什么要理那些人呢？我已经给院系领导写信，说明我受的冤枉，还写了我对学生会和老师的看法，我看谁还能把我怎么样。

思考：从王某的自述中，你能判断出她怎么了吗？

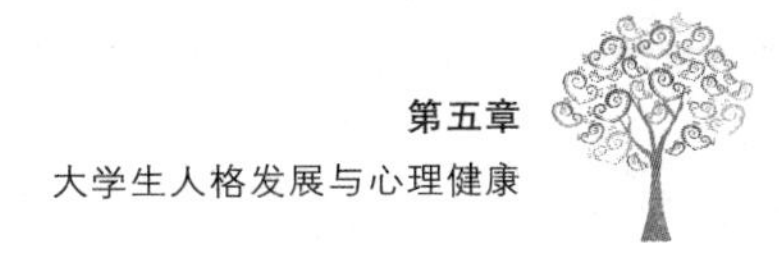

案例5

如今，“伪娘”的形象无论在电视综艺节目或网络娱乐新闻，甚或我们的校园教室之中，都频频现身、见怪不怪。在惊讶过后，你有何联想？在你身边有类似的事件或人物吗？

思考：试着用人格理论解释这种现象背后的心理因素？

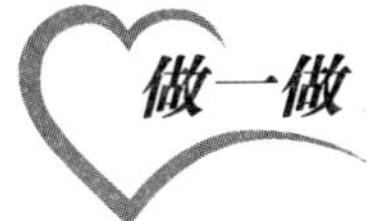

做一做

活动1：测试人格

目的：这个测试是美国菲尔博士在著名主持人奥普拉的节目里做的，国际上称为“菲尔人格测试”，时下很多公司的人事部门会用它来测试员工的性格。

准备：纸、笔。

时间：约8分钟。

操作：从下面的问题中选择自己认为合适的答案。

1. 你何时感觉最好？

   A. 早晨　　B. 下午及傍晚　　C. 夜里

2. 你走路是：

   A. 大步快走　　B. 小步的快走　　C. 不快，仰着头面对着世界

   D. 不快，低着头　　E. 很慢

3. 和人说话时，你：

   A. 手臂交叠站着　　B. 双手紧握着　　C. 一只手或两手放在臀部

   D. 碰着或推着与你说话的人

   E. 玩着你的耳朵、摸着你的下巴或用手整理头发

4. 坐着休息时，你：

   A. 两膝盖并拢　　B. 两腿交叉

   C. 两腿伸直　　D. 一腿蜷在身下

5. 碰到令你发笑的事情时，你的反应是：

   A. 开怀大笑　　B. 笑着，但声音不大

   C. 轻声地笑　　D. 羞怯地笑

6. 当你去一个聚会或者社交场合时，你：

A. 很大声地入场以引起注意

B. 安静地入场，找你认识的人

C. 非常安静地入场，尽量保持不被人注意

7. 当你非常专心地工作时，有人打断你，你会：

A. 欢迎他　　B. 感到恼怒　　C. 在上述两极端之间

8. 下列颜色中，你最喜欢哪一种颜色？

A. 红或橘黄色　　B. 黑色　　C. 黄色或浅蓝色

D. 绿色　　E. 深蓝色或紫色　　F. 白色

G. 棕色或灰色

9. 临入睡的前几分钟，你在床上的姿势是：

A. 仰躺，伸直　　B. 俯卧，伸直　　C. 侧躺，微蜷

D. 头睡在一条手臂上　　E. 被子盖过头

10. 你经常梦到自己：

A. 下落　　B. 打架或挣扎　　C. 找东西或人

D. 飞或漂浮　　E. 你平常不做梦　　F. 你的梦都是愉快的

评分标准：

1. A2　B4　C6

2. A6　B4　C7　D2　E1

3. A4　B2　C5　D7　E6

4. A4　B6　C2　D1

5. A6　B4　C3　D5

6. A6　B4　C2

7. A6　B2　C4

8. A6　B7　C5　D4　E3　F2　G1

9. A7　B6　C4　D2　E1　F

10. A4　B2　C3　D5　E6　F1

分析：

低于20分，内向的悲观者。大多数公司不喜欢这种类型。

21到30分，缺乏信心的挑剔者。适合编辑、会计等数字和稽核工作。

31到40分，属于以牙还牙的自我保护者。就业方面有最广泛的适应性。

41到50分，平衡式的中庸人物。适合公司里人力资源工作。

51到60分，是个有吸引力的冒险家。适合市场开发与销售工作，能独当一面。

60分以上，是个傲慢的孤独者。通常很有才华，但与人沟通的能力不佳，适合研发指导或者艺术创作之类的工作。

活动2：你有强迫倾向吗

目的：了解自己的情绪表达方式，加强对情绪的自我调控。

准备：纸、笔。

时间：约10分钟。

操作：请根据自己最近一段时间内的情况和感觉对下面的内容进行评定。

1. 头脑中有不必要的想法或字句盘旋
2. 忘性大
3. 担心自己的衣装不整齐或者仪态不端正
4. 感到很难完成任务
5. 事情必须做得很慢以保证不出错误
6. 做事必须反复检查
7. 难以做出决定
8. 反复想一些无意义的事
9. 注意力不能集中
10. 反复洗手，清点数目
11. 反复做毫无意义的动作
12. 经常怀疑自己的生活环境被污染
13. 总是担心家人，会做出不好的联想
14. 出现一些不可控制的相互对立的想法和观念

评分标准：

没有这种情况，0分；　　有这种情况但很轻，1分；

有这种情况但程度中等，2分；　　情况偏重，3分；

有很严重的这种情况，4分。

计总分。如超过20分就有强迫症的倾向，需要进一步检测。

活动3：做个投射活动

目的：了解自己的性格特点。

原理：个体在社会认知中存在投射作用的特性，后被发展成为一种心理测量法，即心理实验研究中常采用的“心理投射测量法”，通过对他人个性测量中的评价而可测量检测出评估者本身的个性特征。因为，个体在对他人进行个性测量时，将自己的许多心理人格特点投射到了对他人个性测量的评价上。这种方法比直接对评价者进行个性测量的效果还要好，这种通过个体测量他人而对个体进行测量的间接方法，避免了个体在直接进行自我测量鉴定时所可能存在的自我赞许倾向的影响。

准备：图片。

时间：约10分钟。

操作：1. 你觉得这位女主人公心里在想什么?

2. 前后左右位置的同学交流分享。

练一练

一、精神分析学派总是强调成长经历对人格形成的影响。弗洛伊德、荣格、阿德勒等人的早年生活经历是什么样子？这些经历如何影响了他们的理论学说和人格形成呢？如果这让你有点好奇，不妨找找线索答案。

二、你是否明白了斯金纳的“鸽子笼”理论？这理论似乎有些简单机械，不过，却为我们找回学习乐趣指点了方向。试试他的方法，或许可以帮你逐渐改变对英语学习或者某项不喜欢活动的态度。

三、对于如何走出人格障碍塑造健康人格，你有什么好的建议?

四、如果你已经在“活动1”中测试过自己所属的人格类型，那么，愿意为唐僧师徒四人划分一下人格类型吗?

五、看暴力影片多了会不会增加人的暴力情绪呢？你能从网上或书籍中得到些什么启示?

六、你能否依据自己的经验和思考，如同心理学家一样为“人格”下个定义?

下　篇

提高自我心理调适能力

⊙ 第六章　大学期间生涯规划与能力发展

⊙ 第七章　大学生学习心理

⊙ 第八章　大学生情绪管理

⊙ 第九章　大学生人际交往

⊙ 第十章　大学生性心理及恋爱心理

⊙ 第十一章　大学生压力管理与挫折应对

⊙ 第十二章　大学生生命教育与心理危机应对

第六章

大学期间生涯规划与能力发展

“大学生活是怎样的?”

“我将如何度过我的大学生活?”

“我要为即将到来的职业生涯做好哪些准备呢?”

……

大学是步入职场、走向社会的预备期,大学生未来的职业发展需要大学期间的铺垫。知己知彼方能百战百胜,要明确自我的现实状况,了解未来职业世界的能力需求,确立自己的未来发展目标,明确大学期间的阶段性目标,了解在大学期间需要发展的能力目标,从而为自己的大学生涯作出规划并为之做好时间管理,贯彻实施生涯规划,不断地提高和发展自我。

本章首先介绍大学生活的特点和生涯规划一些基本概念,重点放在大学生能力概述及发展目标、大学期间生涯规划的制定和时间管理上,以提高学生进行生涯规划的意识,实现自己大学期间的能力发展目标,从而为其未来的职业生涯打下基础,在未来的职业竞争中,形成自己的核心竞争力。

一、大学生活的特点及生涯规划

（一）大学生活的特点

人的一生当中有很多发展过程中的重要节点。大学阶段是人生的一个特殊阶段，从入学到毕业，必须经历两个转折：一个是从中学生到大学生的角色转换；另一个是从学生角色到职场新人的转换。从生涯规划的角度看大学生活，它具有三个方面的特点：

1. 大学生活是从稚嫩走向成熟的过渡阶段

经过短暂几年的大学生活，需要从一个中学生过渡到职场新人，其中的跨度还是非常大的。其相应的要求就是，每一个人需要在心理上从稚嫩走向成熟。

在中学时期，个体面对的环境相对单纯，生活内容相对单一，学习是日常生活中的唯一内容；人际关系单纯，所接触的人都是年龄相近的同学。因此，这个时期的个体心理水平相对稚嫩。进入大学之后，大学是一个小社会。大学生生活丰富多彩，不再以学习为唯一内容，社团生活、课外活动、社会实践、兼职等，给参与其中的个体锻炼机会，拓宽了交际面，接触了社会，从而使个体心智得到一定的发展。当然，这中间存在着个体差异。主动投入各种体验和实践活动的个体容易走向成熟，为将来的职业生涯奠定基础。

2. 大学生活是从依赖走向独立的过渡阶段

从经济角度上看，大学生活是一个从依赖走向独立的过渡阶段。从入学初，完全依赖于家庭的经济支持到毕业后实现经济上的独立，对个体而言，其中的变化是非常大的。一方面，要实现经济的独立，个体必须为将来的职业机会的获得打好基础。尤其是在目前毕业生就业相对困难的历史时期，个体必须为就业做好大学期间的生涯规划，从而有扎实的储备，赢得就业机会，以获得经济上的独立。另一方面，经济上是否独立影响着自己对生活的抉择。在依赖于家庭的时候，个体在经济上的支配受制于家庭；而经济独立则能扩大自己支配的自主权。

3. 大学生活是从校园走向职场的过渡阶段

从一个学生的社会角色过渡到职场新人的角色是人生角色的一个重要转换。实现这样一个转换的前提就是能够满足职场角色的需要。从这一角度来看，大学就是为就业做准备的阶段。因此，作为大学生应该为自己即将进入的职业世界做好生涯规划。了解自己，知晓职业世界，在“知己知彼”的基础上，确立生涯发展目标，并制订相应的计划，在执行计划过程中，不断实现自我，拥有理想的职业发展目标。

（二）生涯规划

1. 生涯的内涵

生涯一词源自《庄子·养生主》:“吾生也有涯，而知也无涯。”原指生命有边际、限度，后引申为人终其一生的过程，是指一个人从蹒跚学步到步履艰难，从年幼无知到洞悉天命的持续一生的过程。生涯的英文为“career”，其第一层含义与汉语相近，是指一生的经历。第二层含义是谋生之道，职业。因而“career planning”有人译为“生涯规划”，亦有人译为“职业生涯规划”，本书中“生涯规划”与“职业生涯规划”同义。

生涯本质上是持续一生的过程。在这过程中，每一个个体都承担着不同的角色和责任。在走向社会、步入职场之前，个体是一个成熟过程。在成熟之前，社会不会对个体有更多的责任和要求。而个体一旦步入职场，它既是一个体现自我价值的过程，也是个体对社会进行报偿的时期，其一生的质量都体现在职业生涯当中。

2. 生涯规划

生涯规划就是指个人发展与组织发展相结合，在对影响一个人职业生涯的主客观条件进行测定、分析、总结研究的基础上，对自己的兴趣、爱好、能力、特长、经历及不足等各方面进行综合分析与权衡，结合时代特点，根据自己的职业倾向，确定其最佳的职业奋斗目标，并为实现这一目标作出行之有效的安排。对生涯规划的一个直观的理解就是回答三个方面的问题:“我是谁?”“我要到哪里去?”“我怎样到达那里?”这三个问题生动而又具体地概括了生涯规划的三要素:自我评估、目标设定、实现目标。

自我评估主要是指了解自己，对影响自己生涯发展的兴趣、能力、性格特征、身体条件、价值观、情绪智力、家庭条件等自身因素进行测定、分析和总结。生涯规划的前提就是要了解自己。俗话说，“男怕入错行，女怕嫁错郎”。“入错行”的一个重要原因就是不能做到“知己”，处在“职明我暗”或“职暗我暗”的状态。究其实，最难的不是职场世界的不了解，最难的是不了解自我。最终可能导致要么眼高手低，一事无成;要么妄自菲薄，抱憾终身。

目标设定是基于自我评估和环境分析的基础上，选择自己未来的职业方向和发展目标。美国学者戴维·坎贝尔（David Campbell）曾经指出:“目标之所以有用，因为它能帮助我们从现在走向未来。”目标设定是生涯规划的核心。分析自我、了解自己，分析环境，了解职业世界，找到与自己的性格、兴趣和特长相吻合的职业目标，这一点对即将步入社会、选择职业的大学生非常重要。如果我们没有明确的目标，就永远实现不了自己的愿望。因此，我们要选定一个目标，从而明确自己在大学期间应该做的事情。

确立目标的意义与作用

哈佛大学曾对一群智力、学历、环境等条件都差不多的年轻人进行了长达25年的目标对成功的影响问题的跟踪调查，调查结果如下：

3%的人有清晰且长期的目标。25年来他们从未改变过目标，总是朝着同一个目标不懈努力，25年后他们几乎都成了社会各界的顶尖成功认识。他们中不乏白手创业者、行业领袖、社会精英。

10%的人有清晰的短期目标。他们绝大多数生活在社会的中上层。他们的共同特点是，不断地完成预定的短期目标，生活状态步步上升。25年后他们成为各行各业不可或缺的专业人士，如医生、律师、工程师、高级主管等。

60%的人目标模糊。他们能安稳地生活与工作，但都没有什么特别的工作。

27%的人25年来都没有目标。他们几乎都生活在社会的最底层，生活过得很不如愿，常常失业，靠社会救济，并且常常都在抱怨他人、抱怨社会、抱怨世界。

实现目标包含着为实现目标而制订行动方案并为主客观条件发生变化做好反馈修正的动态实施过程。生涯规划就像是一个项目的设计，要为实现目标制订翔实具体的行动计划，逐步实现阶段性目标以缩小与长远目标的差距。但是，实现目标是一个相对长远的过程，其中的诸多条件有可能发生变化，因此，要审时度势、因势利导、与时俱进，对自己的行动计划作出相应的调整和修正。

二、大学生能力概述及发展目标

（一）大学生能力概述

能力是与顺利完成地某种活动有关的心理特征。知识是人类社会历史经验的总结，从心理学的观点来说，它以思想内容的形式为人掌握。技能是操作技术，它以行动方式的形式为人所掌握。能力与知识、技能有密切的关系。能力的发展是在掌握和运用知识、技能的过程中完成的，离开学习和训练，什么事情都不做的人，他的能力是得不到发展的。

大学期间既是一个学习阶段，也是一个职业预备阶段。这一特点决定了大学生在大学学习期间必须实现从学习者到从业者的转变，必须将所学的知识、技能运用到具体实践当中去，必须具备相应的能力来胜任工作。因此，大学生能力应包含基础能力、发展能力和应用能力。基础能力是作为任何一个体必须具备的普遍性的能力，郑禹教授认为基础能力包含道德能力、学习能力和适应能力，也就是要学会做人做事、要有学习能力、要能适应各种各样的环境。在此基础上，大学生应具备与人交流、合作的能力，具备一定的管理和创新能力，从而能在组织环境中更好地发展自己。最后，大学生应具有实践能力、就业能力，具备一定的创业能力，完成一个学习者向职场人的转变。

（二）大学生能力发展目标

大学生的能力发展事关他们生涯发展的可持续性，事关职业生涯中的胜任力、竞争力的问题。郑禹教授深入研究了大学生能力体系，认为大学生的能力主要由基础能力、发展能力和应用能力三方面构成。基础能力是大学生能力的根基或基点，包含道德能力、学习能力、适应能力。发展能力是大学生可持续发展的能力，在人生的发展过程中，需要大学生不断学习和掌握交流、合作、管理、创新能力，才能更好地成长、成才；应用能力是大学生能力的实践和体现，包含实践能力、就业能力和创业能力。基础能力、发展能力和应用能力三者相互联系、相互推进，是生涯发展的必备能力和素质。它们对大学生成人、成长、成才、成功具有重要作用，也是大学期间大学生能力发展的目标。

道德能力是大学生的立身之本。它是一个人的道德实践能力。它不仅仅是人的行为能力，也是指人的道德认知、道德情感、道德意志在行为上的综合表现。

学习能力是大学生的成长之基。通俗地讲，学习能力就是获取信息和知识、运用知识、创新知识的能力。学习是学生的天职，学习能力的大小不仅影响学生现时学业成绩，而且影响今后事业的成败。可以说，学习能力是人的各种能力中最根本、最基础、最重要、最具有生命力的能力。

适应能力是大学生生存之需，是指人在变化的环境中，不断把自己调整到较好状态，以满足个人与社会要求的程度。大学生的适应能力具有丰富的内涵，它包括认识和把握形势的能力、个人生活自理能力、基本劳动能力、从事某种职业的能力、社会交往能力、用道德约束自己的能力等。

交流能力是大学生沟通之艺。交流是人的基本需要。提高交流能力，是大学生生存和发展的需要，是构建和谐社会的需要，是大学生的必备素质和必备能力。

合作能力是大学生共赢之路。合作是人与人之间相互配合做某事或共同完成某项任务。合作能力就是人的相处共事的能力，它是诸多公司招聘时对应聘者的核心要求，也是个体生存发展的需要。

管理能力是大学生领导之术。管理能力是指通过规划、组织、领导、控制和创新的途径，对人、财、物、时间和信息等资源进行优化配置，使之有序、高效、高质量运转的能力。

创新能力是大学生发展之魂。创新能力是人类行为中价值最高的能力，是对已经积累的知识进行科学的加工和创造，产生新知识、新思想、新概念、新成果和新产品的能力。

实践能力是大学生成才之道。学以致用，实践能力是知识、技能的转化能力。它是用人单位的核心要求，也是大学生自身成长、成才的需要。

就业能力是大学生价值之求。就业能力就是以社会现有岗位的基本需求为内容，在学习过程中形成的职业素质和职业能力。

创业能力是大学生创新之实。创业能力是指一个人对创业机会的识别、评估、捕捉以及应对不确定性环境的能力。

三、大学期间生涯规划的制订

（一）生涯规划的必要性

“凡事预则立，不预则废”。人的一生只有单程票，走过了就不能从头再来。我们对于生活中的一些小事尚且能够认真对待，仔细计划，为何就不能对我们极其重要的一生作出规划呢?

职业生涯规划的生命周期理论将个体的生命周期分成五个职业生涯阶段，成长与探索期、建立期、职业中期、职业后期和衰退期。在职业生涯的不同阶段所规划的内容和重点各不一样，但是这些阶段是连续的、相互影响的。前一阶段的成功与否必然会影响下一阶段。大学期间正处于生涯规划的探索期，这一阶段的主要任务就是了解自我、发展自我、目标决策和生涯规划。大学期间的职业定位是否准确、职业能力是否具备对于大学生未来的职业生涯的顺利发展至关重要。

首先，大学期间做好生涯规划有助于大学生在校期间知识技能和经验的积累，“未雨绸缪”。如果只关注毕业时候的自我包装，不在大学期间积累知识经验，势必在残酷的就业竞争中处于劣势。而重视大学期间的生涯规划有助于给自己准确定位，找准自己的发展目标，寻找差距，并充分利用大学期间的学习机会，积攒知识、技能和经验，为将来的职业发展做好铺垫。

其次，大学期间做好生涯规划有助于大学生实现自己的人生价值。大学生最终必将走向社会，职业角色是他们的安身立命之本。他们只有在社会中寻找和争取到与自己的兴趣、能力、性格、价值相吻合的职位，才能充分发挥自己的才华。“人尽其用”，才能充分挖掘和发挥他们的潜能，实现自己的人生价值。

（二）生涯规划的步骤与方法

1. 生涯规划的步骤

（1）自我评估，准确定位。生涯规划的首要前提就是要知己，即尽可能地实现自我认识。之所以说是尽可能，是因为实现完全准确的自我认识是一个相对困难的过程。只有建立在自我了解和认识的基础上，才能做好与自身条件匹配的职业定位。

自我评估可以从两个方面出发。一个方面是从自我的经历中去达成对自我的认识和了解。在自己的经历当中，自己做了什么？哪些方面做得不错？哪些方面做得不够？周围人是如何评价自己的？自己喜欢做什么？不喜欢做什么？通过对这些问题的回答，了解自己的诸多方面。另一方面是通过心理测评对自己进行评估。心理测量学发展到现在，能对个体的能力、兴趣、性格、气质、偏好等诸多方面进行测评。大学生可以利用心理健康教育中心提供的条件和资源，接受心理测评，接受心理辅导老师的职业生涯辅导，对自己有个更为客观全面的了解和认识，从而准确定位自己。

（2）环境分析，发掘机会。环境分析就是一个“知彼”的过程。生涯规划离不开职业世界，离不开社会大环境。社会发展影响着行业的发展、职业机会的提供。因此，生涯规划需要进行环境分析，从宏观的社会环境到微观的职业环境，从各行各业到具体行业，都要做一些调研，从而发掘适合自己的发展机会。

（3）确立目标，规划在先。在“知己知彼”的基础上，就要确立目标。确立目标的过程需要充分考虑自身条件和环境条件。一个职业目标的定位，从环境角度上考虑，需要看看行业发展前景，究竟自己的选择是一个朝阳行业还是夕阳行业？职业的性质决定着生活风格，自己是否适合这种行业？从自身角度考虑，选择的职业应该是自己的兴趣所在，能力所长，与自己的个性吻合。只有这样确立出来的目标，才能充分发挥自己的潜能，从而实现自我价值最大化。

（4）未雨绸缪，铺垫未来。生涯规划的最后一个步骤就是为目标铺垫，作出规划，贯彻实施。将自己确立的职业发展目标进行目标分解，分解出长期目标、中期目标和短期目标。细化每一个目标的实现计划，对准差距，制订相应的学习目标，发展计划。在计划实施过程中，能做到坚持贯彻与适时调整相结合，现实条件没有大的变化的情况下，要坚持贯彻执行生涯规划，并经常阶段性地进行反馈和督促。在条件发生变化的情况下，能对规划作出适时、适当的调整。

2. 生涯规划的方法

（1）5W法。5W法指依托归零思考的模式，用自问自答的方式回答涉及自我、目标、能力、条件、计划5个方面的问题，从而为自己的生涯规划理清思路，最终作出生涯规划的方法。

这五个问题分别是：

Who am I?（我是谁？）

What will I do?（我想做什么？）

What can I do?（我会做什么？）

What does the situation allow me to do?（环境支持我做什么？）

What is the plan of my career and life?（我的职业与生活规划是什么？）

第一个问题涉及的是自我评估问题，明确自己的社会角色以及它在整个社会关系网络中的位置，深入了解自己的生理条件、心理条件，在外貌、能力、性格、气质、价值观等诸多方面达成准确的认知。

第二个问题涉及的是目标定位问题。它需要建立在对自我了解的基础上，也需要深入了解社会大环境和职业世界以及自己可以凭借的资源。

第三个问题涉及的是个体的能力条件。需要考虑的主要原则是扬长避短，顺应形势，应选择适合自己的，有发展前景的。

第四个问题涉及的是资源条件问题。生涯规划需要考虑自己可以凭借的资源，充分利用自己现有的资源和条件。

前面四个问题回答完，第五个问题涉及的具体的生涯规划就容易浮现出来了。要将长远目标细化成阶段性目标，注重计划的具体性和可操作性。

（2）SWOT分析法。SWOT分析法又称为态势分析法，它是由美国旧金山大学的管理学教授在20世纪80年代初提出来的，是一种能够较客观而又准确地分析和研究一个企业现实情况的方法，其后SWOT法以其很好的分析模式被广泛用于个人的自我分析之中，辅助生涯规划的制订与实施。

SWOT分析法帮助你分析个人的优点和弱点在哪里，帮助你评估你所感兴趣的职业发展道路的优势条件和威胁所在。SWOT法的分析模型如下：

表6–1 SWOT分析法的分析模型

SWOT分析法		
内部个人因素	strength(优势优点)：你可以控制并利用的内在积极因素。如： 什么是我最优秀的品质？ 我曾经学习过什么？ 我曾经做过什么？ 最成功的经历是什么？ ……	weakness（弱势缺点）：你可控制并努力改善的内在消极因素。如： 我的性格有什么弱点？ 经验或经历上还有什么缺陷？ 最失败的经历是什么？ ……

SWOT分析法		
外部环境因素	opportunity（发展机会）：你不可控制但可利用的外部积极因素。如： 社会环境对你的发展目标的支持 专业发展带来的机会 就业机会增加 ……	threat（阻碍威胁）：你不可以控制但可以弱化的外部消极因素。如： 名校毕业的竞争者 同专业的大学生带来的竞争 ……
自己的竞争力：		
总体鉴定：		

（三）大学期间生涯规划的制订

1. 自我评估的途径与方法

（1）自我的经验评估。自我的经验评估的信息一方面来自于自我过去的经验、体验，另一方面来自于外在评价。个体可以通过上文所述两种渠道评估自己在能力、个性、素质、兴趣、爱好、价值取向等多方面的特点，从而达成对自我的一种认识。

① 你曾经做过什么？即你已有的人生经历和体验，如在学校期间担当的职务，曾经参与或组织过的实践活动，获得过的奖励等。这些可以从侧面反映出一个人的素质状况。在自我分析时，要善于利用过去的经验选择，推断未来的工作方向与机会。

② 你学习过什么？在学校期间，你从学习的专业课程中获得什么？专业也许在未来的工作中并不起多大作用，但在一定程度上决定你的职业方向，因而尽自己最大努力学好专业课程是生涯规划的前提条件之一。同时你要善于从中总结，真正化为自己的智慧。

③ 最成功的经历是什么？你可能做过很多事件，但最成功的是什么？为何成功？是偶然还是必然？通过分析，可以发现自我性格优越的一面，譬如坚强、果断，以此作为个人深层次挖掘的动力之源和魅力闪光点，这也是生涯规划的有力支撑。

④ 你周围的人如何评价你？他们认为你的优点在哪？你自己认可的别人的评价是什么？将别人对你的评价客观分析一下，然后对照自我的评价，形成一个更为客观的认识。

（2）心理测量评估。心理测量评估是指利用心理科学尤其是心理测量学已有的研究成果，通过心理测量的形式，对自己的能力、气质、性格、爱好、价值取向等方面评估，从而达成对自己更为深入而又科学的了解。

常见的与职业相关的心理测量工具有一般能力倾向测验、气质类型测试、职业性格测试（MBTI）、爱德华偏好量表等。

2. 自我评估与职业选择

从事同一职业的不同个体在工作绩效方面存在着差异是一个不争的事实。而不同的职业对从业个体有不同的素质要求也是一个不争的事实。人岗匹配，即个体素质与岗位特征的匹配，是职业生涯规划理论中重要和庞大的一部分，也是个体在规划自己的职业生涯规划时必须做好的部分。因此，职业选择必须在自我评估的基础上，选择与自己的素质相匹配的职业。

（1）能力评估与职业选择。最有名的是美国劳工部发表于1947年的“一般能力倾向测验”，简称为GATB测验。此测验将个体的职业能力分为9个方面，即言语能力、书写知觉、数理能力、空间判断能力、形状知觉、手指灵巧度、手腕灵巧度、智能、运动协调；然后按照职业所需的能力特长对职业能力倾向归类，个体根据自己的职业能力倾向测评结果，依照职业能力倾向类型与职业的对照表来判定自己适合的职业。具体内容见表6-2。

表6-2　职业能力倾向类型与职业

职业能力倾向类型	职业
智能、言语能力、数理能力	人文系统的专业职业
数理能力、空间判断能力、手腕灵巧度	设计、制图作业及电气职业
运动协调、手指巧度、手腕灵巧度	看视作业、身体性作业的职业
……	……

GATB测验需要到专业的测评机构进行测评。我国的凌文辁和方俐洛两位专家于20世纪90年代研制了《一般能力倾向测验中国城市版》，促进了GATB测验在中国的应用。

（2）气质评估与职业选择。现代心理学把气质理解为人典型的、稳定的心理特点，这些心理特点以同样的方式表现在各种各样活动中的心理活动的动力上，而且不以活动的内容、目的和动机为转移。与其他个性心理特征相比，气质的改变比较困难，所谓“江山易改，本性难移”，说的就是气质。气质具有稳定性的特点。

气质主要表现为人的心理活动的动力方面的特点，是指在人的认识、情感、言语、行动中，心理活动发生时力量的强度、变化的快慢和均衡程度等稳定的动力特征。比如说一个多血质的人，活泼、好动、敏感、反应迅速、喜欢与人交往、注意力容易转移、兴趣容易变换。而一个胆汁质的人则表现出直率、热情、精力旺盛、情绪易于激动、心境变换剧烈的特点。心理学一般将气质分为多血质、胆汁质、抑郁质和黏液质，每一气质都有其特殊的心理特征：

表6-3 各气质类型的心理特征

气质类型	心理特征
多血质	活泼好动；善于交往；容易适应新环境；易接受新事物；兴趣易转移；情绪发生快，但体验不深刻
胆汁质	行为果断，有魄力；精力充沛；与人交往主动性强；直率急躁，情绪难以控制；反应快，但是不灵活，不准确；性情粗犷而不细腻
黏液质	安静稳重，交往适度；善于忍耐，能克制自己；注意力稳定不易转移；情绪慢而微弱，不易外露；反应慢而不灵活
抑郁质	多愁善感，情感体验细腻，即使是微不足道的小事也容易引起情绪波动；动作反应慢但准确；羞涩好静，喜欢独处

就气质而言，没有绝对的好与坏。任何一种气质类型在某一情境下具有积极意义，而放在另外一个情境下就可能具有消极意义。例如，多血质的人情绪丰富，工作能力较强，容易适应新环境，但注意力不稳定，兴趣容易转移。而抑郁质的人感情比较细腻，做事审慎小心，观察力敏锐，善于观察到别人不易察觉的细小事物，但是抑郁质的人工作中的耐受能力差，容易感到疲劳。根据研究发现，气质也不能决定一个人活动的社会价值和成就的动机，气质各异的人都可以成为某一领域的能手或专家。

气质虽然在人的实践活动中不起决定作用，但它对活动的影响是明显的。它不仅影响活动进行的性质，而且影响活动的效率。比如说，要求作出迅速灵活反应的工作对于多血质和胆汁质的人较为合适，而黏液质和抑郁质的人则较难适应。反之，要求持久、细致的工作对黏液质、抑郁质的人较为合适，而多血质、胆汁质的人又较难适应。

在一些特殊职业中（例如飞行员、宇航员、大型动力系统调度员或者是运动员等），个体要经受高度的身心紧张，要求人有极其灵敏的反应，要求人敢于冒险和临危不惧，对人的气质特性提出了特定的要求。在这种情况下，气质的特性影响着一个人是否适合于从事该种职业。因此，在我们选择职业的时候必须考虑到我们的气质类型与职业的适应性。选择得当，则如鱼得水；选择不当，则可能效率低下，甚至无法胜任。

一般来说，各种气质类型的人在从事某些相对应的职业时，都会特别有效率。通常情况下，与四种气质类型相匹配的主要职业有以下一些：

多血质的人适合从事与人打交道、灵活多变、富有挑战性的工作，而不太适合从事单调、细致的工作。适宜从事的行业有外交、公关、记者、律师、管理等。

胆汁质的人适合从事与人交往，工作内容和环境充满变化性的工作，而不太适合从事长期安坐、持久耐心细致的工作。适宜从事的行业有导游、营销、节目主持等。

黏液质的人适合做稳定的、按部就班的、静态的工作，而不太适合从事创新性强的工作。适宜从事的行业有会计、出纳、图书管理员等。

抑郁质的人适合从事安静、细致的工作，不适合从事需求与人交往多、热闹的工作。适宜从事的行业有编辑、化验员等。

（3）性格评估与职业选择。20世纪50年代，美国的凯瑟琳·布里吉斯和伊莎贝拉·迈尔斯，根据荣格的人格学说编制了关于人格类型的测验（MBTI），后流传到世界各地，国内多称作行为风格测验。MBTI测验的用途十分广泛，职业生涯规划应用只是其中之一。

MBTI测验用4个维度8项指标将人们的行为风格分为16种。8项指标简介见图6-1。

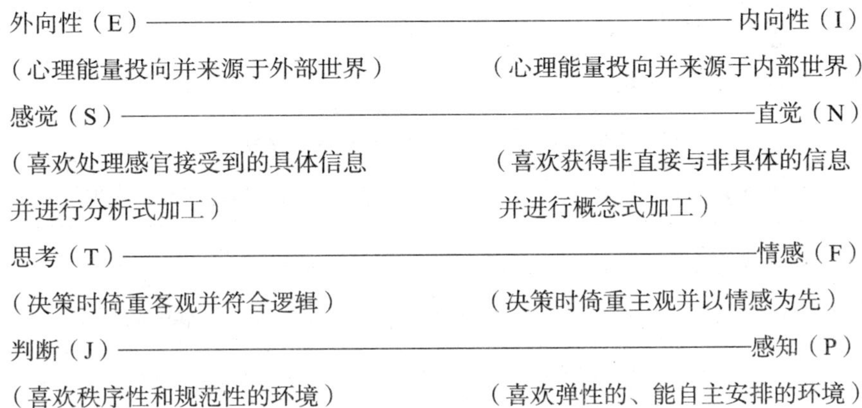

图6-1　MBTI测验中的8个指标

MBTI测验将个体在4个维度上反映出的特征作为个体的行为风格特征，这样就产生了16种类型。如，ENFJ就是外向型的、直觉的、情感的、判断的，INTP就是内向性的、直觉的、思考的、感知的。每种行为风格所适宜从事的职业，见表6-4。

表6-4　行为风格与适宜职业

风格类型	适宜职业
ESTJ	银行职员、经理人员、会计、保险人员等
ESTP	销售人员、警务人员、建筑工人、农夫、审计员等
ESFJ	秘书、教师、推销员、护士、美发师等
ESFP	幼教人员、接待员、运输人员、工程师、保全人员等
ENFP	新闻记者、神职人员、社会工作者、教师等
ENFJ	神职人员、演员、教师、作家、顾问
ENTP	摄影师、业务员、推销员、新闻记者、演艺人员、工程师等
ENTJ	经理人员、律师、业务员、售货员等

（续表6-4）

风格类型	适宜职业
ISTJ	董事长、委员会主席、银行职员、保险业行政人员、会计、簿记员、工程师等
ISTP	军事人员、农夫、机械师、工程师、牙科医生、企划人员等
ISFJ	护士、教师、图书馆管理员、医生、中层经理、秘书等
ISFP	证券公司职员、测量员、机械师、牙医助理、护士、秘书等
INFJ	神职人员、教师、社会工作者、图书馆管理员、科学家等
INFP	精神病医师、编辑人员、新闻记者、教师、社会工作者等
INTJ	律师、科学家、研究人员、企划人员、摄影师、经理人员等
INTP	化学家、作家、艺术家、研究工作者、企划人员、律师、科学家等

MBTI测验通过多年广泛而深入的研究与应用，已涉及团队建设、压力管理、目标设定、领导训练、冲突解决、问题解决、时间管理等诸多组织管理与发展的领域中。

霍兰德职业匹配理论

在人格和职业的关系方面，霍兰德提出了一系列假设：① 在现实的文化中，可以将人的人格分为六种类型：实际型、研究型、艺术型、社会型、企业型与传统型。每一特定类型人格的人，便会对相应职业类型中的工作或学习感兴趣。② 环境也可区分为上述六种类型。③ 人们寻求能充分施展其能力与价值观的职业环境。④ 个人的行为取决于个体的人格和所处的环境特征之间的相互作用。在上述理论假设的基础上，霍兰德提出了人格类型与职业类型模式。不同人格类型的人需要不同的生活或工作环境，例如“实际型”的人需要实际型的环境或职业，因为这种环境或职业才能给予其所需要的机会与奖励，这种情况即称为“和谐”（congruence）。类型与环境不和谐，则该环境或职业无法提供个人的能力与兴趣所需的机会与奖励。霍兰德在其所著的《职业决策》一书中描述了六种人格类型的相应职业。

实际型（realistic）：基本的人格倾向是，喜欢有规则的具体劳动和需要基本操作技能的工作，缺乏社交能力，不适应社会性质的职业。具有这种类型人格的人其典型的职业包括技能性职业（如一般劳工、技工、修理工、农民等）和技术性职业（如制图员、机械装配工等）。

研究型（investigative）：具有聪明、理性、好奇、精确、批评等人格特征，喜欢智力的、抽象的、分析的、独立的定向任务这类研究性质的职业，但缺乏领导才能。其典型的职业包括科学研究人员、教师、工程师等。

艺术型（artistic）：基本的人格倾向是，具有想象、冲动、直觉、无秩序、情绪化、理想化、有创意、不重实际等人格特征。喜欢艺术性质的职业和环境，不善于事务工作。其典型的职业包括艺术方面的（如演员、导演、艺术设计师、雕刻家等）、音乐方面的（如歌唱家、作曲家、乐队指挥等）与文学方面的（如诗人、小说家、剧作家等）的职业。

社会型（social）：具有合作、友善、助人、负责、圆滑、善社交、善言谈、洞察力强等人格特征。喜欢社会交往、关心社会问题、有教导别人的能力。其典型的职业包括教育工作者（如教师、教育行政工作人员）与社会工作者（如咨询人员、公关人员等）。

企业型（enterprising）：具有冒险、野心人格特征。喜欢从事领导及企业性质的职业、独断、自信、精力充沛、善社交等，其典型的职业包括政府官员、企业领导、销售人员等。

传统型（conventional）：具有顺从、谨慎、保守、实际、稳重、有效率等人格特征。喜欢有系统有条理的工作任务，其典型的职业包括秘书、办公室人员、计事员、会计、行政助理、图书馆员、出纳员、打字员、税务员、统计员、交通管理员等。

然而上述的人格类型与职业关系也并非绝对的一一对应。霍兰德在研究中发现，尽管大多数人的人格类型可以主要地划分为某一类型，但个人又有着广泛的适应能力，其人格类型在某种程度上相近于另外两种人格类型，则也能适应另两种职业类型的工作。也就是说，某些类型之间存在着较多的相关性，同时每一类型又有种极为相斥的职业环境类型。霍兰德用一个六边形简明地描述了六种类型之间的关系。

3. 发展目标的确立与实施

在自我评估的基础上，个体对自己的认识逐步清晰。遵循“兴趣所在、能力所长、个性匹配”的原则，个体可以确立自己的职业发展目标并组织实施自己制订的方案。个体职业发展目标可以分为长期目标、中期目标和短期目标，以长期目标为准绳，逐步细化不同发展阶段的目标。

大学期间的生涯规划是服务于长期发展目标的。作为职业发展的预备期，大学期间必定是为将来的职业发展做铺垫的。所以，大学期间的生涯规划应注意与未来发展目标相吻合。比如说，一个专业为会计学的学生，如果长期的发展目标是拥有自己的会计事务所，那么其大学期间的生涯规划必须为未来的发展目标做好铺垫，除了在专业知识和技能方面做好储备之外，还需要为创业提升自己的综合能力。

大学生活的特点决定了在组织实施自己的阶段性目标的过程中，既有个体的特殊性又有共性的部分。一般而言，大一是适应环境进入角色的阶段，大二是完成基本积累并开始考虑选择不同生涯发展通道的阶段（为了铺垫未来的发展目标，究竟是选择就业、考研还是出国等），大三、大四是为大学期间的生涯目标扎实推进，并力争实现目标的阶段。

四、学会时间管理

时间管理学者杰克弗纳对时间管理的定义是：有效地应用时间这种资源，以便有效地达成个人的重要目标。也就是说，一个人要实现自己的目标，时间管理是非常重要的关键因素。生涯规划目标的实现事关人生的成与败，无法从头再来，因此，生涯规划制订者更需要学会时间管理。

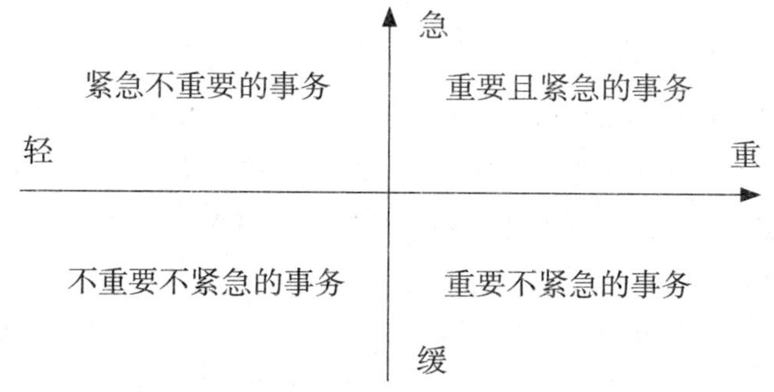

图6–2 时间管理坐标体系

1. 时间管理应注意的问题

（1）做好心理建设。做好心理建设是时间管理的前提，因为人的行为是由意识来支配的。这里的心理建设包括欲望、目标、行动和持之以恒的毅力。有强烈的时间管理的欲望是进行有效时间管理的关键，只有在欲望的驱使下才能制订出有效的目标并为之付出行动，欲望的强化是持续做好时间管理的保障。

（2）改变对时间的态度。俗话说，时间就是金钱。其实时间比金钱更重要，因为有效地管理时间不仅可以带来生活质量的提高，还可以使生命质量提高，它可以帮助我们实现理想、塑造形象、提升自我价值……

（3）设定优先顺序。每个人每天都只有24小时，合理地分配和使用时间，是一个人获取成功的关键。每个人每天都有非常多的事情要做，但根据80/20原理：在日常工作中，有20%的事情可以决定80%的成果。所以，必须将没有头绪的一堆事情根据其紧急和重要程度分为紧急、不紧急以及重要、不重要四大类，然后有重点地处理。

80/20定律

1897年，意大利经济学家帕累托在研究英国人的收入分配问题时发现，大部分财富流向小部分人一边；某一部分人口占总人口的比例，与这一部分人所拥有的财富的份额，具有比较确定的不平衡的数量关系。帕累托的研究结果是：20%的人口享有80%的财富。因此，80/20成了这种不平衡关系的简称。习惯上，80/20讨论的是顶端的80%而非底部的20%。经济学家把这一发现称为“帕累托收入分配定律”，认为是“帕累托最引人注目的贡献之一。”后人对于帕累托的这项发现进行了不同的命名，例如帕累托法则、帕累托定律、80/20定律、二八原理、28法则、最省力的法则、不平衡原则等等。

帕累托“80/20定律”的典型表现是：80%的产出，来自于20%的投入；80%的成绩，归功于20%的努力；80%的结果，归结于20%的起因。它告诉人们这样一个道理，即在投入与产出、努力与收获、原因与结果之间普遍存在着不平衡关系。少的投入，可以获得多的产出；小的努力，可以获得大的成绩；关键的少数，往往是决定整个组织的效率、产出、盈亏和成败的主要因素。这实际上反驳了“一分耕耘一分收获”的道理，强调的是“一分耕耘多分收获”。“80/20定律”同样适用于我们的生活，如一个人应该选择在几件事上追求卓越，而不必强求在每件事上都有好的表现；锁定少数能完成的人生目标，而不必追求所有的机会。

2. 时间管理的技巧

（1）设定目标。生涯规划中既有长远目标，也有中长期目标和短期目标。在时间管理中，目标的设定要具体而又有操作性，一般以短期目标为一个单元，细化到每周、每天需要达成的目标。比如说，为了迎接四级考试，设定在多长时间内背完四级词汇。细化到每天需要背诵的数量。设定目标的一个重要指标就是要具体化和可检验，这样就能评估具体时间内计划的完成情况，从而起到监控作用。

（2）拟定计划。加强做事的计划性是时间管理的前提，否则很多时间会在不经意间流失。“如果你不认真做计划，那么你实际上在计划着失败。”拟定计划书时要考虑实现目标的条件、开始时间、完成时间、如何操作、达到目的。条件因素是实现目标的前提，需要在拟定计划时考虑周到。比如说每天拿出2个小时背诵词汇是否恰当，是否会保证不了其他学科的学习？此外，时间跨度是否恰当？会不会要求太高？具体操作怎么进行？如何评估达到了目的？这些都是在做计划时需要考虑的因素，否则在计划中就容易变形。

（3）实施执行。在实施执行计划中，需要排除无关的干扰而专注于目标。这里包含自我的惰性、他人的邀请、不可控突发事件的发生等。面对这些，首先需要有一定的意志力，要在计划执行中，克服自我的惰性。其次，要学会拒绝，排除他人的干扰。

如果计划遭到突发事件的干扰，我们应当如何处理？这里具体谈谈。如果突发事件影响比较大，那可能需要调整计划甚至放弃计划。这样的情况比较少，常见的是一些小事导致计划的中断，最后放弃，这是不应该的。比如说，大学生经常计划背诵单词，每天背诵多少词汇，于是从首字母为“a”的单词开始，背着背着，因为有事中断了两天。很多同学就放弃计划的执行。后来的哪一天又想计划背诵单词，结果又再一次重复前面的情况。于是乎，前面的一些单词很熟悉，后面的单词一直没有背诵。造成这样一种情况的一个心理成因是每个人都有追求完整的趋向，一旦计划中断，就不愿意继续下去。在这里建议大家“不求完美，但求坚持”。坚持能带来奇迹！让我们来分享一个简单的事实：

“一天背诵20个单词，算不算多？”估计所有的大学生都会说：“不多！”可是，你知道吗？如果每天背诵20个单词，一年你知道能背诵多少单词吗？7300个！7300个的词汇量参加六级考试都绰绰有余了。然而，对一个大二的学生而言，一般都学了10年左右的英语，可是有几个人词汇量到了7300个呢？你可能会说，谁能坚持一年啊？的确，那我们换个思路。

我们常评价那些做事没有恒心的人“三天打鱼，两天晒网”，可是你知道吗？如果你三天背单词、两天休息，接着又是三天背单词、两天休息，也就是说，一年中有五分之二的时间在休息。这样的情况下，一年能背诵多少英语单词呢？4380个！相当于四级考试要求的词汇量。“三天打鱼，两天晒网”几乎是对一个人的恶评，然而，坚持下来依然能看到奇迹，所以说在计划实施中，坚持是最重要的。

（4）反馈总结。计划执行过程中，要阶段性地进行反馈总结，为计划的进一步实施作出指导。该调整的地方就调整，从而能够合理有效地利用时间。

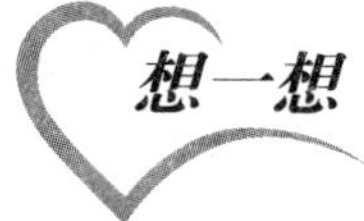

案例1

机会给有准备的人

小刘是中国人民大学中文系的一位毕业生，目前已经到国内一家著名的报社上班。他说进大学以后，没有认为一切就万事大吉了，而是把它当成一个新的挑战，他对第一堂课上老师说的那段话记忆深刻：“你们现在都站在同一起跑线上，但是四年之后你们之间可能将有天壤之别。”大一、大二他狠抓学习，无论是专业还是英语都打下了良好的基础。到了大三，他根据自己的家庭情况和自身条件，决定先工作以后再考研，于是积极地联系单位实习，先后在几家报社、电视台实习，积累了一些实践经验，发表了大量文章，还通过了英语的六级考试和计算机二级考试。因此，在今年找工作的过程中，小刘优势比较明显：既有良好的文化课成绩，又有工作经验，顺利找到了自己满意的工作岗位。而他同宿舍的小田就没有这么顺利了，进大学后，他觉得一下子从高三繁重的学习压力下解脱出来，校园生活是如此多姿多彩，没有父母的约束，经济上又有了一定的自主权，他要尽情享受象牙塔的生活。于是，他对学习只求过关即可，对未来懵懵懂懂，没有明确目标，四年时光转眼即过，由于平时准备不够，考研铩羽而归；找工作时，拿着简历到处寻觅，结果在用人单位那里却屡屡碰壁，让他懊悔不已。

思考：联系小刘的故事，想想自己应该怎样度过大学生活？

案例2

世界著名企业的用人标准

诺基亚：以人为本

诺基亚企业文化的核心是“以人为本”。体现在人才的判断价值上，公司是通过两个方面去实践“以人为本”的——一是硬件系统，包括专业水平，业务水平和技术背景，一般由部门的执行经理来考察；二是软件系统，包括沟通能力、创新能力以及灵活性等，一般由人力资源部门来考察。

摩托罗拉：5个E

第一个E——envision（远见卓识）：对科学技术和公司的前景有所了解，对未来有憧憬；第二个E——energy（活力）：要有创造力，并且灵活地适应各种变化，具有凝聚力，带领团队共同进步；第三个e——execution（行动力）：不能光说不做，要行动迅速、有步骤、有条理、有系统性；第四个e——edge（果断）：有判断力、是非分明、敢于并且作出正确的决定；第五个e——ethics（道德）：品行端正、诚实、值得信任、尊重他人、具有合作精神。

西门子：企业家类型的人物

百年老店西门子被誉为“企业家的摇篮”。事实上，西门子寻找的正是“企业家类型的人物”，他们对未来的“企业家们”的基本要求是：良好的考试成绩、丰富的语言知识、广泛的兴趣、强烈的好奇心、有改进工作的愿望，以及在紧急情况下的冷静沉着和坚忍顽强。

惠普：看推荐人怎么说

惠普既重视你的潜力，更注重你的能力，所以惠普除了一般的招聘程序，还需要求职者提供两个比较了解你的推荐人——可以是客户、同事，也可以是以前的老板。

IBM：高绩效

IBM需要“高绩效”的人才，在IBM的“高绩效”文化中，主要包括以下三个方面：“win”——必胜的决心：“execution”——又快又好的执行能力：“team”——团队精神。

微软：雇佣有潜质的人

比尔·盖茨说：“在我的公司里，我愿意雇佣有潜质的人，而不是那些有经验的人。因为从长远来看，潜质更有价值。如果雇员以加薪或是提升作为条件威胁要辞职，那么即使会造成短期的麻烦局面，我也让他们走，因为不受眼前因素左右的雇佣政策将有利于公司长远的发展。”

宝洁：八项基本原则

宝洁公司对人才重要性是这样理解的：如果你把我们的资金、厂房及品牌留下，把所有的人带走，我们的公司会垮掉；相反，如果你拿走我们的资金、厂房及品牌，留下我们的人，10年内我们将重建一切。宝洁公司对人才素质的要求归结为8个方面：领导能力、诚实正直、能力发展、承担风险、积极创新、解决问题、团结合作、专业技能。需要指出的是这8个方面是并列的，没有顺序先后。“诚实正直”和“专业技能”一样重要。

思考：对照世界著名企业的用人标准，找找差距，寻找自己努力的方向。

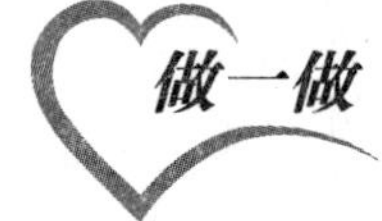

活动1：一场特殊的拍卖

目的：了解自己的需要与价值取向。

时间：约20分钟。

操作：指导语“我手里是黑板擦，但今天它有某种权威——暂时充当拍卖锤。我要拍卖的东西，就是各位同学的大学生涯。大学生时光是人生中最为精彩的部分，每一个人都有权利选择如何度过自己的大学生活。今天举办这个拍卖会，就是想让大家比较清晰地看到自己最想要得到的是什么，预测自己的大学生涯。”

（1）由任课老师担任拍卖师；

（2）每一个学生的大学生涯的时间和精力抵作1000元；

（3）拍卖品：

① 出色的学习成绩；

② 拥有很多知心朋友；

③ 心仪的恋人；

④ 优秀的英语成绩；

⑤ 精湛的专业技能；

⑥ 博览群书；

⑦ 坚韧不拔的毅力、生活的勇气和自信；

⑧ 业余时间打工，攒足一笔不菲的积蓄。

活动2：我的能力倾向评估

目的：了解自己的能力倾向。

时间：课堂上约20分钟。

操作：

下面是职业能力自测问卷，可以进行下测试。

测验试题

第一组	强	弱
1. 善于表达自己的观点	（ ）	（ ）
2. 阅读速度快，并能抓住中心内容	（ ）	（ ）
3. 清楚地向别人解释难懂的概念	（ ）	（ ）
4. 对文章的字、词、段落的理解，分析和综合的能力	（ ）	（ ）
5. 掌握词汇量的程度	（ ）	（ ）
6. 你读书期间的语文成绩	（ ）	（ ）
总计次数	（ ）	（ ）

第二组	强	弱
1. 目测能力（如测量长、宽、高等）	（ ）	（ ）

2. 解应用题的速度 （ ）（ ）
3. 笔算能力 （ ）（ ）
4. 心算能力 （ ）（ ）
5. 使用工具（如计算器、算盘等）的计算能力 （ ）（ ）
6. 你读书期间的数学成绩 （ ）（ ）

总计次数 （ ）（ ）

第三组 强 弱

1. 作图能力 （ ）（ ）
2. 画三维度的立体图形 （ ）（ ）
3. 看几何图形的立体感 （ ）（ ）
4. 想象盒子展开后的平面形状 （ ）（ ）
5. 想象立体物体的能力 （ ）（ ）
6. 玩拼板游戏 （ ）（ ）

总计次数 （ ）（ ）

第四组 强 弱

1. 发现相似图形中的细微差别 （ ）（ ）
2. 识别物体的形状差异 （ ）（ ）
3. 注意到多数人所忽视的物体的细节部分 （ ）（ ）
4. 测验物体的细节 （ ）（ ）
5. 观察图案是否正确 （ ）（ ）
6. 善于改正计算中的错误 （ ）（ ）

总结次数 （ ）（ ）

第五组 强 弱

1. 快而正确地抄写资料（如姓名、日期、电话号码） （ ）（ ）
2. 发现错别字 （ ）（ ）
3. 发现计算错误 （ ）（ ）
4. 发现图表中的细小错误 （ ）（ ）
5. 在图书馆很快地查找编码卡片 （ ）（ ）
6. 持久工作的能力（如较长时间地抄写资料） （ ）（ ）

总计次数 （ ）（ ）

第六组 强 弱

1. 操作机器的能力 （ ）（ ）
2. 玩电子游戏或瞄准打靶 （ ）（ ）

3. 运动中身体的协调和灵活性 （ ）（ ）
4. 打球（如篮球、乒乓球等）的姿势和水平 （ ）（ ）
5. 手指的协调性（如打字、珠算等） （ ）（ ）
6. 身体平衡的能力（如走平衡木等） （ ）（ ）

总计次数 （ ）（ ）

第七组 强 弱

1. 灵巧地使用手工工具（如榔头、锤子等） （ ）（ ）
2. 灵巧地使用很小的工具（如镊子、缝衣针等） （ ）（ ）
3. 弹乐器时手指的灵活度 （ ）（ ）
4. 动手做一件小手工艺品 （ ）（ ）
5. 很快地削水果（如苹果） （ ）（ ）
6. 修理、装配、拆卸、编织、缝补一类活动 （ ）（ ）

总计次数 （ ）（ ）

第八组 强 弱

1. 善于在陌生的场合发表自己的意见 （ ）（ ）
2. 去新场所并结交新朋友 （ ）（ ）
3. 你的口头表达能力 （ ）（ ）
4. 善于与人友好交往并协同工作 （ ）（ ）
5. 善于帮助别人 （ ）（ ）
6. 擅长做别人的思想工作 （ ）（ ）

总计次数 （ ）（ ）

第九组 强 弱

1. 善于组织集体活动 （ ）（ ）
2. 在集体活动或学习中，经常关心他人的情况 （ ）（ ）
3. 在日常生活中能经常动脑筋、出点子 （ ）（ ）
4. 冷静果断地处理突然发生的事情 （ ）（ ）
5. 在工作中，你认为自己的工作能力 （ ）（ ）
6. 善于解决朋友与同事间的矛盾 （ ）（ ）

总计次数 （ ）（ ）

活动3：气质类型测试

目的：了解自己的气质类型。

时间：约20分钟。

操作：让学生根据自己的实际情况，认真作答气质测评量表。

气质测评量表

下面是一些有关态度、观点方面的问题或者生活中的情形的描述，无正确和错误之分。请你仔细阅读每一句话，按照你的实际情形进行回答。

如果你认为很符合自己的情况，请选择A；

如果你认为比较符合你自己的情况，请选择B；

如果你认为介于符合与不符合之间，请选择C；

如果你认为比较不符合你自己的情况，请选择D；

如果你认为完全不符合你自己的情况，请选择E。

1. 做事力求稳妥，一般不做无把握的事。
2. 遇到可气的事就怒不可遏，想把心里的话全说出来才痛快。
3. 宁可一个人干事，不愿很多人在一起。
4. 到一个新环境很快就能适应。
5. 厌恶那些强烈的刺激，如尖叫、噪音、危险、镜头等。
6. 和人争吵时，总是先发制人，喜欢挑衅。
7. 喜欢安静的环境。
8. 善于和人交往。
9. 羡慕那些善于克制自己感情的人。
10. 生活有规律，很少违反作息制度。
11. 在多数情况下情绪是乐观的。
12. 碰到陌生人觉得很约束。
13. 遇到令人气愤的事，能很好地自我克制。
14. 做事总是有旺盛的精力。
15. 遇到问题总是举棋不定，优柔寡断。
16. 在人群中从不觉得约束。
17. 情绪高昂时，觉得干什么都有趣；情绪低落时，又觉得什么都没意思。
18. 当注意力集中于一事物时，别的事很难使我分心。
19. 理解问题中比别人快。
20. 碰到危险情景，常有一种极度恐怖感。
21. 对学习、工作、事业怀有很高的热情。
22. 能够长时间做枯燥、单调的工作。
23. 符合兴趣的事情，干起来劲头十足，否则不想干。
24. 一点小事就能引起情绪波动。

25. 讨厌那种需要耐心、细致的工作。
26. 与人交往不卑不亢。
27. 喜欢参加热烈的活动。
28. 爱看感情细腻、描写人物内心活动的文学作品。
29. 工作学习时间长了，常感到厌倦。
30. 不喜欢长时间谈论一个问题，愿意实际动手干。
31. 宁愿侃侃而谈，不愿窃窃私语。
32. 别人总是说我闷闷不乐。
33. 理解问题常比别人慢些。
34. 疲倦时只要短暂的休息就能精神抖擞，重新投入工作。
35. 心理有话宁愿自己想，不愿说出来。
36. 认准一个目标就希望尽快实现，不达目的，誓不罢休。
37. 学习、工作一段时间后，常比别人更疲倦。
38. 做事有些莽撞，常常不考虑后果。
39. 老师讲授新知识时，总希望他讲得慢些，多重复几遍。
40. 能够很快地忘记那些不愉快的事情。
41. 做作业或完成一件工作比别人花时间多。
42. 喜欢运动量大的剧烈体育运动或参加各种文艺活动。
43. 不能很快地把注意力从一件事转移到另一件事上。
44. 接受一个任务后，就希望把它迅速解决。
45. 认为墨守成规比冒风险强些。
46. 能够同时注意几件事物。
47. 当我烦闷的时候，别人很难使我高兴起来。
48. 爱看情节起伏跌宕、激动人心的小说。
49. 对工作有严谨、始终一贯的态度。
50. 和周围人总是相处不好。
51. 喜欢复习学过的知识，重复做能熟练做的工作。
52. 希望做变化大、花样多的工作。
53. 小时候会背的诗歌，似乎比别人记得清楚。
54. 别人说我“出语伤人”，可我并不觉得这样。
55. 在体育活动中，常因反应慢而落后。
56. 反应敏捷，头脑机智。
57. 喜欢有条理而不甚麻烦的事情。
58. 兴奋的事常使我失眠。

59. 老师讲概念，常常听不懂，但是弄懂了以后很难忘记。

60. 假如工作枯燥无味，马上就会情绪低落。

确定气质类型：

1. 转换分：A为2分；B为1分；C为0分；D为－1分；E为－2分。

2. 如果某类气质得分明显高出其他3种，均高出4分以上，则可定为该类气质；如果该类气质得分超过20分，则为典型型；如果该类得分为10～20分，则为一般型。

3. 两种气质类型得分接近，其差异低于3分，而且又明显高于其他两种，高出4分以上，则可定为则两种气质的混合型。

4. 三种气质得分均高于第四种，而且接近，则为三种气质的混合型。

胆汁质		**多血质**		**黏液质**		**抑郁质**	
题号	得分	题号	得分	题号	得分	题号	得分
2		4		1		3	
6		8		7		5	
6		11		10		12	
14		16		13		15	
17		19		18		20	
21		23		22		24	
27		25		26		28	
31		29		30		32	
36		34		33		35	
38		40		39		37	
42		44		43		41	
48		46		45		47	
50		52		49		51	
54		56		55		53	
58		60		57		59	
总分		总分		总分		总分	

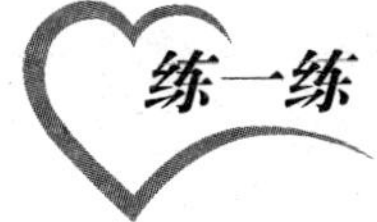

一、什么是生涯规划?

二、生涯规划的步骤与方法?

三、自我评估与职业选择间的关系?

四、请给自己的大学期间做个生涯规划。

第七章

大学生学习心理

人的一生就是不断学习的过程：人类从胚胎期就开始了本能的学习；从襁褓期到进入幼儿园，为了适应社会，父母就开始教导我们要怎样说话、走路，老师就开始教我们识字、基本生活常识等。在大学阶段，学习仍然是生活的中心内容和基本需要，是大学生提高自身素质的重要途径。大学生学习的过程就是获取知识、把握规律、提高技能、培养品质、发展身心的过程。通过学习可以使大学生获得广博的知识、明确社会规范，丰富人生阅历，逐步适应社会的要求，健康成长。

学习作为一种十分复杂的心理过程，它需要智力因素和各种非智力因素共同参与，大学生的心理健康状况和心理发展水平将会对其学习过程和学习效果产生直接影响。然而，人们对于综合素质的关注，冲击着学习的主体地位，大学生学习目标不明确，学习动力不足，学习态度不端正；大学教学方式的变化，也使得一部分学生难以适应，在获得学习自主能动性的同时也产生了茫然，学习方法不当，不会利用学习时间，学习压力过大等问题都困扰着大学生朋友。因此，培养良好的学习心理是大学生心理健康教育的重要内容，对于提高大学生的学习能力具有重要意义。本章将首先介绍大学生的学习特点与心理机制；然后对大学生学习能力的培养及潜能开发进行阐述；最后，提出大学生常见的学习心理障碍及调适方法。

读一读

一、大学生学习特点与心理机制

在传统的教育模式中，我们经常劝诫别人对待学习要“吃得苦中苦，方为人上人”，“宝剑锋从磨砺出，梅花香自苦寒来”、“头悬梁锥刺股”等名言警句也无不在传达着“学习是一件苦差事”的观念。马克·凡多伦说，“教育给了人们追求幸福的最好机会”，积极心理学家泰勒·沙哈尔博士也提出应该学会快乐学习。让学习的过程本身成为一件快乐的事情，是每个学生的责任。要想使学习成为一件快乐的事情，了解大学生学习的特点与心理机制是前提。

（一）学习与大学生心理健康

在大学阶段，大学生会遇到自我发展、职业规划、学习、情绪、人际交往、性与恋爱、压力与挫折应对等各方面的问题，学习仍然是生活的中心内容和基本需要，大学生的心理健康状况和心理发展水平与学习过程和学习效果有很大的关联性。由学习引发的心理问题是困扰大学生的主要问题之一。

1. 大学生学习对心理健康的影响

小夏（某高校土木专业的大二学生）说：“进入大学后，学习仍然是我的主业，也是我所有自信与快乐的源泉。那种畅游在知识海洋里自在遨游的感觉真是太棒了，你不需要再像中学时代那样呆板地学习，你可以自由地发展自己的兴趣，大学的学习真是很棒很快乐的体验。”作为大学生活的重要内容，学习能开发智力，开发潜能；学习能带来满足，创造愉快；学习有助于发展正确的认知方式；学习有助于建立和谐人际关系，发展健康情绪和高级情感；学习还有助于改善意志品质，培养健全人格。

另一方面，学习会带来疲劳和紧张，有可能导致身心不适、损害身心健康、影响学习积极性，导致学习效率降低等。小冬（某高校大四学生）自从进入大学后就为自己制订了大学时期的学习规划，最终目标希望能够以优异成绩完成学业的同时，考取自己梦想中的名校读研。为了这个目标，她几乎没有参加任何社团和社会活动，没有知心的朋友，每天都是三点一线地紧张生活。考研前夕，小冬因为身心疲惫住进了医院。

大学生如果能够具备正确的学习动机，养成科学健康的学习习惯，掌握良好有效的学习方法，就能够更加充实有效地度过大学生活，从而有助于健康心理素质的形成。

2. 心理健康对大学生学习的影响

学习作为一种十分复杂的心理过程，需要智力因素和各种非智力因素共同参与，大学生的心理健康状况和心理发展水平将会对其学习过程和学习效果产生直接影响。同时入学的大部分学生，在智力因素方面的差距应该不大，对于他们来说，影响学习的因素更大的是非智力因素，如学习动机、态度、情绪情感、意志和个性等，这是影响大学生学习的重要因素。小秋是一个大家公认的智商很高的学生，高中毕业后考入了一所重点本科院校，父母和老师都津津乐道、引以为荣，然而大一上学期的期末考试成绩一出来，小秋所有成绩都徘徊在及格线的边缘，连小秋自己都不敢相信这是自己的成绩。原来，小秋是一个特别管不住自己的孩子，中学时代的学习都是在父母和老师搀扶监督下进行的，大学里宽松的学习环境让意志薄弱的小秋摔了大大的一跤。

良好的心理健康状况可以激发积极的学习动机，形成良好的情绪情感，坚定意志，促进积极个性的形成，进而对学习产生促进作用；反之，若心理健康状况不良，甚至有心理疾病，则会不同程度地影响非智力因素，妨碍学习，阻碍大学生潜能的发挥，严重者甚至无法学习。可见，培养良好的学习心理是大学生心理健康教育的重要内容，对于提高大学生的学习能力具有重要意义，了解大学学习的特点也显得尤为必要。

（二）大学生学习的特点

N·贝雷研究（1970年）的结果表明：20岁到34岁是人生智力发展的高峰时期，大学生的智力发展达到了一个高峰期，学习动机达到稳定阶段，学习自我评定能力日益增强，记忆力、观察力、思考力、逻辑思维能力与创造性都有很大的发展，学习是大学生的主要任务。大学生学习既有一定的专业性、目的性和探索性，又有深刻的社会意义，表现出广泛的兴趣和各种各样的学习方法。

与中学阶段不同，大学学习有着很强的目的性、自主性与选择性，它不单纯是为了学习而学习，而是为了兴趣而学习，是为了未来而学习，为了成长而学习。大学生学习有其特殊性，主要体现在：

1. 学习的专业性增强

大学生的学习是在确定了基本的专业方向后进行的，因此其学习的职业定向性较为明确，即为将来走上工作岗位，适应社会需要所进行的学习；专业与学科群的划分也将大学学习与未来职业生涯紧密联系在一起。单从高校的命名这一点上就可以看出大学的专业性特点，比如“工业大学”、“农业大学”、“林业大学”、“师范大学”……从院系的命名上来看专业性就更强了，比如“中文系”、“数学系”、“哲学系”……系里面还有更细的专业划分。例如，就电子信息工程专业的学生来说，他们的基本培养目标是：培养具备电子技术和信息系统的基础知识，能从事各类电子设备和信息系统的研究、设计、制造、应用和开发的高等工程技术人才，因此，这一专业的设置不再是数学、语文、物理和化学等基础学科，而是让学生学习信号的获取与处理、电厂设备信息系统等方面的专业知识，使其受到电子与信息工程实践的基本训练。

2. 学习的自主性增大

很多大学生都会有这样的感受：教室很大，上课的同学很多，下课后老师就很难见到；没有人组织复习，要自己找教室上自习；学习什么，多长时间由自己决定，大学里真的很自由，可慢慢又开始感到有些迷茫……

大学生学习的自主能动性表现在两个主要方面：第一，大学生对学习内容有较大的选择性，特别是随着高等教育改革的深化，大学的课程安排更加科学合理，除了公共必修课和基础课之外，大学生对于学校所开设的选修课，可以根据自己的需要、兴趣、特长等有取舍选择的自主权。第二，大学生有很多自由时间需要自己学会统筹安排。一般大学生除上课外，有大量的时间可用于自由支配。在自由支配时间内，大学生要阅读各种参考书和文献，扩大并补充在课堂上所学的知识，或听自己喜欢的选修课等。

3. 学习形式的多样性

大学开放式的教学为学生提供了多种多样的成功之路，课堂教学虽然还是大学生学习的主要途径，但已不像中学生那样几乎是唯一的途径了，大学学习已不再是单纯的教与学、讲与背、堆积如山的课后作业了，大学教师通过开展各种形式的讲授，充分调动学生学习的积极性和主动性，如课堂讨论、精彩的辩论赛、写论文、做实验等各种方式的活动等大学并不鲜见。考试也逐渐向口试、论文、开卷、实践操作等方向过渡。除了校内查资料、协助教师科研工作、听各种学术讲座和报告、参加学生会工作等学习形式外，走出校门的社会调查及咨询服务等，也都是大学生学习的重要途径。

4. 学习的创造性增强

大学生要注重独立思考能力的培养和探索创造精神的形成，大学生对书本上的知识、理念可以争鸣、批评、纳新、创造、融会贯通，更需要有独立的见解。大学生的学习具有研究和探索的性质，这不仅表现在他们完成毕业论文(设计)，参加学术报告会、讨论会和学会活动方面，还表现在所学课程上。有的大学生还有机会参与教师的科研项目，或独自进行一些科研活动，创造性能够得到充分的发挥。

（三）大学生学习的心理机制

1. 学习的过程

学习是一个过程。对人来说，学习是一个很复杂的过程。由于它的复杂性，人们曾从多方面进行过分析。学习是如何发生的，如何进行的，它的结构是什么，历来人们从不同的观点和角度对此进行分析。

儒家学说就曾把学习划分为若干个阶段，孔子把学习过程是分为7个阶段：立志、博学、审问、慎思、明辨、时习、笃行。

19世纪德国心理学家和教育家赫尔巴特把学习划分为连续进行的4个步骤：明了、联想、系统和方法。实际上，这就是学习的4个阶段。这几个步骤后来被美国赫尔巴特派发展为5个步骤：准备、提示、比较、概括和应用5个步骤。

加涅认为一个学习过程就是一个信息流程，他把学习过程区分为8个有机联系的阶段，并认为学习过程的阶段上，其相应的心理状态不是自发的，而是在教学环境影响下出现的。加涅关于学习过程的8个阶段是：动机阶段（期待）、领会阶段（注意选择性知觉）、获得阶段（编码）、保持阶段（储存）、回忆阶段（检索）、概括阶段（迁移）、动作阶段（反应）和反馈阶段（强化）。

大学生了解有关学习阶段的相关理论，能够增强学习动机、提高学习效率。

2. 影响学习的心理因素

影响学习的心理因素主要包括智力和非智力因素，对学习活动起着启动、导向、维持和强化的作用。智力因素包括观察力、注意力、记忆力、想象力和思维力等，是学习的必要条件，智力水平的高低直接影响学习的效率和质量。大学生正值智力发展的高峰期，要充分发展自己的智力。

心理学研究表明：影响大学生学业成绩的主要因素是学业中的非智力因素。非智力因素是指智力以外的心理因素、环境因素和生理因素。学习中的非智力因素主要是指动机、兴趣、意志、情感、态度、个性等，在学习中起动力、导向、调控的作用，是学习的充分条件。

（1）情感与学习。我国著名的教育家孔子将学习分为三个不同层次的认识——知之者不如好之者，好之者不如乐之者。三个层次呈递进状态，乐学是最高层次的学习热情。心理学的有关研究表明，人们回忆那些愉快的经历较之回忆那些痛苦的经历要容易得多，也深刻得多。一般说来，一个在学业上取得较大成就的学生，与他对学习活动的满腔热情是分不开的。

（2）意志与学习。对于意志在学习中的作用，古今中外的学者都有深刻认识。荀子提出，“骐骥一跃，不能十步；驽马十驾，功在不舍；锲而舍之，朽木不折，锲而不舍，金石可镂”；苏轼也说，“古之成大事者，不惟有超世之才，亦必有坚忍不拔之志”。陶行知先生将育才学校的创业宗旨总结为十句话：“一个大脑，二只壮手，三圈连环，四把钥匙，五路探讨，六组学习，七体创造，八位顾问，九九难关，十必克服。”有人对大学生的学习曾有这样的描述：大学生差别最小的是智力，差别最大的是毅力。因此，意志在大学生的学习中起着重要作用。

学习是一项艰苦的脑力劳动。要使学习活动坚持下去并取得较好的效果，就必须有复杂而又坚强的意志参与。人是自己意志的创造者，大学生应有意识地培养和锻炼自己的意志。

（3）态度与学习。学习态度是指学生在学习情境中表现出来的比较稳定的心理倾向。大学生的学习态度直接影响其学习行为和学习成绩。教师的讲课、教师的人格魅力与教学水平直接影响学生的学习兴趣，很多情况下，学生会有意或无意地吸取或模仿教师的某些行为，把教师作为自己心目中的楷模，学习会产生积极的态度，否则会产生消极态度。教学过程中所涉及的学科内容、组织方式、授课艺术和讲课策略也会影响到学生的学习态度，如有的学生对专业不感兴趣，会直接影响其课程学习。许多研究表明：以不同教学形式与各种课堂活动情境下呈现出严谨而不失趣味的教学内容，易使学生产生积极的学习体验，从而形成或改变其学习态度；而消极的学习态度，往往伴随着枯燥的学习内容、呆板的教学形式和沉闷的课堂情境。

二、大学生学习能力的培养及潜能开发

埃加·富尔说，未来的文盲就是那些没有学会怎样学习的人，未来的文盲不再是不识字的人，而是没有学会怎样学习的人。

在大学生中经常会发现这样的现象：有的大学生看上去很爱学习，非常刻苦勤奋，可是考试成绩总是不理想；而有的同学没有天天在教室图书馆里学习，参加了不少社团组织，整天忙得不可开交，可是每次考试成绩都很好。这一现象充分体现了大学生学习方法、学习策略以及学习效率的差异对学习成绩的影响，因而培养学习能力，最大限度地开发自己的潜能应该是大学生学习生活中的重要议题。

（一）掌握科学的学习方法

大学生要圆满完成学业，就必须在大学阶段探索出一套既适应大学学习要求又符合自身实际的科学的学习方法，养成良好的学习习惯和学习品质。

1. 制订具体、现实、富有挑战的目标

有人做过这样一个实验：把一群跳高超过1米的同学，随机分为两组进行训练，告诉第一组一定要跳过1.5米，告诉第二组尽量跳得高一点。训练的结果是：第一组的成绩好于第二组。这个实验说明，光有跳高的愿望还不够，必须有明确的、具体的目标，才更能激发人的斗志。

2. 制订可行的学习计划

凡事预则立，不预则废。中国还有句老话，“吃不穷，穿不穷，计划不周就会穷”，大学生的学习生活也要有一定的计划性。为了高效地完成学习任务，学习者应该规划好自己的学习生活，并按照切实可行的计划逐步实施。制订切实可行的学习计划，不仅有助于

学习者对学习进行统筹安排，以节约时间和精力、提高学习效率，而且可以使学习者将日常学习变成习惯，使学习更为主动。学习者在制订计划时，应该根据自己的实际情况，做到定时定量、劳逸结合。首先，要尽可能确定每次学习的时间和学习内容，在一段较长时间内作出合理的安排。其次，要注意安排娱乐和休息的时间，避免过度疲劳。另外，因为每个人的学习情况和生活习惯不同，生理、心理特点各异，所以，也不能照搬他人的经验，否则会适得其反。

3. 掌握正确的复习方法

在中学阶段，通常有老师带领我们系统地复习，在大学阶段，很多考试的复习是没有老师带领的，有些同学会感到手忙脚乱，焦虑不安。复习是巩固学习效果的最佳方法，掌握遗忘规律就可以减少遗忘，节省学习时间，使学习取得事半功倍的效果。

（二）学会管理自己的时间

九成大学生不会管理实践

ACCA特许公认会计师公会在上海组织了一个模拟求职训练营，吸引了500多位复旦、交大、同济、上外、财大的应届毕业生。期间，测试了大学生就业前的各项能力，时间观念是其中重要的一项。这道时间管理的测试题是：如果你是一个从事农产品贸易公司的中层管理者，早晨8：30上班，中午休息1小时，下午5：30下班，今天需要处理7件事情：

第一，处理当天紧急事宜，需要1小时；

第二，有谣传公司的产品有质量问题，处理投诉需要2个小时；

第三，和公司总监沟通需要4个小时；

第四，和总经理一起吃工作餐，需要1个小时；

第五，编写下一年度的预算报告，需要2~3天时间；

第六，处理前一天的未处理完毕的事宜，需要1个小时；

第七，下午开会的材料还没有准备好，需要30分钟。

你如何安排自己一天的工作流程?

测试结果显示，九成大学生将一天的工作流程安排到深夜12点，尽管如此，他们还没有处理完一些重要的事情。

从事培训20多年的美国培训师ShiBisset介绍，测试结果说明学生不会分辨事情的重要性，持续工作到深夜12点也没有处理好一些重要的事情，工作效率低下。其实这些事情是无法在24小时内完成的，因此需要根据事情重要性的大小进行取舍，对一些有关联的事情可以合并起来处理。比如说，第一、第二件事情很重要，最好尽快完成；第三和第四件事情可以合并处理，这样还可以节省1小时，工作效率也提高了；第五件事情需要化整为零，每天做一些就可以了，这样就不需要熬夜工作了。为此，ShiBisset说，长期熬夜不仅不利于健康，也会导致人精神涣散，影响工作效率，所以学生们需要从现在起学会管理时间，珍惜每一分钟，合理安排每天日程，提高做事效率。

小刘（某高校大二土木专业学生）大学入学成绩是班里的前几名，他可是个大忙人，因为性格外向，具有很强的社交能力，进入大学之后在参加各种社团组织面试时被各种组织接纳，同时兼任了3个组织的外联部长职务，整天忙忙碌碌，游走于各种会议、活动之中。老师家长都劝他应该多花些精力在学习上，他不以为然，大一上学期期末考试成绩一出，有三门功课亮起了红灯，其他成绩也都徘徊在及格线边缘。

上大学之后，很多同学像小刘一样非常热衷于参加各种活动，虽然这些活动确实可以提高和锻炼自己各方面的能力，但是如果不会合理分配学习和课外活动的时间，可能就会颠倒了专业和副业的关系，影响自己的未来和前途。时间管理对每个人来说，都是一个重要的人生课题。

1. 充分利用高效时段

心理学研究表明，人在一天中的学习效率是不同的，一般人上午的学习效率要高于下午。在高效时段内学习，可以取得较好的学习效果。因此，学习者应当培养良好的学习和生活习惯，形成更多有规律、高效率的学习时段。

2. 选择适宜的时间长度

不同年龄、不同习惯的人注意的持续时间也不同，成年人注意的持续时间为60~90分钟，青少年为50~60分钟。在记忆广度、遗忘数量和记忆保持量上，每个人也都有各自的特点，因此，大学生应该根据自己的身心特征以及任务的特点来确定适宜的时间长度。

3. 科学地利用时间

时间效率专家阿列斯·伯雷说："一天的时间就像大旅行箱一样，只要知道装东西的方法，就可以装两箱之多的物品。开始不要把东西扔到箱子的正中间，而是不留缝隙地往4个角和箱子的边缘填充，最后再向旅行箱的中间填。如果毫不浪费地使用了4个犄角旮旯的时间，你就可以把一天当做两天用了。"这是一个非常好的建议。客观来讲，时间对每个人来说都一样多，但由于人们利用时间的程度不同，因此每个人的收获也就大不一样。大学生应该学会科学地利用时间，使自己的时间在主观上比其他人更长。例如，可以将饭前饭后、等车挤车等看起来零碎、散乱的时间利用来背英语单词，以提高时间的利用率。拿破仑11岁时就养成了身上随时带一本书的习惯，以便随时能够阅读。

心理故事

一位时间管理专家站在那些高智商、高学历的学生面前说："我们来做个小测验。"他拿出一个1加仑的广口瓶放在桌子上，然后，取出一堆拳头大小的石块，仔细地将它们一块块地放进玻璃瓶里，直到石块高出瓶口，再也放不下了。他问道："瓶子满了吗？"所有学生回应道："满了。"时间管理专家反问："真的？"他伸手从桌下拿出一桶砾石，倒了一些进去，并敲击玻璃瓶壁使砾石填满石块的间隙。"现在瓶子满了吗？"他第二次问道。这一次，学生有些明白了。"可能还没有。"一位学生回答。"很好！"专家说。他伸手从桌下拿出一桶沙子，开始慢慢倒进玻璃瓶。沙子填满了石块和砾石之间所有间隙。他又一次问学生："瓶子满了吗？""没满！"学生们大声说。他再一次说："很好！"然后他拿过一壶水倒进玻璃瓶直到水面与瓶口齐平。他抬头看着学生，问道："这个例子说明什么？"一个心急的学生举手发言："它告诉我们，无论你的时间表多么紧凑，如果你确实努力，你可以做更多的事！""不！"时间管理专家说，"那不是它真正的意思。这个例子告诉我们：如果你不是先放大石块，那你就再也不能把它放进瓶子里了。那么，什么是你生命中的大石块呢？与你的爱人共度时光，你的信仰，教育，梦想，或是和我一样，教育指导其他人？切记要先处理这些'大石块'，否则，你一辈子都做不到！"

（三）掌握学习及记忆的心理规律

记忆储存是人脑对经历过的事物的反应，分为三个环节：识记、保持、再现或认识。同样一段材料，有的人过目不忘，有的人则需要一再地记忆，这就是记忆的敏捷性；有的人记东西很快，但粗枝大叶，错漏百出；有的人记忆的材料再难再多，也能记得有根有据，确定无疑，这就是记忆的准确性；有的人能将记忆信息保持很长时间，也有的人则刚记住的事情转眼就忘了，这就是记忆的持久性。一个人记忆力好，表现为记得快、准、牢，并且能在该用的时候顺利提取出来。

知识的保持在学习过程中起十分重要的作用，如果边学边忘，那将一无所得，因而了解遗忘规律对于提高学习效率具有重要意义。德国心理学家艾宾浩斯发现并绘制了遗忘曲线，认为遗忘是先快后慢，掌握遗忘规律能够提高学习效率。

艾宾浩斯遗忘曲线

德国有一位著名的心理学家名叫艾宾浩斯（Hermann Ebbinghaus，1850—1909），他在1885年发表了他的实验报告后，记忆研究就成了心理学中被研究最多的领域之一，而艾宾浩斯正是发现记忆遗忘规律的第一人。输入的信息在经过人的注意过程的学习后，便成为人的短时的记忆，但是如果不经过及时的复习，这些记住过的东西就会遗忘，而经过了及时的复习，这些短时的记忆就会成为人的一种长时的记忆，从而在大脑中保持很长的时间。那么，对于我们来讲，怎样才叫做遗忘呢？所谓遗忘就是我们对于曾经记忆过的东西不能再识别，也不能回忆起来，或者是错误地再认和错误地回忆，这些都是遗忘。艾宾浩斯在做这个实验的时候是拿自己作为测试对象的，他得出了一些关于记忆的结论。他选用了一些根本没有意义的音节，也就是那些不能拼出单词来的众多字母的组合，比如asww，cfhhj，ijikmb，rfyjbc等等。他经过对自己的测试，得到了一些数据。

时间间隔与记忆量表

时间间隔	记忆量
刚刚记忆完毕	100%
20分钟之后	58.2%
1小时之后	44.2%
8~9个小时后	35.8%
1天后	33.7%
2天后	27.8%
6天后	25.4%
1个月后	21.1%

然后，艾宾浩斯又根据这些点描绘出了一条曲线，这就是非常有名的揭示遗忘规律的曲线：艾宾浩斯遗忘曲线（图7-1）。图中竖轴表示学习中记住的知识数量，横轴表示时间（天数），曲线表示记忆量变化的规律。

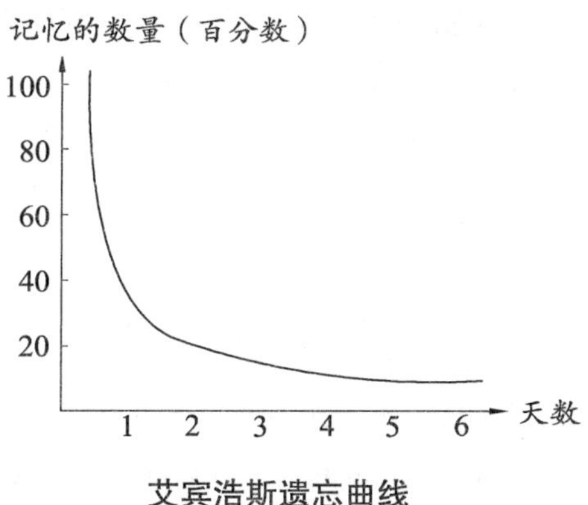

艾宾浩斯遗忘曲线

这条曲线告诉人们在学习中的遗忘是有规律的，遗忘的进程不是均衡的，不是固定的一天忘掉几个，转天又忘几个的，而是在记忆的最初阶段遗忘的速度很快，后来就逐渐减慢了，到了相当长的时候后，几乎就不再遗忘了。这就是遗忘的发展规律，即“先快后慢”的原则。观察这条遗忘曲线，你会发现，学到的知识在一天后，如不抓紧复习，就只剩下原来的25%。随着时间的推移，遗忘的速度减慢，遗忘的数量也就减少。有人做过一个实验，两组学生学习一段课文，甲组在学习后不久进行一次复习，乙组不予复习，一天后甲组保持98%，乙组保持56%；一周后甲组保持83%，乙组保持33%。乙组的遗忘平均值比甲组高。

艾宾浩斯的实验向我们充分证实了一个道理，学习要勤于复习，而且记忆的理解效果越好，遗忘的速度也越慢。

（四）培养自己的创造力

创造力是根据一定目的，运用一切已知的信息，产生出某种新颖、独特、有社会或个人价值的产品的能力，是人类特有的一种综合性本领，是由知识、智力、能力及优良的个性品质等众多因素综合优化构成的，是成功地完成某种创造性活动所必须具备的心理品质。培养创造力应该从不同角度、方面入手：

1. 激发求知欲和好奇心

培养敏锐的观察力和丰富的想象力，特别是创造性想象，以及培养善于进行变革和发现新问题或新关系的能力。

2. 强化创新意识，尝试创造性地解决问题

3. 主动参加实践活动，培养创造性的人格特质

4. 掌握创造力原理，突破思维定势

（五）掌握适合自己的学习策略

学习策略是指学习者为有效地达到学习目标而采取的具体学习过程或学习步骤。学习策略的研究始于1956年布鲁纳等人对人工概念学习的研究，学习策略一直是与“如何学会学习”和“如何学会学习”等密切相关的。对大学生而言，进行专业的学习，掌握一定技能，选择一定的学习策略，对提高学习的效率和学习能力具有重要意义。

MURDER学习策略

MURDER是六种策略的英文单词字母的缩写：M，mood setting or mood maintaining（情绪）；U，understand（理解）；R，recall（回忆）；D，digest（领

会）；E，expand（引申）；R，review（复习）。由丹瑟洛（D.F. Dansereau）于1985年提出。该学习策略系统包含相互联系的两组：一是基本策略系统，主要用于对学习材料进行直接操作，即直接作用于认知加工过程。该组策略主要包括领会与保持策略和提取与应用策略。二是支持策略系统，主要用于确立恰当的学习目标体系，维持适当的学习心态。该组策略主要包括三个方面：计划与时间安排策略、专心管理策略、监控与诊断策略。可以看到，基本策略与支持策略是相互联系的，二者协同作用，完成学习活动。

（六）丰富学习途径

从大学生的学习特点可知，大学生学习的途径比以往丰富很多，除了课堂学习外，还要按照大纲完成实验室作业和生产任务，在图书馆或资料室查阅资料，参加或协助教师的科研工作，听各种学术报告和讲座。除了校内的多种学习途径外，走出校门的社会调查及咨询服务等，都是大学生学习的重要途径，应该充分发掘和利用这些学习资源。

三、大学生常见的学习心理困扰及其调适

作为大学生活的主旋律，学习是大学生活的主业，是大学生倾注时间和精力最多的事情，由此产生了很多由于不能正确对待学习引发的心理问题。下面我们来看一下大学生朋友会碰到哪些与学习相关的心理问题，并希望能够从积极心理学的角度寻求解决这些问题的方法，使大学生朋友能够坦然面对自己在学习过程中出现的问题，快乐学习。

如何让学习快乐起来

心理学家曾做过一个实验，证明了学习的积极态度能促进学生再学习中的积极思维，并从中培养学习兴趣。试验中，同学们根据自己的学习情况选择一门不太感兴趣的课程，在每天开始上这门课的内容之前，完成以下两个活动：先是面带微笑，搓着双手，还可哼唱喜欢的歌曲——总之，做出摩拳擦掌、跃跃欲试的样子，而且让自己感觉到这一点。同时，脑子里不断地想：下面的学习内容将是我能够理解的，它的主要内容是什么？将从几方面来讲呢？……结果，这个小小的实验有效地改变了同学们以前的态度，消除了原来的苦恼，使他们从探索知识中体会到乐趣。这个实验十分简单，而且一般只需持续10天至两周便可奏效。

下面让我们来看一下大学生朋友在学习过程中会碰到哪些心理困扰，并探讨一下如何从积极心理学的角度解决困扰。

（一）大学生学习常见的心理困扰

1. 学习适应不良引发心理困扰

个案举例 小林，大一男生

小林高中阶段学习成绩优异，因发挥不佳未进入理想大学，对所上大学无法产生认同，无法适应大学生活，学习成绩不理想，多门功课出现挂科现象，面临退学危险，来到咨询室希望能够得到老师的帮助。

大学生的学习目的、学习内容、学习方式等都有别于中学生，因此，在适应大学学习环境的过程中，可能会出现各种各样的问题。中学到大学，角色地位的改变，也是每个大学生所要面临的，多数大学生在中学都是当地的学习尖子、老师和家长的宠儿、同学和朋友心目中的榜样，进入大学后，原来的优越感不复存在，能否继续保持优势，或者能否接受自己是平凡一员这一事实，都是摆在每个大学生面前的问题，如果不能正确接受和对待现实，采取逃避或否认等防御方式，就会引发心理卫生问题。

学习适应不良主要指大学生不能很好地接受和消化所学内容，学习效果不佳，学习效率低下的状态。此外，还有的大学生不能适应大学的学习方式，体现为不会听课，不会复习，不会制订学习计划，不能掌握科学的学习方法等。诸如此类高中到大学学习上的衔接不良会让大学生产生挫败感，由此引发一系列的心理问题。

2. 学习目标不准确导致心理困惑

心理学家曾经做过这样一个实验：让三组人分别向几十公里以外的三个村子前进，第一组人既不知道要走多远，也不知村子叫什么，只告诉他们跟着向前走就行。他们走了两三千米，就有人开始叫苦了；走到一半的时候，有的人几乎愤怒了，他们抱怨为什么要走这么远，何时才能走到头，有的人甚至坐在路边不愿走了；越往后，他们的情绪就越低落。第二组的人知道村庄的名字和路程有多远，但路边没有里程碑，只能凭经验来估计行程的时间和距离。走到一半的时候，大多数人想知道已经走了多远，比较有经验的人说："大概走了一半的路程。"于是，大家又簇拥着继续向前走。当走到全程的3/4的时候，大家情绪开始低落，觉得疲惫不堪，而路程似乎还很长。当有人说："快到了，快到了！"大家又振作起来，加快了行进的步伐。第三组人不仅知道村子的名字、路程，而且公路旁边每1000米都有一块里程碑，人们边走边看里程碑，每缩短1000米大家便知道离目

的地又近了1000米。行进中他们用歌声和笑声来消除疲劳，情绪一直很高涨，所以很快就到达目的地。

当人们的行动有了明确的目标的时候，能把行动与目标不断加以对照，进而清楚地知道自己的行进速度与目标的距离，人行动的动机就得到了维护和加强，就会自觉地克服一切困难，努力达到目标。

明确、合理的学习目标是大学生学习获得成功的基础，学习目标缺乏科学性极易造成大学生学习的心理问题。然而很多大学生不能制定准确、合理的目标。过于简单的学习目标达不到促进学习的效果，过高的学习目标却会挫伤学习的积极性，引发心理问题。

3. 学习动机不良引发心理问题

清晨，大学校园里，有的学生早早起床开始晨读，有的学生虽已到了上课时间却还在被窝里做着美梦。夜幕降临，有的学生匆匆赶往教室上课或是自习，有的学生却在网络的世界里游玩自在。考试即将到来，有的学生积极备考，有的学生紧张焦虑，精力难以集中。为什么同在大学的环境中，同为大学生中的一员，面对学习任务，每个人的行为表现却是如此不同?

在每种行为的背后，动机起着重要的作用。人们常常认为，学习动机越强，对学习活动越有推动作用，但事实并非完全如此。超过一定强度的学习动机，反而会导致学习效率下降。心理学研究表明，任何任务或活动都有一个“最佳的动机水平”，活动效率在此水平上最高。大学生常见的动机问题主要表现为学习动机不足。

4. 学习压力过大引发焦虑

你有没有过这种体会：在一次重要的考试之前你会心跳加速，手心出汗，思维混乱，记忆的再认和再现能力下降，并频频跑厕所，甚至还会出现胃疼甚至腹泻……这其实是考试焦虑的一种表现，考试焦虑是学习焦虑的一个突出表现。学习焦虑是由于不能达到预期的学习目标或不能克服学习上的困难而产生的紧张、不安、忧虑和恐惧等情绪状态。在当代大学生中，学习焦虑问题普遍存在，尤其是个性敏感、性格急躁的大学生更容易陷入焦虑的情绪中。学习焦虑主要表现为过度紧张，顾虑问题过多，注意力分散，思维迟钝，情绪烦躁等；严重者还伴有头晕、头疼和失眠等症状。长期处于焦虑状态会降低学习效率，影响学习成绩，使大学生产生挫败感和内疚感，进而形成恶性循环，引发心理疾病。

考试焦虑就是学生在考试过程中，事先预料到考试失败及其可能产生的不良后果却又感觉无能为力的一种痛苦的心理体验，或者说是处于无助状态下，难以采取有效方法去适应考试活动而产生的一种情绪体验。考试焦虑是当前大学生较为普遍的心理问题之一。据调查，大约有15%的学生对考试存在不同程度的焦虑。适度的焦虑对于调动和发挥学生的潜能，积极地投入复习和考试是一件好事，但是过度的焦虑就会起反作用。

个案举例 张某，男，20岁，大二学生

张某，自从进入大学之后学习成绩一直很优秀，在一次考试前得了急性肠炎，结果成绩不理想。此后，他每次走进考场就会心跳加速，呼吸急促，脑子里不知该想什么。心里越急脑子越不听使唤，以致思维无法正常进行；走出考场后则一切恢复正常，然而为时已晚。

耶克斯—多德森定律(The Yerks–Dobson Law)

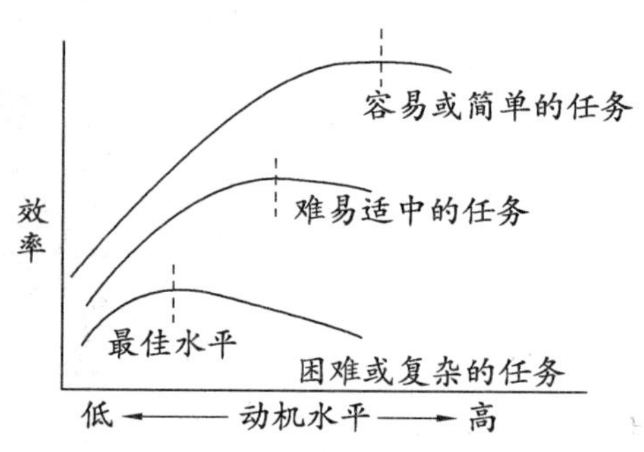

图7–2 耶克斯—多德森定律

耶克斯—多德森定律又称“倒U曲线”，心理学家耶克斯和多德森（Yerkes & Dodson，1908）的研究表明，各种活动都存在一个最佳的动机水平。动机不足或过分强烈，都会使工作效率下降。研究还发现，动机的最佳水平随任务性质的不同而不同。在比较容易的任务中，工作效率随动机的提高而上升；随着任务难度的增加，动机最佳水平有逐渐下降的趋势。也就是说，在难度较大的任务中，较低的动机水平有利于任务的完成。这就是著名的耶克斯—多德森定律。中等强度的动机最有利于任务的完成。也就是说，动机强度处于中等水平时，工作效率最高，一旦动机强度超过了这个水平，对行为反而会产生一定的阻碍作用。如学习的动机太强、急于求成，会产生焦虑和紧张情绪，干扰记忆和思维活动的顺利进行，使学习效率降低。考试中的“怯场”现象主要是由动机过强造成的。

在考场中应如何运用耶克斯—多德森定律呢？首先，要认识到在考场中出现了适度的紧张是好事，而不是坏事，它有利于我们保持高度的注意力，更好地完成考试。其次，感到过于紧张时，可以选择一些简单的题先做，在自己情绪平静时，再选择高难度的题。大

脑在这种有张有弛的节奏中，无论是对高难度的题还是简单的题都会有较高的正确率。

（二）大学生常见心理问题的调适

1. 学习适应不良的自我调适

（1）成功地完成角色转变。大学生首先要认识到大学阶段角色的特点及变化，在思维和行为方式上迅速作出调整，按照新角色的社会期望和规范提高和完善自己。

（2）应该纠正错误的归因，学会正确地评价自己。在进行自我评价时，应该打破中学时代的单一评价模式，正确看待学习成绩，注重素质的全面发展。

（3）学会积极地接纳自己。心理学研究表明，个体对自我的认识和评价越接近现实，社会适应能力也就越强；反之，则容易产生焦虑、不安等心理问题。一个人只有客观地评价自己，才能在客观环境中寻找适合自己的位置，从而更好地适应环境。

2. 树立准确的适合自己的学习目标

前微软全球副总裁李开复说："给自己设定目标是十分重要的，目标设定过高固然不切实际，但是目标千万不可定得太低。"讲的就是应该设定合理准确的目标。一个人只有确立自己的理想和目标，并为实现该理想和目标而不懈努力，他的生活才会更加充实和有意义。因此，大学生在学习和生活中要根据社会发展的要求和自我成长的需要，为自己制定一个长期的目标，并为实现这一长期目标而制订出相应的短期计划。对于目标的制定，有些研究者提出了SMART原则。具体来说，目标要具体明确（specific），能够衡量（achievable），相互关联（relevant），设定期限（time-bound）。

3. 树立正确的学习动机

（1）培养专业兴趣。皮亚杰说过，"所有智力方面的工作都依赖兴趣"；爱因斯坦也说过，"兴趣是最好的老师"。兴趣给人以力量，让人保持良好的心理状态，将有志者带入成功的天堂。但是很多大学生对自己的专业并不感兴趣，找不到自己的兴趣点。大学生学习动力不足，主要的原因就在于学习兴趣的丧失。其实，心理学研究表明，兴趣不但可以培养，专业兴趣也能够培养和激发。为了培养专业兴趣，应该做到以下几个方面：第一，明确学习目的，把专业学习与社会发展需要联系起来；第二，了解学科的发展史和前沿科学知识，激发学习兴趣；第三，学以致用，对学习结果进行正确的总结和评价；第四，培养良好的兴趣品质，巩固专业兴趣。世界上不少著名的成功者的兴趣都是经过转移和调整的。马克思原先爱好的是诗歌，歌德原来喜欢的是美术，发明电报的莫尔斯原来是个画家。由此可见，我们完全可以将自己的兴趣转移到专业学习上来。

（2）合理制定目标。告别中学进入大学，每一位大学生都面临着学习目标的重新定位，目标不明、目标过高、目标过低、目标过多都容易导致大学生出现学习目标的暂时性迷失。因此，大学生应该制定合理的符合自身实际的学习目标，目标既不能太高也不能太低，否则就失去了意义。

（3）制订具体的学习计划。在合理的目标的指引下，制订切合自身实际的学习计划，重在执行，不能放松。

4. 考试焦虑的自我调适

有一次，世界著名小提琴家欧利·布尔在巴黎举行演奏会。演奏中，他小提琴上的A弦突然断了！可是，欧利·布尔泰然自若地用另外三根弦演奏完了那支曲子。因此，有人说："这就是生活！如果你的A弦断了，就在其他三根弦上把曲子演奏完。"在我们看来，没有比演出中断了琴弦更让人紧张、焦虑的了，然而，欧利·布尔并没有焦虑，因为他在关键时刻扬起了闪光的智慧宝剑，于是焦虑被吓退、被融化、被斩断。所以在面对压力和焦虑时，应该学会分析焦虑——寻求对策——采取行动。

考试焦虑对大学生的学习活动影响较大，需要有目的、有计划、有意识地培养大学生正确的考试态度和学习动机，从而排解考试焦虑心理，具体说来，缓解考试焦虑的方法有：

（1）树立正确的学习观与就业观。要改变对考试的不合理认知，应认识到考试只是衡量学习好坏的手段之一，要正确对待考试结果，不以一次成败论英雄；过于担心、焦虑不仅于事无补，而且还会影响水平的正常发挥。

（2）掌握必要的放松技巧。放松有许多方法，我们介绍几种放松的方法：① 以舒服的姿势坐好，保持身体两边的平衡；② 用鼻子深深地、慢慢地吸气，再用嘴巴慢慢地吐出来；③ 想象身体各部位的放松，放松的顺序为脚、双腿、背部、颈、手心，也可想象放松，可以放轻音乐，自己想象在轻柔的海滩上，暖暖的阳光照在身上，赤脚走在海滩上，海风轻轻吹拂，听海浪拍打海岸，将头脑倒空，达到放松的目的。

（3）正确评价自我，确立适合自己的学习目标。要正确评价自我，确立恰当的学业期望，培养自信心。要有充分的复习准备：80%的人考试焦虑是由复习准备不充分引起的，因此牢固掌握知识是克服考试焦虑的根本途径。

（4）正确看待挫折，培养自信心，减轻学习焦虑。客观地认识自己，提高心理素质，增强自我心理调整能力，提高考试技巧，有效地化解外来压力，发挥出应有的水平。

摆脱考试焦虑的几个意象技术

睡前静心15分钟。

由气入心法。盘腿或端坐，脚杆挺直，双手平放在腿上，眼睛略朝下看或看鼻尖，做腹式呼吸，专注在呼吸上：呼气，吐气；呼气，吐气……养成习惯后，当开始调气的时候，心自然会随着身体平静下来。

由心入身法。观想。观想自己是一片万里无云的晴空，所有的观念就像飘过的云彩，然后让它们全部散去，恢复万里晴空。如果是晚上，就观想乌云全部散

去，露出皎洁的明月，在明月的照抚下入眠。

扫描仪法。当我们呼吸调整得很顺畅时，可以去感受从头顶到脚趾，每一个部位依次地放松，去感受身体每个部位的状态，像扫描仪一样慢慢扫描下来。

观想不倒翁。当我们心烦意乱的时候，想象在你心脏的位置上有一个不倒翁，左右摇摆，观想它，直至停下来，看到不倒翁上面写着“方寸不乱。”

观想瀑布。想象瀑布。想象自己走进瀑布里面。让水流遍你的身体，享受它。充满能量的水流从头顶流到脚趾，流经身体的每一部分。让水流触碰你的焦虑并安抚它们。让疲倦的感觉被水流带走。水可以治愈你，让你充满能量。

想象胃是一个广场。我们的神经系统和消化系统有着紧密的联系。当我们紧张、焦虑、不安的时候，我们的消化系统，尤其是胃会产生不适反应。当我们焦虑的时候，全身放松后，将注意力集中在胃上，想象胃是一个广场，有一个声音对广场喊“放松，安静”，不断重复，两分钟后自然焦虑解除。

想象全身由3个气囊组成：下肢1个，上身1个，头部1个。下肢的开关在脚心，上身的开关在心口，头部的开关在头顶。平躺下来，从身体的下部依次向上部放松，想象打开脚心的开关，双脚和双腿，臀部渐渐瘪下去；想象打开心口的开关，胸部和腹部，肩膀，渐渐地向下瘪。想象打开头顶的开关，整个头部渐渐地瘪下去。做这样的想象，我们的身心都会安静下来。

想一想

案例1

一位大学生在写给心理咨询中心的信中说：“进入大学至今，我感到自己仍未进入良好的学习状态，完全没有了高三时的学习劲头。那时的我有一个明确的学习目标——考大学。为了能考上大学，我夜以继日地埋头学习，别的什么事都顾不上想。自己就好像是一台学习机器，老师是机器的操控者，只要按照老师的要求完成作业就行。进入大学后，学习情况发生了很大的变化，老师不再具体操控，考试也少了。面对新的情况，我真的有些不适应，心情也很复杂。没有了考试，会感到自由和轻松，但这种轻松是要付出代价的，大学的学习并非想象中那么简单，许多内容需要自学。上学期我的成绩就不理想，我们当中还有一些同学甚至多门考试都未通过。我很困惑，是否还应像中学那样天天学习、刻苦学习呢？”

“再过三天就要进行英语四级考试了，我这两天感觉寝食不安，虽然这一学期我一直在为英语四级积极备战，但还是感到紧张，白天吃饭没有胃口，晚上辗转反侧不能入睡，手里捧着英语书，却根本看不进去。这已经是我第三次参加英语四级考试了，上两次分别得了52分和56分。我该怎么办呢？”

思考：上述这位大学生朋友的问题你遇到过吗？如果遇到类似的问题你将如何进行调适？

案例2

小吴是某重点大学社会科学系学生，上大学前，她在某市重点中学读书，父亲是公务员，母亲是县里的小学教师，有一个妹妹和母亲住在一起。她在市里读书，和父亲生活在一起，假期回县里与母亲、妹妹团聚。上高中时父亲因病去世，她自己还在市里的住所坚持读书。她自幼学习上进，记忆力好，深受老师的器重。小吴对数学不感兴趣，但在考试中也能得到80多分的成绩。每逢市里的一些学科竞赛，老师都会选她去参加，但她对竞赛性的考试很反感，觉得这增加了她的学习负担。每次竞赛考试之前，老师都要对她个别辅导，并布置很多作业，她经常要学习到深夜。参加学科竞赛虽然对她的学习有所促进，但也带给她很大的精神压力。老师生怕她竞赛考试失利，对该科的学习抓得很紧，使她比其他同学的压力更重了。考大学时，她不想继续学习数学，就报考了社会科学系，但是这个专业还是要学习数学和统计，而且难度不小。第一学期的教学进度很快，每一堂课讲的内容都很多，学起来非常吃力，第一次期末考试她就有课程不及格，心理负担很重。第二学期开始后，小吴一看书就精神紧张，晚上难以入睡，白天学习效果也不佳，疲劳乏力。期末考试来临之前，她更加紧张焦虑，无法集中注意力学习，想逃避考试。

思考：你有过考试焦虑吗？应该如何正确面对和缓解考试焦虑？

做一做

活动1：轻轻松松上考场

目的：运用合理情绪疗法，调节考试焦虑，达到轻松迎考的目的，并通过团体活动，

学习不良学习情绪的自我调整。

准备：对班级同学按照考试焦虑程度进行分组。

时间：45分钟。

操作：

（1）指导者介绍合理情绪疗法的理论与操作程序。

（2）引导团体成员进行合理的自我分析：① 列举一个诱发自己（或他人）产生考试焦虑的事件A；② 列出对该诱发事件A的理解、看法和观点B；③ 列出在该诱发事件A面前，自己所表现出来的情绪及行为反应C；④ 写出与不合理信念B的逐条辩论D；⑤ 写出改变对事件A的看法B后，对事件A产生的新的情绪及行为反应E。

（3）分成3人一个小组，进行小组交流。每个同学将自己对“考试的合理自我分析”内容在小组中交流，小组其他成员对B、D、E内容进行补充，使自己的分析更加合理完善。

（4）小组代表发言。每组介绍一个“考试的合理自我分析”案例，全体成员分享。

活动2：我的学习动机

目的：帮助学生明确自己的学习动机，激发学生有效能的学习动机，树立对学习的信心。

准备：全体人员分成若干小组，每组6~8人。

时间：20分钟。

操作：

（1）每个人列出自己学习的理由。

（2）想想这些原因对自己的学习有什么影响？有何积极作用？有何消极作用？

（3）以小组为单位，讨论学习动机，比较自己的学习动机和大家的有什么不同？

（4）以小组为单位，讨论在什么情况下，会产生强烈的学习愿望？小组讨论后，将结果写在黑板上。

活动3：考试焦虑测验表

考试焦虑测试能了解考生的心理现象，下面是考试焦虑测试，您可以通过这个考试焦虑自我测试题了解自己的心理状况。

本测验共32道题，每题4个答案：

A. 很符合；B. 比较符合；C. 不太符合；D. 很不符合。

1. 在重要考试的前几天，我就坐立不安。
2. 临近考试时，我就拉肚子。

3. 一想到考试即将来临，身体就发僵。
4. 在考试前，我总是很苦恼。
5. 在考试前，我感到烦躁，脾气变坏。
6. 在紧张的复习期间，我老想着“这次考试考糟了怎么办？”
7. 越临近考试，注意力就越难集中。
8. 一想到马上就要考试，参加任何文娱活动均没兴趣。
9. 在考试前，老是预感到这次考试将要考糟。
10. 在考试前，常做关于考试的梦。
11. 到了考试那天，我就不安起来。
12. 考试铃一响，我的心马上紧张起来。
13. 遇到重要的考试，我的脑子就比平时迟钝。
14. 看到考试题目很多，我会感到很不安。
15. 在考试中，我的手会变得冰凉。
16. 在考试时，我感到十分紧张。
17. 一遇到难题，我就担心自己不及格。
18. 在紧张的考试中，常想些与考试无关的事情，注意力集中不起来。
19. 在考试时，我会紧张得连平时记得滚瓜烂熟的知识也回忆不起来。
20. 在考试时，我会沉浸在空想中，一时忘了自己是在考试。
21. 在考试中，想上厕所的次数比平时多。
22. 考试时，即使不热，我也会浑身出汗。
23. 考试时，我会紧张得手发抖，连写字都很困难。
24. 考试时，经常会看错题目。
25. 进行重要的考试时，头就会痛。
26. 如果发现剩余的时间已来不及做完全部的题，我会急得浑身出汗。
27. 考试过后，发现自己本来会做的题却没答对，我会感到十分沮丧。
28. 有几次重要的考试之后，我都腹泻。
29. 我对考试十分厌烦。
30. 只要考试不记成绩，我就喜欢考试。
31. 考试不应当像现在这样在紧张的状态下进行。
32. 不进行考试，我能学到更多知识。

自我考试焦虑测试评分规则：

A得3分，B得2分，C得1分，D得0分。各题分数相加即是所得总分。

考试焦虑测试答案分析：

总分	焦虑水平
0~24	镇定
25~49	轻度
50~74	中度
75~96	重度

这些题，总分0~24分，心理状态比较稳定、比较好；25~49分是轻度的焦虑；50~74分是中度焦虑；75~96分就是严重的焦虑了。

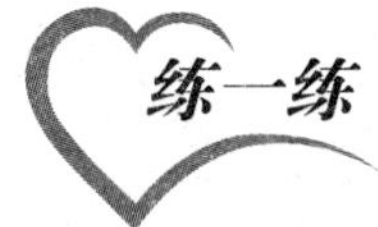

一、与中学生相比，大学生的学习有哪些特点？

二、影响大学生学习的非智力因素有哪些？

三、大学生如何提高自身的学习能力和创造性思维？

四、大学生常见的心理问题有哪些？试分析如何进行调适？

五、请反思一下自己多年的学习方法，找出其中的优点与不足，并总结出适合自己的科学学习方法。

第八章

大学生情绪管理

不少人都会认为，那些学习成绩很出色的人，肯定要比一般人聪明，他们的智商肯定都是出类拔萃的。但是，某高校对成绩优秀学生所作的一项调查的结果却否定了这种认识，他们通过心理测试的数据分析发现，学习最优秀的大学生和成绩一般的大学生相比较，在智力水平上并没有显著的差异，他们的智力水平多数只属于中等偏上，还有部分学习成绩优秀学生的智商水平属于中等偏下，但是他们却发现，在这些优秀学生的另一个方面，也就是情绪的稳定性方面，要比一般的学生强很多。弗洛伊德精神分析理论和埃里克森的心理社会发展阶段理论中，也都强调了情绪在人格形成和发展中的核心作用。

毋庸置疑，对于一名大学生而言，深入了解自我的情绪特点，深刻领会情绪对于个人发展的重要影响，掌握管理情绪的方法，提高自我的情商指数显得尤为重要。本章我们将介绍与情绪相关的内容，下面就让我们共同走近情绪、了解情绪、驾驭情绪。

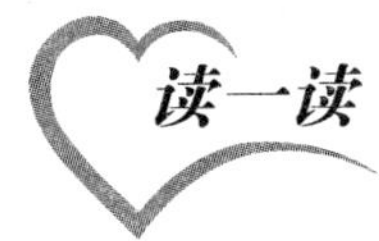

读一读

一、情绪ABC

谈到情绪，人们自然会联想到喜怒哀乐、悲欢离合。生活中，每个人都会随着心理的活动，表现出不同的心理状态。有时积极，有时消极；有时温和，有时暴躁；有时平静，有时起伏；有时焦虑，有时轻松；有时痛苦，有时幸福……人在清醒时每时每刻都是处于一定的情绪状态之中，情绪时时刻刻伴随在我们生活、学习和人际交往中，并直接影响着我们的生活、学习和身心健康。

（一）什么是情绪

情绪是人对客观事物或情境是否满足自身需要而产生的一种态度体验。从这一定义可以看出，需要是情绪产生的源泉和基础。自身需要得到满足，个体就会产生快乐、欣喜等积极的情绪，相反，个体需要不被满足，愤怒、悲伤等消极的情绪就会随之产生。

由于个体需要的普遍性，情绪的产生也必然具有普遍性，也就是说，不论是受人欢迎的积极情绪，还是令人厌烦的消极情绪，它们的产生都是必然的、不可避免的。

（二）情绪的解析

事实上，不论对研究人员还是普通大众来讲，对于情绪的研究都是一大难题，与诸多其他的心理现象一样，情绪研究至今仍没有一种统一的理论。不过，大多数心理学家都同意情绪是一种复杂的变化模式，包括生理唤醒、主观感觉、认知过程和行为反应4个组成要素，所有这些都是我们对感知到的、具有个人意义的情境的反应。

1. 生理唤醒

生理唤醒是指伴随情绪与情感发生时的生理反应，它涉及一系列生理活动过程，如神经系统、循环系统、内外分泌系统等活动。例如，人在焦虑状态下，会感到呼吸急促、心跳加快等，这就是情绪的生理唤醒。

任何情绪都伴随着一系列的生理变化，这种生理变化使得我们产生独特的情绪体验。20世纪80年代，艾克曼等研究人员让被测试者用面部肌肉来表达愉快、发怒、惊奇、恐惧、悲伤或厌恶等情绪，同时给他们一面镜子以辅助他们确定自己面部表情的模式，要求他们把每一种表情保持10秒钟，并对他们的生理反应情况进行测量。结果表明，各种面部表情的生理反应存在明显差异。保持发怒和恐惧的表情时，被测试者心率都会加快；保持发怒的表情时，被测试者的皮肤温度会上升；保持恐惧的表情时，被测试者的皮肤温度则会下降。

情绪的生理唤醒的一个非常明显的特点就是，它受人的自主神经系统（交感神经和副交感神经）支配，而自主神经系统又不受人的意识所控制。也就是说，不管你愿意还是不愿意，情绪产生时都会伴随着相应的生理反应。根据情绪的生理变化不受意识控制的原理，有人设计制作了测谎仪（多道生理记录仪），以人类说谎时生理上很多微小的变化，综合判断一个人说谎的可能性。

测谎仪

"测谎仪"又称多道心理测试仪，是用来监测人体生理反应的一种仪器。现代科学证实，人在说谎时生理上的确发生着一些变化，有一些肉眼可以观察到，如出现抓耳挠腮、腿脚抖动等一系列不自然的人体动作。还有一些生理变化是不易察觉的，如：呼吸速率和血容量异常，脉搏加快，血压升高，血输出量增加及成分变化，皮下汗腺分泌增加，瞳孔放大等。在审讯中，犯罪嫌疑人可能采取种种手段抗拒审讯，而说谎是他强烈生存愿望和自卫本能的一种最初和最基本的行为表现，又要说谎，又怕谎言被揭穿，心理异常复杂，紧张、恐惧、慌乱等异常心理状态交织在一起，产生沉重的"心理压力"或"应激"反应。而由情绪所引发的这些生理反应由于受神经系统支配，一般不受人的意识控制，测谎员就会根据观察到的心率、血压、呼吸速率以及皮电活性（即汗湿度，在这里就指手指的汗湿度）等指标相对于普通水平的变化，综合判断其说谎的可能性。

2. 主观体验

情绪产生时必然会反映在人的知觉上，反映到人的意识中来，从而形成不同的内心体验。 例如，中午食堂师傅多给你一勺菜，你会很高兴；被别人欺骗愚弄你会很愤怒；亲人离世你会很伤心；一个人独自走在荒凉的小路上时会感到恐惧。正因为情绪有十分独特的主观体验色彩，所以在研究情绪或了解他人感觉的时候，通常会使用自我报告的方法。

3. 认知过程

复杂多样的情绪的产生还离不开认知过程的参与，具体表现在我们如何解释特定的事件或情境对个人的意义，对某一事件及情境的认知和评价在很大程度上决定着情绪的性质及产生与否。正如《哭婆婆、笑婆婆》的故事中所说，一个婆婆不管是晴天还是雨天她都哭，因为她一个女儿是卖伞的，一个女儿是卖布鞋的。下雨时，她哭今天卖鞋的女儿没生意；晴天时，她哭卖伞的女儿没生意，所以人称她为哭婆婆。一天，一位禅师遇到了她，禅师的一番话把她从迷雾中拉了出来，禅师说：下雨时你就想你卖伞的女儿生意好， 晴天时你就想卖鞋的那个女儿生意好，这样不是天天开心吗？于是，她从此变成了笑婆婆。

其实，禅师所做的就是改变了这位老人的认知，才使得她的情绪有了彻底的改变。

4. 外部表现

情绪不仅体现为生理反应和内心体验，也会直接反映到人的外显行为上。情绪的外部表现统称为表情，主要包括面部表情、身段表情和言语表情。面部表情最直接反映着人的情绪状态，人们可以通过个体面部表情的变化，来了解一个人的情绪状态。身段表情也同样反映着一个人的情绪状态。例如，期末考试过后，我们可以通过考生们的坐立不安、手舞足蹈和垂头丧气看出他们此时此刻的情绪状态和心境；言语表情是指言语的声调、节奏和速度等方面的变化。言语除了充当人们沟通思想的重要工具外，还是情绪表达不可或缺的手段，言语的声调、音色、节奏都能表达情绪。例如，播音员在转播球赛时，声音急促、高昂，以表达紧张而兴奋的情绪；而播出领导人逝世的消息时，则语调缓慢、低沉。

二、大学生情绪面面观

（一）大学生的情绪特征

大学时期是个体心理成熟的重要时期，也是情绪丰富多变、相对不稳定的时期。一名大学生这样形容自己的情绪：“当我情绪高涨时，我就像一座喷发的火山，心花怒放，充满了豪情壮志，浑身有使不完的力量和精力，我愿意将我所有的热情和智慧，与我认识的所有人分享；而当我情绪低落时，我又好像是一座冰山，对什么都失去了兴趣，我会感到命运乃至周围所有的人都在和我作对，我是那样的沮丧和无奈，甚至想到过死……”与其他群体相比，大学生有其明显的情绪特征。

1. 情绪的冲动性

心理学家霍尔认为，青年期处于“蒙昧时代”向“文明时代”演化的过渡期，这一时期的突出特点就是动摇、起伏，有人形象地将它称为“狂风骤雨”期。随着知识水平和认知能力的提高，大学生对自己情绪的控制能力也逐步增强，但由于兴趣广泛，对外界事物较为敏感，加之年轻气盛和从众心理，在多数情况下，其情绪极易被激发，带有很大的冲动性。

2. 情绪的丰富性

需要是情绪产生的主要基础，情绪是需要满足程度的直观反映。大学生有强烈的求知欲望，需要广泛地吸收新知识；他们追求情感的满足，强烈渴望与异性交往；他们渴望与同辈人广泛交往，渴望被人理解和尊重等。大学生正处于多梦的年龄阶段，广泛地需要也决定了大学生情绪活动的丰富性和多样化，几乎人类所具有的各种情绪，都能在大学生身上体现出来。

3. 情绪心境化

相比青少年情绪反应往往受制于外界情境，来得快、消失得也快的特点，大学生的情绪反应往往表现出一定的延迟性，而且趋向于心境化。也就是说，大学生的情绪一旦被激发，即使外界刺激消失，其心态也不会立即恢复平静，还会转化为心境，长时间地影响其学习、生活等各方面。如成功的喜悦可以使大学生几天都处于兴奋愉悦的心境中，做什么事都有兴致，认为一切事物都是美好的；而遇到挫折和烦恼时，大学生会几天都沉浸在苦恼烦闷的心境中，做什么事情都没有动力，把一切事物都看成是灰暗的，就像戴上了有色眼镜。

4. 情绪的内隐性

情绪表现的内隐性在大学生身上表现得越来越明显，在他们身上越来越缺少青少年时期的坦率和直露，不少大学生会将自己的情绪隐藏和掩饰起来，表现为外在表现和内在体验不一致的特点。最直接的表现就是，许多大学生在与人交往时，不轻易打开自己的心扉，也不愿意让别人觉察到自己内心的喜怒哀乐，这也是部分学生出现交流障碍，从而陷入孤独和苦闷等情感困惑的重要原因。

5. 情绪的层次性

大学生的情绪是一个由不成熟到成熟，由简单到丰富的渐进过程，随着年级的升高，表现出明显的层次性。大一新生所面临的是环境适应、学习方法的改变、人际关系的建立等问题，由于新生处于自豪感和自卑感混杂、放松感和压力感并存、新鲜感和怀旧感交替的时期，其情绪也表现出不稳定的特点；二年级是情绪波动较大的阶段，在初入大学的新鲜感荡然无存后，生活、学业、人际交往等方面所面临的矛盾冲突极易造成情绪困扰；三年级大学生的自控能力明显增强，情绪状态相对来说比较稳定；四年级学生面临着人生的重要转折，就业、考研、情感等重大问题都提上日程，内心的波澜席卷再来，情绪状态又呈现出矛盾性和复杂性。

很多大学生由于不了解作为大学生一员的自己的情绪特征，而不能接受自己正常的情绪反应所引发的诸多情绪困扰。正如你知道饿了要吃饭、渴了要喝水是再正常不过的事情一样，了解了自己的情绪特征，就不会因一时难以适应新环境而心烦意乱，就不会因跟不上老师的上课节奏而无所适从等，因为你知道这是必然要经历的情绪历程，认识到这一点，相信你就会以更加平和的心态去正视它，采取更加积极的措施去应对它。

（二）情绪的作用

不论你是否意识到情绪对你生活、工作、学习乃至生命的重要性，你都期望享受情绪带给你的快乐，同时也都能时时感受到情绪带给你的困扰。不论你对情绪的理解是否正确，你都可能以自己独特的方式体验着你的情绪生活，表现着你自己独特的喜、怒、哀、乐。可以说，情绪与情感伴随着人的一生，影响着甚至决定了一个人的生活质量和生命质量。概括而言，情绪具有以下主要作用。

1. 自我保护功能

不少人抱有这样的误解：愤怒、恐惧、焦虑等负性情绪是不好的或不该出现的。其实，很多情绪特别是负性情绪对于我们维护身心的健康是必不可缺的。例如，曾经有一个来访学生，自述近段时间经常会陷入一种恶劣心境中难以自拔，在咨询中，老师告诉他这是情绪的自我保护功能的体现，恶劣心境已经给他发出了警示信号：他在工作或学习中承担的负荷已经超出了自身的承受能力，他需要放弃某些工作或学习，根据自身实际重新安排学习计划，给自己充分的休息时间。如果我们不会识别情绪给我们发出的信号，那可能会对身心造成非常不利的影响。

2. 人际沟通功能

人际交往不仅是出于信息上的交流和工作中的协调的需要，更是情绪上的需求。曾经有一个大学生面对着人声嘈杂、拥挤的宿舍自叹道：“我感觉特别孤独。”为此还引来周围同学的诧异，有同学问：“这么拥挤的生活环境，想找个清静的地方都难，你怎么还感到孤独呢？”这位同学自嘲说：“我就像是被关在一个透明的玻璃瓶中，尽管周围都是人，可对于我而言，只是看得见而摸不着的啊！”其实，这位同学感到孤独的原因，正是因为缺少和同学情绪上的交流和沟通，孤独感是他对情感交流的一种渴望。另外，情绪在人际沟通中，还起着非常重要的调节作用，像微笑、热情、喜悦、宽容的情绪表达，会促进人际的沟通和理解，而冷漠、猜疑、排斥、嫉妒的情绪反应，则会造成人际沟通的障碍。

3. 信息传递功能

情绪还能起到信息传递的功能。例如，情人之间的一个眼神、一个微笑，就可以互相表达爱意；知己间的一个动作、一个表情，就能使对方心领神会；考场上，监考老师威严的目光，就足以使那些想投机取巧的人望而却步。另外，情绪还会相互影响和传播，当一个人兴高采烈时，这种情绪就会感染他周围的其他人，而当一个人沮丧、愤怒时，这种情绪也会传播到周围，并且还会将这些负性情绪迁移到他人身上。

（三）情绪对大学生的影响

由于受生理发育、心理发展和客观环境影响，大学生的情绪变化较为明显，这种频繁的情绪波动对大学生的学习、生活、人际关系、身体健康等都会产生影响。

1. 对大学生学习的影响

不少学生都有这样的体验：情绪好时，学习效率会倍增；而情绪低落时，消沉、忧郁、悲观等消极的情绪会使自己思路阻碍，操作迟缓，心不在焉，注意力不能集中，学习效率会一落千丈。一个经常处于抑郁状态的学生，即使非常聪明，也不会在学业上取得非常优异的成绩。

2. 对大学生人际交往的影响

一个情绪稳定、积极向上的人，周围一定有很多好朋友；一个喜怒无常，常常莫名其妙发脾气的人，只会使周围的人对他敬而远之。而人际交往在整个大学阶段都是非常重要的必修课，没有好的人际关系，又会直接影响个体的情绪感受，最终导致恶性循环。

3. 对大学生身心健康的影响

俗话说："情绪既可致病，也可治病。"良好的情绪状态不仅是维护身体健康的保证，也是促进心理健康的有效途径。良好的情绪可以直接作用于脑垂体，保持内分泌功能的适度平衡，从而使全身各系统、器官的功能更加协调、健全。著名生理、心理学家巴普洛夫曾经说过："忧愁、顾虑和悲观可以使人得病；积极、愉快、坚强的意志和乐观的情绪可以战胜疾病，使人更强壮和长寿。"我们在生活当中经常见到这样的例子：有的人患了病，医生和家长一般不愿意告诉他真相，原因是他知道后会死得更快，这其实就是情绪影响的作用。在大学生中常见的抑郁症、恐惧症、强迫症等心理障碍和疾病，也都与不良情绪有着非常密切的关系。

几个情绪实验

实验一：古代阿拉伯学者阿维森纳曾经做过这样一个实验，他把一胎所生的两只小羊羔置于不同的外界环境中。一只小羊羔随羊群在水草地快乐地生活；而在另一只小羊羔旁拴了一只狼，这只羊时刻面临着看得见的野兽的威胁，在极度惊恐的状态下，根本吃不下东西，不久就因恐慌而死去。

实验二：医学心理学家还用狗做嫉妒情绪试验，把一只饥饿的狗关在一个铁笼子里，让笼子外面另一只狗当着它的面吃肉骨头，笼内的狗在急躁、气愤和嫉妒的负性情绪状态下，产生了神经症性的病态反应。

实验三：研究人员将两只大白鼠丢入一个装水的容器中，它们会拼命地挣扎求生，一般维持的时间是8分钟左右。然后，在同样的容器中放入另外两只大白鼠，它们挣扎了5分钟之后，放入一块可以让它们爬出来的跳板，由于有了跳板，两只大白鼠得救了。若干天后，这对大难不死的大白鼠再次被放入水中，令人惊讶的是，它们竟在水中坚持了24分钟——三倍于一般情况下能够坚持的时间。对此，研究人员总结说：前面两只大白鼠没有逃生经验，它们只能凭自己的体力来挣扎求生；而有过逃生经验的大白鼠却多了一种精神的力量，它们相信，在某一时候一块跳板会救它们出去，这种精神的力量就是积极心态。

三、大学生常见的不良情绪及调适

情绪在人的成长和发展中起着重要的作用。健康的情绪，会使人积极乐观，心胸开阔，而不良的情绪则会使人郁郁寡欢、萎靡不振，甚至失去理智、冲动妄为。大学生在学

习、生活、人际关系中常见的不良情绪主要表现在如下几个方面：

（一）情绪反应冲动与失控

个案举例 赵某，大一男生

赵某平时寡言少语，和同学缺乏交流，但周围的同学能从他冷漠和充满敌意的目光中，感到此人难以接近。一天，赵某因一点小事与外班一同学发生冲突，赵某大打出手，还动用了凶器，使对方致残，最终被开除学籍。事后了解到，赵某在中学期间曾受到过校园暴力事件的伤害，从那之后，他对任何人都抱有敌意，凡是他认为有意伤害自己的人，他马上会产生企图报复的愤怒情绪，以致最终酿成恶果。

上面事例中的赵某因一点小事而使自己的愤怒情绪无法自控，实际是过去被伤害所遗留下来的仇恨和愤怒情绪的一种转移，也成为迁怒。如何解决呢？对于曾经有过被伤害经历而常有愤怒情绪的学生，应主动找心理老师进行心态调整，早日解脱愤怒的阴影。对于表达过激或方式不当者，应学会采用心理调节的方法，缓解自己的冲动情绪。

（二）学习或考试焦虑过度

尽管焦虑是一种令人不愉快的情绪，但是焦虑情绪本身并非一种情绪困扰。如果一个学生没有焦虑或焦虑不足，往往反映出他无所事事、不求上进的学习和生活状态。没有伴随丝毫紧张焦虑的学习和生活，毫无激情和成就感可言，长此以往，还会导致注意力涣散，学习效率下降。而适当的焦虑则有利于个人潜能的开发，能督促我们采取必要的行动来应对即将来临的威胁或危险。但是，如若焦虑程渡过度，就会对学习和考试造成不良的影响，因为过度焦虑会扭曲我们的直觉和思维，使我们不停地采取不需要的行动，致使所有的精力都被消耗光，使我们变得非常紧张和疲惫，缺少了很多的生活和学习乐趣。

其实，对于大多数学生而言，考试焦虑是一种很常见的情绪困扰，那么考试焦虑是会帮助你更好地发挥，还是会影响你的学业呢？这在很大程度上取决于个人和情境。一般来说，考试成绩和焦虑水平之间的关系呈倒“U”形曲线，即紧张水平过低和过高，都会影响成绩。适度的心理紧张，可以使人对考试有种激励作用，产生良好的活动效果。

克服考试焦虑的方法有很多，主要有放松训练法、认知调整法、角色训练法等。

考试焦虑知多少

考试焦虑（test anxiety），是指因考试压力过大而引发的一系列异常生理心理现象，包括考前焦虑、临场焦虑（晕考）及考后焦虑紧张。当个体意识到考试对自己具有某种潜在威胁时，就会产生焦虑的心理体验。他们怀疑自己的能力，忧虑、紧张、不安、失望、行动刻板、记忆受阻，并伴随一系列的生理变化，如血压升高、心率加快、面色变白、皮肤冒汗、呼吸加深加快、大小便增加等。若这种心理状态持续时间过长，会出现坐立不安、缺乏食欲、睡眠失常等现象，对身心健康造成非常不利的影响。

（三）抑郁情绪的困扰

在心理学课上，老师让每位学生写出近一周来自己每天的情绪状况，然后在课堂上进行小组交流与讨论。讨论结束后，一名学生谈了自己通过此课的感受："我这一周情绪都特别不好，感觉很郁闷，只有今天才感觉很轻松，因为我听到小组中很多同学都和我同样郁闷，所以我感到轻松了……"他的话还没讲完就引起了全班学生的笑声和同感。

忧郁是一种愁闷的心境，表现为情绪反应强度的不足，是大学生群体中表现较为普遍的一种不良情绪。例如，有些学生因为无法面对学业中的竞争和学习压力，或是对于所学的专业不满意而陷入忧郁的情绪状态，表现为对生活、学习失去兴趣，无法体验到快乐，行为活动水平下降，回避与人交往等。当一个人长期处于悲观、失落的情绪状态，而自己又无法调整时，就会形成一种抑郁心境，严重者还可能发展为抑郁症，对身心健康造成严重影响。

当然，抑郁情绪和抑郁症之间既有联系，又有质的区别。前者是一种不良情绪，需要的是心理上的调整，而后者则属于精神异常，需要及时到专业医院就诊。

（四）负性情绪持续时间过长或泛化引发的困扰

个案举例

一名大学生自高一时暗恋同班坐在前排的一名女生，每天上课的时候都会抬头多看她两眼，但想起家长和老师"千万不能早恋"的教导，又倍感自责、内疚，而后他就刻意控制自己的目光，强制自己不要去看该女生，但又经常管不住自己的目光，所以时常处在极度矛盾的心理状态中。随着时间的延长，他一看到别人的后脑勺就紧张，这种状况严重影响了高考成绩的发挥。入大学后，症状并无好转，每次上课的时候他甚至连饭都不吃就忙着去占第一排的位子，如果偶尔占不到第一排，他就会极度紧张焦虑，无法听老师讲课。

上述事例是将当初偶然事件所引发的负性情绪体验，逐渐泛化到了所有其他相似的情境中，造成了对学习和生活的不良影响。虽然负性情绪并非一定是不良情绪，但是如果负性情绪持续时间过长或者泛化，就会严重影响到人的正常生活、工作和学习。对于此类问题，可以采用系统脱敏、暴露疗法、认知改变等多种心理调节的方式。

（五）因不能接受或无法控制自己的情绪状态而引发情绪困扰

大学生的情绪困扰，有时还来自因为不能接受或无法控制自己的情绪状况而产生的不适感。例如，一名大学生在平时学习时，常为自己头脑中显现的一些毫无意义的杂念而烦恼不已，本想将其克服，但没想到越是绞尽脑汁克制自己不去想，这些杂念似乎就越多、越顽固。其实，这位同学的情绪困扰是他对自己正常的情绪反应不能接受所致，当我们对某种情绪采取排斥和不接受的态度时，实际上却正在关注和强化着它。

心理学家维格纳（Daniel Wegner）曾做过这样一个实验：让一些大学生作为被试，事先规定，要求他们在做实验的五分钟时间内，谁也不许想到白熊，如果谁要是想到了，就必须要按眼前的电铃按钮。结果在实验开始后的五分钟内，这些大学生被试几乎都在不停地按电铃，因为这些大学生被试者们在排斥自己的心理活动过程中，正在关注和强化着这些观念和感受。这个实验解释了为什么一些学生越是惧怕考试时紧张，结果考试过程中反倒越紧张的原因，同时也是一些人感到自己的情绪难以控制的原因所在。对此类型的情绪困惑的解脱，一是要尝试着接受自己的情绪状态；二是让自己学习不追求完美。

不良情绪≠负性情绪

有些人将不良情绪等同于负性情绪，这是不准确的。所谓负性情绪，通常是指那些不愉快甚至是引发人痛苦、愤怒的情绪体验。负性情绪并非一定都是不良的消极情绪，负性情绪在一定的情境中，也同样具有重要的作用，它能使人及时感受到自己心理的不适，促使人们主动地作出积极调整，避免引发更严重的身体或心理上的障碍。所以说，负性情绪并不等同于消极情绪。其实，从进化的意义上讲，任何一种情绪都有其生物学意义，都是适应环境的结果。曾经有一个小伙子，在一次爬山比赛时手臂被摔在岩石上，当时并没有感觉到疼，直到后来胳膊红肿才到医院检查，发现手臂已经骨折，之所以被摔断时没有觉察，是因为他患了一种骨髓炎症，痛感神经已经坏死，丧失了疼痛感。可见，一个人一旦丧失了痛感，也是很危险的。

四、情绪管理三部曲

作为人们的主观体验，一方面情绪具有不可控制的特点，另一方面，既然情绪是一种主观体验，人们就能够通过自主调节来影响这种体验，这也为我们更美好的生活提供了可能和空间。对于在校大学生来讲，管理情绪、调节情绪、驾驭情绪、做情绪的主人，不仅是维护身心健康的需要，也是自我发展和人格成熟的条件。下面我们就来探讨一下如何管理自我的情绪。

（一）善于体察情绪

要想管理自己情绪，首先要清楚了解自己的情绪状态，通常我们可以通过反思的方式体察自己的情绪，即可以时不时地提醒自己："我现在的情绪是什么？""因为什么使我有这样的情绪？""有没有必要出现这样的情绪？"例如，当你因为同学一句话不顺心而大发脾气不给他解释的机会时，问问自己："我为什么这么做？我现在有什么感觉？"有许多人认为人不应该有情绪，所以不肯承认自己有负面的情绪。其实，体验各种各样的情绪是必然的，无视甚至压抑自己的情绪都是不可取的。

知晓自己的情绪周期

所谓"情绪周期"，是指一个人的情绪高潮和低潮的交替过程所经历的时间。它反映人体内部的周期性张弛规律，亦称"情绪生物节律"。人若处于情绪周期的高潮，就表现出强烈的生命活力，对人和蔼可亲，感情丰富，做事认真，容易接受别人的规劝，具有心旷神怡之感；若处于情绪周期低潮，则容易急躁和发脾气，易产生反抗情绪，喜怒无常，常感到孤独与寂寞。

那么，我们怎样才能知晓自己的情绪周期呢？科学研究表明，人的情绪周期与生俱来，从出生的那一天开始，一般28天为一个周期，周而复始。每个周期的前一半时间为"高潮期"，后一半时间为"低潮期"。在高潮与低潮之间，即由高潮向低潮或由低潮向高潮过渡的时间，称为"临界期"，一般是2至3天。临界期的特点是情绪不稳定，机体各方面的协调性很差。所以在情绪的低潮和临界期，要提高警惕，运用意志加强自我控制，也可以把自己的情绪周期告诉自己最亲密的人，一方面让他们提醒你，帮助你克服不良情绪，另一方面避免不良情绪给你们之间带来的误会。

情绪周期是人生情感的晴雨表，我们可据此安排好自己人生耕耘的茬口。情绪高涨时安排一些难度大、较繁琐的任务，而在情绪低落时多出去走走，多参加体育锻炼，放松思想、放宽心情，有了烦心的事多向亲人、同学、朋友倾诉，寻求心理上的支持，以帮助自己安全地渡过情绪危险期。

（二）适当表达情绪

许多人认为人不应该有情绪，因而不肯承认自己有负面的情绪，情绪产生了就会遭到无情的压抑，更不用说表达自己的情绪了。其实，适当的情绪表达是我们和他人交流沟通的重要方式，也是保持身心健康的必要因素。

然而，与别人分享个人私密的情绪并不总是安全的，肯定要比和在路上碰到的朋友打个招呼要不安全得多，表达不当还可能受到别人负面的评价，所以有些人出于自尊、自卑等考虑而害怕洞察自我内心的真实感受，对自我的情绪采取压抑或无视的态度，也就无法体验欢乐或悲伤时更深层的情绪。体验尚无，更谈不上表达了。大学生由于情绪表达不当而造成的问题比比皆是，最常见的是宿舍中因情绪表达不当造成人际关系紧张，因学习或某方面能力不如别人而自卑，情绪长期压抑产生抑郁等。 有人把人的心理比喻成一个气球，在日常生活中，我们经常把一些欲望、冲动、需要等压进这个气球，于是气球越来越大，当压到一定程度时，我们就会觉得内心的压力太大了，气球就要爆炸，适度的情绪表达就好比定期给心理这个气球减压一样。

为了提高我们的情绪表达能力，我们可以尝试分享自己的内心感受，我们经常会为别人为我们做的一些事情感到高兴，为什么不分享这些情感呢？当你渐渐习惯与分享自己安全的情绪时，你在情绪表达方面也会变得更加熟练，也会更了解自己的情感生活。

（三）合理调节情绪

在一个夏令营的心理训练课堂上，老师提出了一个问题："当你遇到不高兴的事而生气时，你会怎么办？"分别让不同年龄段的学生回答。一个刚上小学不久的小女孩说："我会哭，然后回家告诉妈妈！"一个小学三年级的男孩说："我会睡觉，睡一觉就好了。"一个小学五年级的女孩回答说："我会和我的猫讲，我遇到不高兴的事，都会对它讲。"一个初中生说："我会写日记，诉说我的苦恼。"另一个初中生说："我会找我的好朋友一吐为快。"一名高中生说："我会去运动，到球场上拼命地奔跑。"这时一名大学生站了起来，说道："我想，当我生气时，首先我不会哭（男儿有泪不轻弹），更不会告诉我妈（她是不会理解我的），我也不会写日记（那都是过去的事了），我又不是一个爱运动的人，我更不会跟别人讲（万一让人家知道了传出去，那岂不是更痛苦吗？）。我想，我还是忍了吧，因为我碰到的不高兴的事情太多了，我都是自己忍着。"如果你是他，你会怎样做呢？

压抑是理智，却以损害自己的身心健康为代价；发泄是冲动，它以损害他人、社会为代价；只有理智地去宣泄和调节才是智者的选择。下面，我们将介绍几种常用的情绪调节方法：

1. 情绪宣泄法

不良情绪一旦产生，就要勇敢地去正视，并为自己找到一个合适的宣泄方法。适当的情绪宣泄方法是指当大学生处于较激烈的情绪状态时，应以社会允许的方式直接或间接地表达其情绪体验。简而言之，就是高兴的时候笑，悲伤的时候哭。实践表明，坦率地表达内心的愤怒、苦闷和抑郁情绪，心情就会变得舒畅些，压力就会减少些，伴随情绪体验而生的生理唤醒也会较快恢复正常。情绪宣泄的方法主要有以下几种。

（1）倾诉。① 找人倾诉。向师友亲人诉说心中的烦恼和忧虑，当然倾听的人最好是善解人意的人，毕竟听别人发牢骚不是一件愉快的事。一个轻松的朋友也会使你倍感轻松，一个紧张的人会使你体验紧张，一个好朋友的接纳和包容会使你毫无顾忌地倾诉内心积压的不良情绪，帮助你用建设性的态度去看待一切。② 写日记。在缺少合适的倾诉对象或是情绪宣泄有顾虑时，写日记也是行之有效的一种宣泄方式。美国总统林肯就使用这种办法发泄心中的怒气，当他在外面受了别人的气，回家就写一封骂对方的信，第二天，家人要为他发信，他却说："写信时我已经出了气，何必把它发出去惹是非。"③ 自言自语。《皇帝长了驴耳朵》的故事中，理发师看见皇帝长了驴耳朵，怕说出去会招来杀身之祸，但憋在心里又非常痛苦，由此致病。后来想出一个两全之计——在地上挖了一个大坑，每天对着大坑喊几声"皇帝长着驴耳朵"，将内心的秘密发泄出来，顿感轻松。

（2）哭泣。美国学者对几百名男女分别研究后发现：在他们痛哭过后，自我感觉都比哭之前好了许多，其健康状态也有所改善。更进一步的研究发现，人们在情绪压抑时，会产生某些对人体有害的生物活性成分，哭泣后情绪强度一般可减低40%，而那些不爱哭泣、没有利用眼泪消除情绪压力的人，其结果是影响了身体健康，严重者还会促使某些疾病恶化。

让你的眼泪飞

人的一生通常会流下3种眼泪。最基本的泪水会在每次眨眼睛时出现，它浸润着人的眼球；第二种泪水是反射性泪水，当眼睛受到意外伤害，或接触到刺激性气体的时候，眼睛就会涌出这种泪水；第三种是情感性泪水，也就是人们哭泣的时候流出的泪水。

眼泪对身体的最大益处，在于眼泪有助于排出人体的某些毒素。我们知道，眼泪的形成除泪腺外，还有几十种其他腺体参与，所以眼泪的成分相当复杂。强烈的情绪刺激能使眼泪中含有对人体有害的毒素，人体内一个神经元与另一个神经元之间，传递兴奋要靠一种媒介——中枢递质来完成。如果这种中枢递质过多，会引起过多的神经冲动，为此，体内要产生一种相应的酶来分解过多的中枢递质，一旦中枢递质过多，分解酶又不能全部分解，就要靠眼泪来把它排出体外。如果不能顺利排出体外，眼泪中这些过多的中枢递质就会大大提高溃疡病和肠炎发病率。可以说，无论是悲伤垂泪，还是喜极而泣，流眼泪其实是一件对身

体有好处的事情。如果你遇到了无法解决的难题，不要太过于难为自己，实在承受不了的时候就大哭一通吧，只要不太丢人也别吓到别人就行。

不过，哭不宜超过15分钟。压抑的心情得到发泄、缓解后就不能再哭，否则对身体反而有害。因为人的胃肠机能对情绪极为敏感，忧愁悲伤或哭泣时间过长，胃的运动会减慢，胃液分泌减少、酸度下降，会影响食欲，甚至引起各种胃部疾病。

（3）寻找替代。把不良的情绪发泄到没有生命的物体上，如击打沙袋、捏皮球、到发泄室摔打橡皮人等。

枕头大战

“枕头大战”最早诞生于2008年，当时由“快闪族”通过互联网创立。作为“快闪运动”的一部分，短短几年，“枕头大战”已在很多国家流行起来，成为一种风行全球的缓解工作和生活压力的减压聚会方式。枕头大战组织目前较为流行的是通过网络招集陌生人，个人带着自己的枕头在固定时间和地点集合，将枕头撕开一个小开口互相击打，将枕芯全部散光时为止。2006年11月开始登陆中国内地，广州、青岛、上海等地网站和俱乐部先后举办，幸福公社在2007年元旦举办百人枕头大战。2009年5月2日，青岛中山公园举行了枕头大战并正式成立枕头大战中国联盟。联盟不仅组织和发起各城市白领的枕头对战，还专业制订枕头大战的游戏规则，制造并提供枕头大战的专用枕头，提供白领的心理健康咨询，组织团体的特色聚会活动等。

2. 注意转移法

根据巴普洛夫的条件反射学说，人在体验到某种情绪时，大脑皮层上会出现一个强烈的兴奋灶，此时如果建立一个或几个新的兴奋灶，便可抵消或冲淡原来的优势中心。也就是说，当你处于情绪困境时，可以暂时将问题放下，从事你所喜爱的活动以转变情绪体验的性质，从而达到情绪调节的目的。

事实证明，音乐、美术、书法、阅读等都是调控情绪的最佳方式。欢快有力的节奏使情绪消沉者振奋，挥毫舞墨的书画可以陶冶人的情操。另外，体育运动和旅游也是极好的情绪调控手段。

音乐疗法的独到之处

无论是孔子还是贝多芬，都对音乐陶冶人心性的功能表示出巨大的赞赏。在他们看来，音乐对人情操的陶冶，完全是因为音乐本身所具有的审美价值。但是从音乐治疗的角度来看待音乐，音乐对人心理和情绪的影响，除了音乐本身所具有的审美性以外，还因为音乐能够在技术上最大限度地模仿或再现各种各样的情绪，尤其是有针对性的即兴创作的音乐更能够与人的情绪进行直接的沟通。

情绪不仅是情感世界的外衣，同时也是认知世界的催化剂，因为人在情绪好的时候，认知方面往往容易走向积极，反之则容易产生消极认知。音乐既然能够通过自身包含的情绪来影响人的情绪，当然也就能够对认知产生不可估量的影响力，这样一来，音乐对人的情感世界与认知世界两方面的影响，自然就都包含了无限的潜力。

就音乐本体来看，声音的直接感受性造就了音乐治疗体验式的特点。求助者不需要借助任何语言，就能够直接感受到音乐所包含的各种各样的情绪，这是其他借助语言的常规心理治疗所无法达到的。众所周知，心理治疗过程中咨访关系的建立是非常重要的，一般来说，前来求助的人对治疗师都会有强大的心理阻抗，这是治疗过程需要面对的最大的难题之一。而在音乐治疗的过程中，求助者对音乐手段的体验消除了咨访关系建立过程中可能因为语言沟通产生的部分障碍，所以音乐治疗在咨访关系建立的初期阶段，就已经显现了自己巨大的优势。随着治疗过程的深入，音乐这种能够跨越语言的功能将表现出更大的动力，从而给求助者带来意想不到的成长机遇。

3. 认知调节法

理性情绪疗法认为，对事件正确的认识会导致恰当的行为和情绪反应，而错误的认知往往是导致不良情绪的直接原因。所以，改变不合理的观念，建立合理的观念，就会产生出积极的情绪反应。例如，一位大学生叙述了一次被朋友伤害的经历：“在我的朋友遇到困难时，我主动去帮助他，而当我遇到困难时，他却视而不见，为此我感到被欺骗了，很愤怒。”通过对该学生认识的分析，找出其不合理观念是“我帮助了他，他就应该帮助我”。通过讨论，该学生将“应该”改成了“希望”，对事件的认识变成了：“我的朋友遇到困难时，我帮了他，是我主动而且愿意的，并且我也希望在我遇到困难时，他同样会帮助我。但后来，当我真的遇到困难时，他却没帮我，我为此感到遗憾，我虽然有些不高兴，但我不会生气。”

换一种思维方式生存

法国著名科学家法伯发现了一种很有趣的虫子，这种虫子有“跟随者”的习性，它们外出觅食或者玩耍，都会跟随在另一只同类的后面，而从来不换一种思

维方式，另寻出路。发现这种虫子后，法伯作了一个试验，捉回许多这种虫子，然后把它们一只一只首尾相连放在了一个花盆周围，在离花盆不远处放置了一些虫子很爱吃的食物。

结果：一个小时后，他去观察，发现虫子一只只不知疲倦地围绕着花盆转圈；一天后，他去观察，发现虫子们仍然在围绕花盆疲于奔命；七天后，发现所有的虫子首尾相连地累死在花盆周围。这些虫子死不足惜，如果它们中的一只敢越出雷池半步，就能找到自己喜欢吃的食物。当然，让虫子摒弃自己固有的习性难免有些苛求，虫子毕竟是虫子，但是人呢?

4. 放松训练法

放松训练又称为松弛反应训练，是一种通过机体的主动放松来增强人对自我情绪控制能力的有效方法。因为机体中相互拮抗的这两个过程——放松和紧张不能共存，所以在机体体验到放松的时候，就无法同时体验到紧张、焦虑等情绪，这是放松法的基本原理。其具体操作步骤如下：

在一个较为安静的环境中，舒适地坐（或仰卧）在沙发上或躺在床上。

步骤一：让自己初步体验肌肉的紧张。操作要领：① 伸直并绷紧双臂，握拳；② 绷紧双臂肌肉，握紧双拳，用力，并保持数秒钟；③ 放松双臂，松拳，放松休息数分钟。

步骤二：在上一步骤的基础上进一步绷紧肌肉。操作要领：① 伸直双臂，握拳；② 伸直并绷紧双腿，双脚脚尖内钩，呈倒钩式；③ 上述各部位肌肉同时用力，并保持数秒钟；④ 放松上述各部位肌肉，放松休息数分钟。

步骤三：在前两个步骤的基础上达到全身肌肉的紧张。操作要领：① 伸直双臂，握拳；② 伸直并绷紧双腿，双脚脚尖内勾，同时紧皱前额部肌肉，紧耸眉头，紧闭双眼，皱起鼻子和脸颊，咬紧牙关，紧收下颚，紧闭双唇，紧绷两腮，梗直脖子，胸部、腹部肌肉绷紧，躯干用力挺起；③ 全身各部分用力绷紧，并保持数秒钟；④ 放松上述各部位肌肉，放松休息数分钟。

步骤四：在全身肌肉紧张的前提下，配合呼吸，加强对紧张的体验。操作要领：① 深吸一口气（用腹式呼吸），憋住气；② 伸直双臂，握拳，头向后梗，伸直并绷紧双腿，双脚脚尖内钩，胸部、腹部肌肉绷紧；③ 屏住呼吸，全身各部分用力绷紧并保持，直至身体和呼吸的最后极限；④ 放松呼吸，并放松上述各部位的肌肉。

步骤五：紧接步骤四，指导语暗示全身的肌肉、呼吸乃至身心放松。操作要领：① 肌肉放松指导语：头部肌肉放松，面部肌肉放松，脖子放松，双肩放松，双臂放松，双手放松，手指放松，胸部放松，腹部放松，双腿放松，双脚放松，脚趾放松；② 呼吸放松指导语：呼吸在放慢，变得越来越慢、越来越深、越来越沉；③ 身心放松指导语：你会感到身体变得很沉、很重，全身感到越来越沉、越来越重，感到全身很累、很疲倦，好像有一种昏昏欲睡的感觉，自己什么都不去想、什么都不愿意想，感到心情很放松。

步骤六：让自己体验此时此地的放松感受。

放松训练结束。

5. 建立社会支持系统法

日常生活中，我们无时无刻不在与他人进行着社会交往，同时也从他人那里获得不同程度的社会支持，这些支持既包括有形的经济上的、物质上的援助，也包括无形的心理上、情感上的关心。良好和谐的社会联系和支持能满足我们爱与归属的需要，使内心不再感到孤独和无助，能减轻各种应激事件对身心健康所造成的消极影响。

随着社会的发展，心理咨询已逐步走进人们的生活，许多医院、学校开设了心理咨询机构，不少电台、杂志也开设了心理咨询栏目，专为有心理困惑或危机的人提供心理援助。别人的视角和思路有助于帮助你冲破个人习惯的思维模式的束缚，重新评价困难，寻找新的出路，大学生要主动自觉地通过这些途径，寻求更好的调节自我情绪的方法。

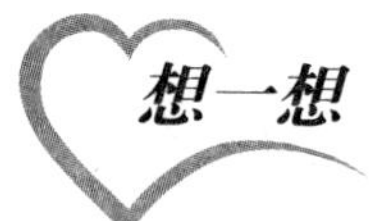

案例1

某高校一位学生干部常因自己个子矮小而自卑。有一次在食堂排队买饭，一位个儿高的同学蛮横地插在他的前面，当他提出抗议时，那位同学丢出一句："插了你的队又怎么样？"这位同学感觉自己受了侮辱，随后到外校找了几个老乡，把插队的同学打得鼻青脸肿，结果自己支付了不少的医药费不说，还受到留校察看的处分。自此，他在班级中的威信一落千丈，学习成绩也直线下滑。

思考：生活中你是否因一时冲动做出过损人不利己的事情？你想过改善的良策吗？

案例2

大学里，有一堂哲学课给我留下了深刻的印象，至今记忆犹新。

那是期中考试后的一天，班里的一个同学因为各门功课都考得一塌糊涂，所以忧心忡忡，在哲学课上无精打采。他的异常引起了哲学教授的注意，教授把他从座位上叫了起来，请他回答问题。教授拿起一张纸扔到地上，请他回

答：这张纸有几种命运。

也许是惊慌，也许是心不在焉，那位同学一时愣住了，好一会儿，他才回答："扔到地上就变成一张废纸，这就是它的命运。"教授显然并不满意他的回答，教授又当着大家的面在那张纸上踩了几脚，纸上印上了教授沾满灰尘和污垢的脚印。然后，教授又请这位同学回答这张纸片有几种命运。

"这下这张纸真的变成废纸了，还有什么用呢？"那个同学垂头丧气地说。

教授没有说话，捡起那张纸，把它撕成两半扔在地上，然后心平气和地请那位同学再一次回答同样的问题。

我们被教授的举动弄糊涂了，不知道他到底要说什么。

教授不动声色地捡起撕成两半的纸，很快就在上面画了一匹奔腾的骏马，而刚才踩下的脚印恰到好处地变成了骏马蹄下的原野，骏马充满了刚毅和坚定，让人充满遐想。最后，教授举起画问那位同学："现在请你回答，这张纸的命运是什么？"

那位同学的脸色明朗起来，干脆利落地回答："您给一张废纸赋予希望，使它有了价值。"教授脸上露出一丝笑容。很快，他又掏出打火机，点燃了那张画，一眨眼的工夫，这张纸变成了灰烬。

最后教授说："大家都看见了吧，起初并不起眼的一张纸片，我们以消极的态度去看待它，就会使它变得一文不值；我们再使纸片遭受更多的厄运，它的价值就会更小；如果我们放弃希望使它彻底毁灭，很显然，它就根本不可能有什么美感和价值了。但如果我们以积极的心态对待它，给它一些希望和力量，纸片就会起死回生。一张纸是这样，一个人也一样啊！"

思考：你是否曾想过你的命运会因自己的不同心态而改变呢？

案例3

最近认识一位出家师父，我们约在一家茶馆用英文谈论《心经》。师父跟我解释因果、轮回这些事情，这都还不稀奇，有趣的事情在后头呢！师父听着我跟他提到的个人烦恼的时候，他索性让我左手提起他刚买的三罐番茄汁，一边提着，一边跟他说话。可想而知，我左手感觉到疲劳的程度，跟时间成了正比。懊恼着为何师父要我一边提着三罐蕃茄汁，一边跟他说话。

受不了这样的酸楚，我自行把左手放下，却听到师父跟我说："Hold it up and keep talking to me."（拿着它跟我交谈。）听到这样的话，我心里不免起了疑心，我手提得那么酸，何不让我放下手上的重物，轻松地与他对谈？大约过了15分钟，我的左手实在承受不住了，才听见师父跟我说："Now you can put it down."（可以放下了。）

看着我狐疑的脸，师父居然笑了出来：你不喜欢提着重物跟我说话，为何你却喜欢带着烦恼来跟我说话，过着你的生活呢？手酸了，放下就好，对待烦恼，不也是这样？或者这些烦恼就像是那些番茄汁一样，是你自己用手把它们给举起来的呢？

思考：你的情绪调节方式如何？你是否能像放下有形的重物一样，放下心里那些无形的重担？

案例4

小王和小李是关系很好的朋友，但为一件小事吵了架，小王心里不高兴，闷了一肚子气，又是后悔又是委屈。回到家里以后，坐也坐不住，站也站不安，脑海里总浮现着自己与小李吵架的情形。她极力想控制自己不去想这件事，可是不知怎么回事，越是告诉自己不想，越摆脱不了。拿起笔来，想写点什么，又不知道该怎么写，心里忍不住地一阵阵难受。就在这时，她索性什么也不做了，闭上眼睛，回想起自己那次与父母一起外出旅游的事来，想着当时看到的美丽风景，越想越兴奋，她陷入了对往日的回忆中，不知什么时候把吵架的事丢到了九霄云外，心情舒畅多了。

思考：为什么小王开始排除不了烦闷的情绪，而后来却摆脱了不快呢？当你在学习、生活中遇到了不愉快的事情时，你通常用什么方法来改变你的情绪呢？

做一做

活动1：情绪小测验

目的：了解自己的情绪表达方式，加强对情绪的自我调控。

准备：纸、笔。

时间：约5分钟。

操作：请学生从下面的问题中选择自己认为合适的方式，并说明为什么。

1. 当我对某人生气时，我会：

A. 做出一些有关我的情绪暗示，让对方能感觉到

B. 把我的情绪感受直接告诉对方

C. 马上避开这个人，直到我气消了，平静下来为止

D. 对他发脾气，并且让他离开

E. 用讽刺的方式，挖苦对方

2. 当某人对我生气时，我会：

A. 不理睬他

B. 以生气的方式回应他

C. 要求对方说明生气的理由，并以坦率的方式面对

D. 不问理由地先向他道歉

E. 暂时避开他，待对方情绪平息后再问原因

F. 开个玩笑，尽量用幽默方式来缓和双方情绪

G. 从此尽量疏远他

活动2：计算你的情绪生活时间

目的：提高对情绪的自我意识，深化情绪对于人生重要性的理解，为提高情绪生活质量奠定良好的基础。

准备：纸、笔。

时间：约5分钟。

操作：请学生计算自己各种情绪生活的具体时间。

（1）你有多少清醒的时间?

（2）在你清醒的时间里，你有哪些情绪状态?

（3）在你清醒的这段时间里，你有多少快乐或不快乐的时间?

（4）在你感到快乐的时间段中，主要是由于什么事情使你感到快乐或不快乐?

活动3：情绪红绿灯

目的：理解情绪的多样性，学会调节和控制自己的情绪，保持乐观心态。

准备：写有惊奇、愤怒、高兴、害怕、悲伤、厌恶6种情绪的卡片。

时间：约20分钟。

操作：选出6名学生为扮演者，分别表演惊奇、愤怒、高兴、害怕、悲伤、厌恶6种面部表情。将写有这些情绪的卡片分别呈现给6位学生，但不能让其他学生看到。然后由这6名学生分别进行情绪表演，每次表演完后，让其他学生猜测刚才表演的是什么情绪，给予适当的评价并谈谈自己的感受。

活动4：体验情绪的力量

目的：体验正面和负面情绪对个人的影响。

准备：纸、笔。

时间：约15分钟。

操作：

（1）请你认真思考，写下自己的10个优点，写完之后，用心地默念3遍，然后闭上眼睛，在心中再认真地默念3遍。

（2）睁开眼睛，伸出双手，请坐在身边的同学压一压，细心体会用力的大小及内心的感受。

（3）再认真思考，写下自己的10个缺点，写完之后，用心地默念3遍，然后闭上眼睛，在心中再认真地默念3遍。

（4）睁开眼睛，伸出双手再请刚才的那个同学压一压，看看有什么感觉。细心体会一下两次压手的用力程度是否一样。

活动5：自我负面情绪探究

目的：通过详细讨论自己过去负面情绪的经历和体验，找出负面情绪背后的原因。

准备：事先制作好的自我负面情绪探究表格。

我的负面情绪探究

含糊描述：____
具体描述：____
____
____
____

时间：约20分钟。

操作：请同学们写出曾经经历过的负面情绪，然后用具体描述来使自己的经验、行为和情感变得清晰，从而找出情绪背后的行为或经验原因。

【示例】

含糊描述：有时候我觉得自己是一个相当敏感和心怀怨恨的人。

具体描述：我不能接受别人的批评。当我获得任何消极的反馈时，我通常微笑一下，

看上去一副满不在乎的样子，但在心里就感到不舒服了，对提意见的人也开始闹意见了。我对自己说：那个人得为自己说的话付出代价。我发现即使想让自己承认这一点也是很难的，这听起来太小气了。例如，上周我从被自己看成是朋友的王华那里得到一些消极的反馈，我感到了气愤和受伤，并从此找机会在班上找他的茬，由于一直没找到什么把柄，我心里挺不好受的。

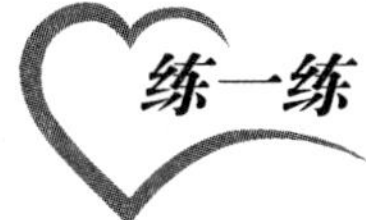

练一练

一、情绪的组成成分有哪些?

二、大学生情绪特征有哪些?

三、大学生常见的不良情绪及调节方式有哪些?

四、以“我的情绪我做主”为题写一篇我的情绪故事：要求结合自身学习、生活实际，深入分析自己在情绪表达、情绪调节等方面的典型特点，以促进对情绪重要性的认识，加深自我了解。

第九章

大学生人际交往

交往是人类活动的基本形式。心理学研究表明，人类对爱、关心、尊重等交往性活动的需要，在其重要性上并不亚于对食物、性等生理方面的需要。在现实生活中，人们在交往中所形成的人际关系状况往往是一个人的心理健康水平和社会适应能力的综合体现，甚至在很大程度上决定着一个人事业的成败和人生的幸福。对处于青年时期的大学生而言，人际交往又是其自我成熟、个性完善的重要途径，大学生人际关系的好坏，直接影响到大学生的社会适应和发展。然而，置身于纷繁复杂的人际交往中，不少大学生感到迷茫困扰，无所适从，甚至苦恼、痛苦。如果这些问题得不到及时解决，就会对大学生的生活、学习乃至身心健康产生严重影响。

目前，人们对人际交往的重要性已有一定的认识，但对于人际交往的相关理论还知之甚少，特别是人际交往能力的提高训练上还缺乏可操作的并富有实际效果的方法和措施。因此，了解大学生人际交往的基本理论，深入探讨大学生人际交往心理问题、分析其深层原因以及如何增强大学生人际交往能力，建立良好人际关系等，将会对大学生成功地进行人际交往提供有效的帮助。

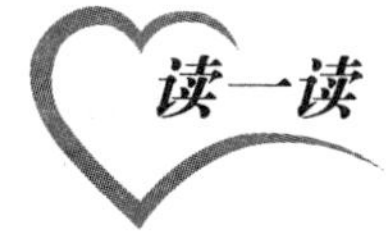

一、大学生人际交往概述

（一）人际交往的概念

什么是人际交往呢？人们在社会生活和社会实践中总要同他人发生这样或那样的联系，这些联系必须通过人与人之间的交往来完成。这种人们为了满足某种需要而相互进行的交流或联系，称为人际交往。人际交往既是人类所特有的高级活动形式，又是人类共同活动的一种特殊形式。说它是高级活动形式，是因为它是把人际交往同自然界的一切动物相比较而言的；说它是特殊活动形式，是因为人际交往必须是两人或两人以上通过一定的方式发生某种沟通和交流的活动。人际交往是人们在生活实践中通过互相交往与相互作用形成的人与人的直接心理联系。

人际交往的形式多种多样。按照不同的分类标准，可以将人际交往分为不同的形式和类别。按交往的规模分类，有个体间交往、个体与群体间交往、群体与群体间交往；按交往媒介分类，有语言交往和非语言交往；按交往的手段分类，有直接交往和间接交往。不同的交往形式和种类都有其不同的功能和作用。

大学生的人际交往大都是在学习生活基础上发展起来的，其主要形式有同学之间交往、师生交往以及家庭和社会交往关系。其交往随时代的发展而注入不同的内容，交往形式不断丰富且越来越多样化。

（二）人际交往对大学生健康成长的作用和意义

1. 人际交往有助于大学生智力的开发和学习效率的提高

大学生的主要任务是学习知识、开发智能。而智能的开发、学习效率的提高不仅取决于个人的努力，还与其他许多因素有关，人际关系就是其中重要因素。具体表现在以下几个方面：

第一，良好的人际交往有助于大学生的信息交流。人与人之间的接触与往来，是彼此交流信息、思想和感情的过程。当今的时代是信息的时代、知识的时代，科学技术日新月异，各种新知识层出不穷，而一个人的信息量、知识面毕竟很有限，单枪匹马很难博闻广记。大学生只有依靠师生群体，纵横交织，广泛交流，才能加深理解，拓宽知识。

第二，良好的人际交往有助于大学生的智力开发和技能的提高。在与人交谈时，思维被激活，灵感频现。在许多情况下，自己百思不得其解的问题，在与人的偶然交谈中，顿时能豁然开朗，迎刃而解。著名华裔科学家、诺贝尔奖获得者李政道教授和杨振宁教授合作打破宇称守恒定律，就是在一起吃饭交谈时突发灵感而产生的。

第三，良好的人际交往有助于提高大学生的学习效率。生活在一个不团结的集体里，关系紧张，人情冷漠，互相嫉妒，学习效率不会高。反之，在一个班级或宿舍里，人际关系健康，和谐的空气很浓，生活在这样一个有向心力、凝聚力的群体里，大家自然感到心情舒畅，学习效率自然会与日俱增。

2. 良好的人际交往有助于大学生个性发展与社会化

首先，良好的人际交往有助于大学生自我意识的形成和发展。意识不是凭空产生的，它是社会实践的结果。人们在社会参与中改善自己的现实，同时，也改善着自己思维的产物。大学生的自我意识归根到底是由其所处的生活环境特别是人际环境决定的。

其次，良好的人际交往有助于提高大学生的自我认知和评价能力。大学生自我评价能力的突出表现是自我评价的两极性，这种两极性具有很大危害。置身于良好人际关系中，使大学生时时感到自己为他人所接受、所承认，从而满足了自尊心，提高了自信心，意识到自己对他人和社会的价值。与此同时，大学生通过别人对自己的态度、评价，可以提高自我评价的能力，使自我评价逐步变得客观、全面。

再次，良好的人际交往促进了大学生自我意识与社会意识的统一。大学生自我意识不仅表现为个体之间的差异，而且还表现为社会意识之间的差异，如果对这种差异没有足够的认识，不努力去缩小，则容易带来挫折和失败，不利于自身的发展。置身于良好的人际关系中，大学生可能检核自己的目标、需要看与社会和他人是否协调，从而不断地进行调整、纠正，力求达到自我意识与社会意识的有机统一。

3. 良好的人际交往有利于大学生的心理保健

心理学研究表明，每个人都有归属和安全的需要，都有强烈的交往愿望，都害怕孤独。大学生更是这样，他们远离家乡、亲人，异地求学，心中难免有失落感和孤独感，尤其是危急、孤独和焦虑时，更增加了惆怅心理，这时很需要找人倾诉、交流，从交谈中得到精神上的慰藉。如果一个大学生过于孤僻，不愿意与人相处，封闭自己，长此以往，就会在空虚和孤独中越陷越深，很容易导致心理疾病。可见，良好的人际交往促进大学生心理健康的作用是不容忽视的。

二、大学生人际交往的相关理论及影响因素

（一）大学生人际交往的相关理论基础

在人际交往中，相互吸引只是关系发展的一部分。吸引可以增加人们相互交往的动机，但是它并不能保证关系的顺利发展。关系的进展，还要取决于人们的交往行为与交往动机。交往行为包括工具性的交换和情感的交流，前者如互通有无、相互帮助等，后者如自我表露与内心交流、情感支持及相互陪伴等。交往动机则是指人们在交往中到底想得到

什么。

1. 社会交换理论

在社会交换理论（social exchange theory）看来，人际交往是一个社会交换的过程，人们之间的所有活动都是交换，是一种准经济交易：当你与他人交往时，你希望获取一定的利益，作为回报，也准备给予他人某种东西，他人也是如此。这种理论假定交换中的个体都是自利的（self-interested）：人们试图使自己的收益最大化，并使自己的成本最小化，从而确保交换结果是一个正的净收益。在这里，交换的东西是非常广泛的，可以是物质的，也可以是“社会”性的，包括信息、金钱、地位、情感和物品等。

2. 自我表露理论

广义地来说，社会交换过程也包含情感的交流，而情感交流是与自我表露分不开的。所谓自我表露就是他们常说的“敞开心扉”，即把有关自我的信息、自己内心的思想和情感暴露给对方。良好的人际关系是在交往双方的自我表露逐渐增加的过程中发展起来的。

自我表露（self-disclosure）可以增加他人对你的喜欢。自我表露本身具有很强的象征性，它给对方一个强有力的信号：你对他（她）相当信任，愿意有进一步的交往。而且，对他人的自我表露可以引发他人做自我表露，由此可以增进相互理解，相互信任。

3. 交往分析理论

交往分析理论

交往分析理论又叫PAC理论，最初是由心理学家伯恩（Berne）提出的。他认为，每个人的个性中都包括三种成分，就好像一个人身上的三个小我：父母、成人与孩童。

父母（parent，简称P）身份以权威和优越感为标志。通常表现为统治人、训斥人等权威式的作风。这种状态学自父母与其他权威人物。当一个人的人格结构中P成分占优势时，他的行为表现为：凭主观印象办事，独断专行，滥用权威。

成人（adult，简称A）身份表现了客观与理智。其行为表现为：待人接物冷静，慎思明断，对自己负责，对他人尊重。

孩童（child，简称C）身份像婴儿的冲动，表现为服从和任人摆布，喜怒无常，感情用事，一会儿天真可爱，一会儿乱发脾气，让人讨厌。他的表现都是即兴的，不负责任，追求享乐，玩世不恭，遇事无主见，逃避退缩，自我中心，不管他人。

在P、A、C三种成分中，P、C具有盲目性、被动性与两面性。而A具有自觉性、客观性与探索性，致力于弄清事物真相、事物间的关系与变化规律，能够站在别人的角度审视自己，具有反省能力。根据PAC理论，不同的心态可以构成不同的交往组合。当交往双方的相互作用构成一种平行关系时，交往就是可持续的，对话可无限制地继续下去。这种交往有6种具体形式：P-P、A-A、C-C、C-P、A-P、C-A。在这6种交往形式中，P-P双方都自以为是，这不顺眼，那也不好，双方谈得很投机，但都在指责别人。这样的两个人，一直在一起交往，久而久之，会互相助长偏激苛求的性格。C-C交往则有些同流合污的味道，两人一拍即合，但都不负责任。C-P、A-P、C-A，均属于互补型的交往，他期望对方的，刚好是对方回应的。这种交往因为互补，所以能够持续，但却潜藏着不平等与依赖，长期下来，也不利于交往双方的发展。只有A-A交往是最健康的，大家都本着负责与尊重的原则，力图合情合理地解决问题，因此，A-A交往是最成功的。

（二）大学生人际交往的影响因素

影响大学生人际交往的因素很多，既有社会环境情境等客观因素，也有大学生自身个性等主观心理原因。但是影响人际交往的环境因素通过心理因素才能真正起作用。

1. 时空接近性因素

心理学家经过研究表明，新朋友多是住得很近的邻居，而距离愈远，成为朋友的机会就愈少。空间上的距离越小，接触的次数就越多，就越容易建立起密切的人际关系。另外，时间上的接近，如同龄、同期入学、同期毕业等，也易于在感情上相互接近，产生相互吸引。时空接近性是密切人际关系的重要条件，但也不是绝对的。有的时候，时空过于接近，交往过于频繁，反而容易造成摩擦和冲突，影响人际关系的巩固和发展。

2. 相似性因素

心理学研究认为，交往双方越具有相似之处，就越能相互吸引，产生亲密感。相似主要有以下几个方面：一是兴趣爱好相似，二是地位、经历相似，三是观点、志趣相似。为什么观点、态度、个性相似的人容易相互吸引呢？费斯廷格的社会比较理论解释为：人人都具有自我评价的倾向，而他人的认同是支持自己评价的有力依据，具有很高的酬偿和强化力量，因而能产生很强的吸引和凝聚力。

心理学经典实验之人际关系的相似性因素实验

美国心理学家纽科姆（Newcomb，1961）曾在密执安大学做过一实验，实验对象是17名大学生。实验者为他们免费提供住宿4个月，交换条件是要求他们定期接受谈话和测验。在被试进入宿舍前先测定她们关于政治、经济、审美、社会福利等方面的态度和价值观以及他们的人格特征。然后将那些态度、价值观和人格特征相似和不相似的学生混合安排在几个房间里一起生活4个月。4个月后定期测定他们对上述问题的看法和态度，让他们相互评定室内人，喜欢谁不喜欢谁。实验结果表明，在相处的初期，空间距离的邻近性决定人际吸引，到了后期相互吸引发生了变化，彼此间的态度和价值观越相似的人，相互间的吸引力越强。心理学家的进一步研究还发现，只要对方和自己的态度相似，哪怕在其他方面有缺陷，同样也会对自己产生很大吸引力。

3. 互补性因素

有的时候，当交往双方的个性或需要及满足需要的途径正好成为互补关系时，也能产生强烈的吸引力。这些就是人们常说的“不是冤家不聚头”、“相辅相成”的道理。研究表明，两个气质不同的学生组成学习小组，团结搞得好，学习效果也很显著。需要注意的是，在人际交往中相似性因素是基础，互补性因素仅起补充作用。也就是说，互补是有条件、有范围的。一个办事风风火火、果断利索的人，如果不欣赏办事小心谨慎、犹豫不决的人，那么，尽管后者能成为前者个性的一种补充，但仍难以使之喜欢，形不成有助于人际关系的互补因素。

4. 认知因素

（1）首因效应。首因效应是指初次对人的知觉所形成的印象往往最鲜明最牢固，并对以后的人际知觉及人际交往产生深刻的影响。在人际交往中，首因效应往往使人际认知带有表面性、片面性。首因效应在大学生人际交往中较为普遍。有些大学生往往仅凭第一印象就轻易地对别人作判断下结论。第一印象好什么都好，第一印象不好，就不屑于交往。这种先入为主的认知方式容易使人陷入人际交往的误区，这是应当尽量避免的。

（2）近因效应。近因效应即人所获得的最新印象对其以后的认知具有强烈的影响，这就是心理学上所说的“后摄”作用。近因效应在大学生的人际交往中也是普遍存在的。如有的大学生平时一贯表现很好，可一旦做了一件错事，或犯了一点错误，就容易给别的同学留下很深的负面印象；与此相反，有的大学生平时表现一般，但一到评优或选班干部时，着意表现自己，做一点表面文章，也容易取得一部分同学的好感。大学生在人际交往中应注意克服近因效应带来的认知偏差，要用动态的、历史的、发展的眼光看待他人，看待人际交往。

（3）晕轮效应。晕轮效应也称光环效应，是指在人际认知中，人们常常把对方所具有的某个特性泛化到其他一系列尚不知道的特征上，也就是从已知的特征推及未知特征，从局部推知形成一个完整的印象。如某一位学生学习成绩优秀，就认为他（她）什么都好，甚至连他（她）的一些缺点和不良个性也被当做特点而加以肯定和效仿；而当一个人缺点比较明显时，则他（她）的其他优点也往往被忽视。受光环效应影响的大学生在人际交往中容易犯以点代面、以偏概全的毛病。

（4）投射效应。投射效应是指在人际交往中，认知者形成对别人的印象时总是假设他人与自己有相同的倾向、特征。比如有的同学喜欢背后议论别人，总以为别人时常背后议论他；惯于讲假话的人常常不相信别人的话。投射效应的实质就在于从主观出发简单地去认知他人，自我与非他不分，主观与客观不分、认知的主体与认知的对象不分，其结果导致认知的主观性、任意性，进而增加了人际交往中的误会和矛盾。

伤痕实验：人际交往中的镜子效应

美国某大学做过一个有趣的心理学实验，名曰："伤痕实验"。在志愿者的脸上做出一道逼真的血肉模糊、触目惊心的伤痕。然后让这些脸上有伤痕的志愿者到人群中体验众人的眼光，观察一下人们对自己面部伤痕的反应。

其中有一道程序是不允许志愿者知晓的：在出门之前，志愿者们必须到一个无镜子的房间，对伤痕进行一次防脱落的处理。实际上是工作人员用化妆纸把刚才做好的伤痕抹掉，不留下任何痕迹，让志愿者按照本来的面目出门。对此毫不知晓的志愿者们，带着"伤痕"出门体验和观察人们的反应。在规定的时间内返回后，志愿者们无一例外地叙述了相同的感受：感受到人们惊诧的眼神、恐惧的目光、不解与不屑的审视，以及有许多人好奇、粗暴、无理地盯着自己的脸看。

实际上，每个人的脸上什么也没有，和平时一模一样。

为什么会得出这样的结论？志愿者为何会具有相同的心理感受呢？这正是实验得到的结论：一个人在内心怎样认知自己，在外界就能感受到什么样的眼光。换句话说：别人是以他们看待自己的方式看待他们。

伤痕实验的启示在于，自己如何看待生活，生活就如何回报他们。自己如何对待他人，他人也同样看待自己。自己的微笑会招来春风，自己的恶语会招来尘暴。这就犹如照镜子，冲着镜子做什么表情，镜子就将如实反映。

（5）定式效应。定式效应是指在人的头脑中存在某些固定化认识，影响着对人的认知和评价。定式则是指头脑中已有的某些观念。其中有些是个体自己形成的，有些则是社会上长期流传和沿袭下来的习惯看法、观念在头脑中的留存。比如人们始终认为年轻人气盛轻浮、办事不牢靠，老年人持重保守等。定式效应有两方面的作用，积极的作用是使认知他人的过程简化，有利于对被认知的人和事物作出概括性的反映，它给予人的是经验；但另一方面，消极影响也显而易见，使人在认知过程中产生有害的偏见、成见，甚至错觉，给人际交往带来负面影响。

5. 人格因素

人格因素是人际关系中的重要因素。一个人如果在能力、特长、气质、性格、涵养、品质等方面比较突出、优秀，往往能形成很强的吸引力。在大学生群体中有助于人际交往的人格特征是：尊重关心他人，善于理解、乐于助人，富有同情心；热心集体活动，工作认真负责，有特长，能力强；稳重、耐心、宽容、真诚、开朗等。而不利于人际交往的人格特征是：以自我为中心，自私狭隘，只关心自己，不肯为他人的利益和处境着想，嫉妒心较强；对集体工作缺乏责任感，办事敷衍了事，华而不实或完全置身于集体之外；对人冷淡、虚伪、固执、爱吹毛求疵，苛求他人，不尊重他人，支配欲过强，或表现为过分自卑、内向，缺乏自信心，过于服从或取悦他人，依赖心理太强等。

6. 外表因素

文学家说，美是介绍信，是通行证。外表因素虽然只是一种外在因素，但在人际交往中却起着不可小视的作用。一个人，如果经常衣冠不整，蓬头垢面，不修边幅，萎靡不振，在人际交往时就很难引起他人视觉上的好感，开局不佳，必然有损于双方下一步的愉悦交往。相反，如果一个人长相俊美，衣着整洁，仪表出众，言行举止文明得体，在与人交往中一定能给对方以良好的第一印象，容易使对方接纳自己。大学生在人际交往中，固然不能以貌取人，但适当注意自己的仪表形象是必要的。

三、大学生人际交往原则及技巧

（一）人际交往的基本原则

人际交往是一个非常复杂的过程，大学生人际交往是适应社会的必然社会活动。因此建立一个良好的人际关系不能脱离现实社会的基本原则和要求，遵循以下5个交往原则至关重要。

1. 互益原则

人际关系，实际上是人与人之间心理上的关系，反映了个人或群体寻求满足其社会需要的心理状态。因此，人际关系的变化与发展决定于双方社会需要的满足的程度。如果双方在相互交往中都获得了各自的社会需要的满足，相互之间才能发生并保持接近的心理关系，表现为友好的情感。反之，就可能彼此疏远。不同层次的人际关系反映了人和人之间相互需要的吸引的程度。

2. 诚信原则

以诚待人，讲求信义是人际交往得以延续和深化的保证。在交往中，只有彼此抱着心诚意善的动机和态度，才能相互理解、接纳、信任，感情上引起共鸣，使交往关系巩固和发展。

3. 尊重原则

尽管由于主、客观因素影响，人与人在气质、性格、能力、知识等方面存在差异，但在人格上是平等的。只有尊重自己和尊重他人，才能保持人际交往各方的平等地位。有位同学家中遇到不幸，断了经济来源。班上一位同学得知消息，立即在大庭广众之下，给他100元，结果那位同学非但不感激，而且很生气。如果热心助人者，能体谅同学的自尊心，换一种帮助的方式，如以无息借予或互通有无等方式处理，情况或许会好得多。

4. 宽容原则

宽容表现为对是非原则问题不斤斤计较，能够宽以待人，求同存异，以德报怨。宽容有助于扩大交往空间，滋润人际关系，消除人际间的紧张和矛盾。在人际交往中，由于个体差异或不可预见的阴差阳错，因误会、不理解而产生矛盾不可避免。如果有人刺着你或伤着你，你就耿耿于怀，以牙还牙，必然导致恶性循环。反之，如果你相信人的感情是可以诱导的，绝大多数人都可以良心发现，虚怀若谷，宽容别人，“投之以木桃”，则他人迟早也会礼尚往来而“报之以琼瑶”的。

5. 适度原则

交往的时间要适度。大学生的主要任务是学习，要防止因过于强调交往的重要性而投入太多的时间和精力。交往的距离要适度。朋友之间保持一定的距离是很必要的，只是不同程度的朋友其距离的大小可以有区别。交往的频度要适度。有的同学交往，关系好时，形影不离。一朝不和，即互相攻击，老死不相往来，这对双方的心理健康和人际关系发展都不利。人际交往，应该疏密有度。

（二）掌握人际交往的艺术

1. 语言艺术

“良言一句三冬暖，恶语伤人六月寒。”这两句话告诉我们交往时要注意运用语言的艺术。语言艺术运用得好，就能优化人际交往。相反，如果不注意语言艺术，往往在无意间就会出口伤人，产生矛盾。

(1)称呼得体。称呼反映出人们之间心理关系的密切程度。恰当得体的称呼，使人能获得一种心理满足，使对方感到亲切，交往便有了良好的心理气氛；称呼不得体，往往会引起对方的不快甚至愤怒，使交往受阻或中断。所以，在交往过程中，要根据对方的年龄、身份等具体情况及交往的场合、双方关系的亲疏远近来决定对方的称呼。对长辈的称呼要尊敬，对同辈的称呼要亲切、友好，对关系密切的人可直呼其名，对不熟悉的要用全称。

(2)恰当传递感情。 正确运用语言，表达清楚、生动、准确、有感染力、逻辑性强，少用土语和方言，切忌平平淡淡、滥用辞藻、含含糊糊、干巴枯燥。

语音、语调、语速要恰当，要根据谈话的内容和场合，采取相应的语音、语调和语速；讲笑话要注意对象、场合、分寸，以免笑话讲得不得体，伤害他人的自尊心。

要适度地称赞对方，每个人都希望别人赞美自己的优点。如果我们能够发掘对方的优点，进行赞美，他会很乐意与你多交往。但是赞美要适度，要有具体内容，绝不能曲意逢迎。真诚的赞美往往能获得出乎意料的效果。

要避免争论，青年大学生喜欢争论，但争论往往是在互不服输、面红耳赤、不愉快甚至演化成直接的人身攻击或严重的敌意中结束。这对人际关系的影响是显而易见的。因此大学生要尽量避免争论，而要通过讨论、协商的途径解决分歧。

语言艺术运用得好，就能吸引和抓住对方，从内容到形式适应对方的心理需要、知识经验、双方关系及交往场合，使交往关系密切起来。

2. 非语言艺术

一般包括眼神、手势、面部表情、姿态、位置、距离等。掌握和运用好这种交往艺术，对大学生搞好人际交往是不可少的。“眼睛是心灵的窗户”，“眼睛像嘴一样会说话”。面部表情是内心情绪的外在表现，它们均能表达人的态度和情感。如眉飞色舞表示内心高兴，怒目圆睁表示愤怒等。交往中还可用人体动作来表达思想，大学生在人际交往中根据谈话的内容和场合，正确运用非语言艺术，巧妙地表达自己的思想感情，有时能起到“此时无声胜有声”的作用。但非语言艺术要运用得恰到好处，不可过于频繁和夸张，以免给人手舞足蹈之感。

此外，大学生还要学会有效地聆听。人际关系学者认为“倾听”是维持人际关系的有效法宝，几乎所有的人都喜欢人听他讲话，所以，大学生要学会有效地聆听。在沟通时，作为听者要少讲多听，不要打断对方的谈话，最好不要插话，要等别人讲完之后再发表自己的见解。要尽量表现出聆听的兴趣，听别人讲话时要正视对方，切忌小动作，以免对方认为你不耐烦；力求在对方的角色上设身处地地考虑问题，对对方表示关心、理解和同情；不要轻易地与对方争论或妄加评论。

（三）努力增强自己的人际魅力

人际魅力，是指在人际交往过程中形成的，个体对他人给予的积极和正面评价的倾向。每个人都有自己喜欢的人，并愿意与之交往；每个人也都有自己讨厌的人，不愿意和这些人交往。这种现象反映的实际上就是人际吸引。那么，大学生如何增强人际吸引力，做一个受欢迎的人呢?

1. 努力建立良好的第一印象

怎样表现才能给人留下良好的第一印象呢？心理学家卡耐基在其著作《怎样赢得朋友，怎样影响别人》一书中总结出给人留下良好的第一印象的六种途径：

（1）真诚地对别人感兴趣；

（2）微笑；

（3）多提别人的名字；

（4）做一个耐心的听者，鼓励别人谈他们自己；

（5）谈符合别人兴趣的话题；

（6）以真诚的方式让别人感到他很重要。

2. 提高个人的外在素质

追求美、欣赏美、塑造美是人的天性。美的外貌、风度能使人感到轻松愉快，并且在心理上构成一种精神的酬赏。所以，大学生应恰当地修饰自己的容貌，扬长避短，注意在不同场合下选择样式和色彩符合自己的服装，形成自己独特的气质和风度。同时，大学生应注意追求外在美和内在美的协调一致，即外秀内慧，因随着时间的推移，交往的加深，外在美的作用会逐渐减弱，对他人的吸引会逐渐由外及内，从相貌、仪表转为道德、才能。

3. 培养良好的个性特征

良好的个性特征对建立良好的人际关系有吸引作用，不良个性特征对建立良好的人际关系有阻碍作用。生活中，大家都愿意与性格良好的人交往，没有人愿意与自私、虚伪、狡猾、性情粗暴、心胸狭隘的人打交道。因此，要不断形成良好的个性特征，注意克服性格上的弱点。

4. 加强交往，密切关系

心理学研究表明，人与人之间空间距离上的接近，是促进人际吸引的重要因素，因为人与人之间空间位置上越接近，彼此交往的频率就越高，越有助于相互了解，沟通情感、密切关系。即使两个人的人际关系比较紧张，通过交往，也有可能逐步消除猜疑、误会。反之，即使两人关系很好，但如果长期不交往，彼此了解减少，其关系也可能逐渐淡薄。大学生同住在一起，接触密切，这是建立友情的良好的客观条件，应充分利用这一条件，与朋友保持适度的接触频率，才使人际关系不至于淡化甚至消失。切忌“有事有人，无事无人”。

四、大学生人际交往中的交往心理障碍分析及调适

处于青年期的大学生，思想活跃，精力充沛，兴趣广泛，人际交往的需要极为强烈。他们力图通过人际交往去认识世界，获得友谊，满足自己物质和精神上的各种需要。但在交往过程中，有的交往顺利，心情舒畅、身心健康；有的交往受挫，便心情郁闷，身心受损，产生各种不良后果。这在大学生中极为常见。一般来说，大学生在人际交往过程中，出现一些困难或不适应是难免的，但如果个体的人际关系严重失调，人际交往时常受阻，就说明存在着交往障碍。在大学生各种心理障碍中，人际交往障碍表现最为突出，直接影响他们正常的学习和生活。

（一）社交恐惧心理及矫正

社交恐惧是指在某种特定的社交情景中对人或活动本身产生强烈的恐惧感或紧张不安，从而不得不采取回避行为的一种社交心理障碍。对社交生活和群体的不适应而产生的恐惧和社交障碍在医学领域上被称为一种精神上的疾病——社交恐惧症。社交恐惧的表现形式不仅仅是面对陌生人而手足无措，而且还表现为不能在公众场合打电话，不能在公众场合和人共饮，不能单独和陌生人见面，不能在有人注视下工作等较为极端的行为。在这种恐惧、焦虑的情绪出现时，还常伴有心慌、颤抖、出汗、呼吸困难等症状。

大学生交往的愿望很强烈，渴望得到别人的肯定和接纳，渴望理解，渴望友谊。但有的大学生对交往有恐惧心理，与人交往时胆怯、害羞、自卑，害怕被人看不起，害怕交往会遭到失败。他们的行为往往与内心的愿望不符，极力回避与人接触，不得不交往时则紧张、恐惧、心跳加快、面红耳赤，难以自制。在大学生中社交恐惧主要表现为害怕见生人、异性、领导、老师，甚至害怕见熟人、同学、朋友；害怕在众人面前出现；害怕被人注意，尤其害怕一对一的社交环境。严重者不敢去上课，出门上街，拒绝与人交往。

真正摆脱社交恐惧，需积极进行自疗，主要有以下几个方法：

（1）不否定自己，不断地告诫自己“我是最好的”，“天生我材必有用”。

（2）不苛求自己，能做到什么地步就做到什么地步，只要尽力了，不成功也没关系。

（3）不回忆不愉快的过去，过去的就让他过去，没有什么比现在更重要的了。

（4）友善地对待别人，助人为快乐之本，在帮助他人时能忘却自己的烦恼，同时也可以证明自己的价值存在。

（5）找个倾诉对象，有烦恼时一定要说出来，找个可信赖的人说出自己的烦恼。可能他人无法帮你解决问题，但至少可以让你发泄一下。

（6）每天给自己10分钟的思考时间，不断总结自己才能够不断面对新的问题和挑战。

（7）到人多的地方去，让不断过往的人流在眼前经过，试图给人们以微笑。

（二）交往自卑心理及矫正

自卑是不信任自己、总是以失败来衡量自己时所产生的一种消极情绪体验。社交自卑的大学生在人际交往中存在“他不行”、“他不如别人”等消极的自我卑微感。其常见的表现是敏感、抑郁、悲观、孤僻、言行被动；在社交场合，表现拘谨、事事避让、处处退缩，不敢抛头露面，生怕当众出丑，在感到自己处处不如人的同时，也害怕别人瞧不起自己。于是敏感多疑，胆小孤僻，不敢面对人生，不思进取，逃避责任。一般来讲，社交自卑感严重的人，大多性格内向、感情脆弱、多愁善感。这种人在交际场合，不是积极参与，主动交流，而是过于警觉，被动防守，消极等待，担心在交往中失面子，受伤害。

自卑是一种过低的自我评价。自卑的浅层感受是别人看不起自己，而深层的体验是自己看不起自己。实际上，自卑并不一定能力低下，而是凡事期望值过高，不切实际，在交往中总想把自己的形象理想化，惧怕丢丑、受挫或遭到他人的拒绝与耻笑。这种心境使自卑者在交往中常感到不安，因而常将社交圈子限制在狭小的范围内。也有的人从一个极端走向另一个极端，他们为了掩饰自己极度自卑的心理，以求得消极的心理补偿，反而表现出狂妄自大、目中无人、暴躁无理的行为特征。

严重的自卑感会造成人的心理变态，给学习和生活带来精神负担。他们要尽力引导大学生克服这些不必要的自卑感。主要方法有：

1. 正确认识自己，提高自我评价能力

要善于发现自己的长处、肯定自己的成绩，同时要正确看待别人，切不可把自己看得一无是处而把别人看得完美无缺。有的时候，为了提高自信心，适当地挑一挑比自己出色的人的毛病，也是必要的。

2. 弥补不足，增强自身的魅力

一个人虽然不能改变自己的生理和自然素质，但却可以在实践中提高修养，丰富知识，增强能力。因此，人不能总是为那些自己不能改变的因素而忧虑、悲伤，而应去努力改变那些自己可以改变的，还要善于取长补短，创造那些自己可以创造的。事实证明，在人际交往中，后天培养的内在魅力，比天赋美貌的魅力作用更具持久性。

3. 运用积极的自我暗示，增强信心

人的自卑心理来源于心理上的一种消极的自我暗示，即“他不行”，也就是自己看不起自己。常怀疑自己的知识和能力，常常以己之短与人之长相比，于是，相形见绌，自惭形秽。在社交中要进行积极的心理暗示：我行！我一定能成功！经常进行积极的心理暗示和自我鼓励，社交自信心就会大大增强。

4. 正确看待挫折，合理归因

人际交往难免有挫折和失败，要紧的是总结经验、吸取教训，而且不要老是沉溺在失败的回忆中，唉声叹气、自怨自责，而要认识到失败也是他们所需要的，挫折是人生成长的催熟剂。科学、客观地总结失败原因，振作精神，勇敢地投入新的社交活动。

（三）社交封闭心理及矫正

自我封闭是指将自己与外界隔绝开来，很少或根本没有社交活动，除了必要的工作、学习、购物以外，大部分时间将自己关在家里，不与他人来往。自我封闭者都很孤独，没有朋友，甚至害怕社交活动，因而是一种环境不适的病态心理现象。

自我封闭心理实质上是一种心理防御机制。由于个人在生活及成长过程中常常可能遇到一些挫折引起个人的焦虑，有些人抗挫折的能力较差，使得焦虑越积越多，只能以自我封闭的方式来回避环境以降低挫折感。另外，自我封闭心理与人格发展的某些偏差有因果

关系。

从儿童来讲，如果父母管教太严，儿童便不能建立自信心，宁愿在家看电视，也不愿外出活动。从青少年来讲，如果他没有掌握一些技能，就意味着他没有获得生活自信心以进入某种社会角色，他不知道该做些什么，如何与他人相处。于是，他就没有发展出与别人共同劳动和与他人亲近的能力，而退回到自己的小天地里，不与别人有密切的往来，这样就出现了孤单与孤立。从中年人来讲，如果他是一个“自我关注”的人，他常常表现出不与他人来往。从老年人来讲，丧偶或丧子的打击，儿孙们远离自己，很易使老人心灰意懒，精神恍惚，对生活失去信心。总而言之，自我封闭阻隔了个人与社会的正常交往，使人认知狭窄，情感淡漠，人格扭曲，最终可能导致人格异常与变态。

如果有自我封闭心理现象，应该及时治疗，找医生好好聊一聊，并进行自我心理调适。

1. 学会正确对待得失

学会将成功归因于自己，把失败归结于外部因素，不在乎别人说三道四。

2. 提高对社会交往与开放自我的认识

既要了解他人，又要让他人了解自己，在社会交往中确认自己的价值，实现人生的目标，成为生活的强者。

3. 不妨试一试精神转移法

将过分关注自我的精力转移到其他事物上去以减轻心理压力，如练字、作画、唱歌、练琴等。

4. 学习交往技巧，真诚坦率地对待他人

要敢于与别人交往，虚心听取别人的意见，同时要有与任何人成为朋友的愿望。

5. 要正确看待交往挫折

不要因为交往中的一两次失败，而否定了世上的所有人，其实大多数人还是十分友好坦诚的。

（四）社交猜疑心理及矫正

心理学认为，猜测是闭路思维的结果，其特征是“自圆其说”。怀有猜疑心的人一般总是从某一假想目标出发，脱离考查，进行封闭式思维，最后又回到假想的目标上来。就像画圆一样，越画越精，越画越圆，最后“越看越像，越看越真”。中国古代有一个“人有亡铁者”的故事，形象地描绘出猜疑者的心理特征。大学生在人际交往中带有类似的猜疑心理。比如，总是以怀疑的眼光去捕风捉影，惹是生非，对任何人都怀有一种戒备之心。他们对人对事十二分的敏感。看到别人围在一起说话，就疑心是在议论自己；迎面的熟人在低头走路，就疑心人家对自己有意见而不同自己打招呼；宿舍里丢了东西，往往看表面、乱猜疑；等等。这样的一些事，无疑会有损团结，伤害同学的感情，影响人际交往的和谐。

人际交往中的猜疑难以避免，但如果猜疑心理过重，对什么都怀疑，则容易造成人与人之间的隔阂、矛盾和冲突，伤害了别人的感情，也孤立了自己，导致人际关系紧张。因此，大学生必须注意克服自身存在的好猜疑的毛病。消除猜疑心理可以有许多途径：

1. 学会正确的人际认知方法

对他人和事物的认识要力求客观、全面、公正，切忌只凭主观臆想轻率地下结论，也不能只凭一两次交往就断定交往对象是什么样的人。只有对他人认知正确了、全面了、深刻了，才会避免乱猜疑。比如，你与一个人长期交往，对其品德、为人非常了解，你就不会轻易怀疑他。

2. 加强沟通，多作调查研究

出现了疑点，不要马上乱猜测、乱对号，否则就会产生忌恨和报复心理。要主动与你所怀疑的对象多接触、多交流，该敞开谈的要敞开谈，这样，往往会得到你意想不到的信息。生活中经常有这样的情况，某件事，你坚信是某人所为，但经过谈心、交流或侧面调查、了解，结果发现，那件事与你怀疑的对象根本就无关。

3. 学会“冷处理”

一事当前，乱猜疑者与善于进行耐心调查者的区别是什么呢？无非是前者“急功近利”，想用省事的方法达到目的，其实是不能获得事半功倍效果的，反而常常会给自己酿成后悔莫及的苦果。对于那些一时无法得到证实的事情，最好的办法是先“放一放”，相信总有水落石出的时候。急于求成、胡乱猜疑弊多利少，远不及耐心考察的冷处理方法好。

4. 学会甄别信息

猜疑心理可能源于自身，也可能是听信别人的流言蜚语而产生的。因此，人们在人际交往中，要善于对信息和信息源进行认真的鉴别，冷静筛选，去伪存真，不可偏信。信息是与人际空间并存的，有些信息只能供参考，只有真人实事才是判断是非的依据，而对未经证实的信息，一定要做到“耳要硬，口要紧，行要慎”。“兼听则明，偏听则暗”，古人所云颇有哲理。对于小道消息不妨宁肯信其无，不可信其有；要保持警觉，遇事调查研究，切勿轻从轻信。

（五）社交嫉妒心理及矫正

社交嫉妒是指在人际交往中，因与他人比较，发现自己在才能、名誉、地位、境遇等方面不及他人而生发出来的由抱怨、憎恨、愤怒等组成的复杂情感。就大学生而言，社交嫉妒感的主要表现是：对他人的长处、成绩心怀不满，报以嫉恨，看到别人冒尖了心里不服气，总希望别人比自己稍逊一筹或相差无几。更有甚者，把自己的成功、别人的失败看做交际中的莫大快慰，乃至行为上冷嘲热讽，甚至采取不道德行为。嫉妒是一种消极的心理品质，嫉妒容易使人产生痛苦、忧伤、攻击性言论和行为，导致人际冲突和交往障碍。

社交嫉妒感是一种非常有害的心理。巴尔扎克更形象地说：“嫉妒者比任何不幸的人更为痛苦，因为别人的幸福和他自己的不幸，都将使他痛苦万分。”在人际关系交往中，嫉妒感只能给大学生带来痛苦，这种心理必须加以调节。

1. 正确看待别人的能力和长处

当别人确实在某一方面强于自己时，应该实事求是地承认，并努力赶上别人，完全用不着嫉妒和不服气。

2. 善于调整目标

当自己的目标和别人的目标一致，而别人在这方面已经超过自己很远时，可以改变目标，换一个方向去努力，也许会获得和别人一样理想的结果。

3. 善于转移注意力

不要总是把目光盯在别人的优点和长处上，也不能总是把注意力放在少数优秀人物身上，要学会退而求其次。

4. 保持良好的心态

要知道在任何一个群体中，总有人比较优秀，走在前头，也总有人相对落后一点。自己可以去努力、去争取，实在赶不上，暂时也不必强求。

5. 努力消除嫉妒心

嫉妒心是很难隐藏和掩饰的，在人际交往中容易被他人觉察。一旦别人发觉你嫉妒他（她），交往就会受到影响。与其这样，倒不如消除嫉妒心理，坦诚、轻松、愉快地与对方沟通，这样或许能获得意想不到的良性交往效果。

（六）异性交往障碍及矫正

异性交往是人际交往的重要方面，也是反映社会文明程度的重要标志。大学时期的异性交往是大学生理、心理和社会发展的一个必然要求和行为结果。进入大学后，大学生的身心发展逐渐成熟，异性交往有利于大学生的情绪稳定和心理补偿，有利于大学生的智力开发和人格完善。同时，大学时期学会与异性交往，不仅有利于他们的身心健康成长，而且有利于增强社会适应能力，有利于其一生的发展。

大学生对异性充满兴趣，渴望与异性亲近，与异性交往。同时，男女同学在学习生活中的频繁接触，以及宽松、恬静和丰富的校园环境，也为异性交往乃至异性友谊的发展提供了条件。有的大学生会和谐地与异性交往，也有的大学生羞于与异性交往，不敢与异性交谈和对视，不知道怎样与异性相处。相当一部分同学在与异性交往中表现得不自然、不自如。有的同学不能很好地把握友谊与爱情的界线，一旦交往较多，内心就会产生爱的冲动，他人也会报以异样的目光，传来风言风语，搞得自己和别人都无所适从，使交往陷入尴尬境地。这些都影响着男女同学之间交往的有效性。

大学里的异性同学交往主要是为了相互学习、相互了解、相互关心、相互帮助，是以建立同学友谊为主要目的的。因此在大学里，异性交往应该注意以下几点：

1. 正确对待异性交往，异性交往动机要纯洁

人的精神生活越丰富，异性交往就越广泛，封闭的异性交往，最易成为邪恶滋生的土壤。因此，建立正常纯洁的男女友谊，就必须在异性交往中遵循一定的原则。因为男女之间性格、气质、爱好等方面有很大的差异，在社会道德风尚、习惯方面也有一定的界限。异性交往的原则包括：

（1）交往双方一定要相互信任，互相尊重。

（2）既要反对男女之间“授受不亲”的传统观念，又要注意“男女有别”的客观事实。

（3）要从思想上和行为上分清友谊与爱情的界限。

（4）应多在集体活动中交往，若是单独相处时，一定要注意选择好环境和场所，尽量不要在偏僻、昏暗处长谈。

（5）相处中的女同学要自尊、自重，男同学要有自制力。

2. 摆正爱情的位置

异性交往不同于恋爱交往，但包括恋爱交往。因此，在异性交往中摆正爱情的位置，正确处理友谊与爱情的关系十分重要。 爱情与异性友谊在性质、感情强烈的程度、交往的范围、承担的义务等方面都不相同。爱情讲究专一、稳定、痴情，异性友谊则讲究广泛、平和、发展变化。当然，异性友谊也会发展成为爱情，但两者从本质上是不同的。因此，大学生既不要因不谈恋爱而回避异性交往，也不应仅仅为寻找爱情去接触异性。要认真严肃地对待爱情，爱情不仅是男女双方情感的交流，也是与自愿承担相应的义务紧密相连的。大学生对待爱情必须严肃认真，要做到爱情与义务、爱情与责任的统一。那种打着“恋爱自由”的旗号轻浮放荡、朝三暮四的行为是有违恋爱道德和社会规范的，也是对自己不负责任的。

总之，在同异性同学交往中，应注意言行谨慎，把握分寸，异性间是可以存在真诚的友谊的，真诚的朋友是不分性别的。

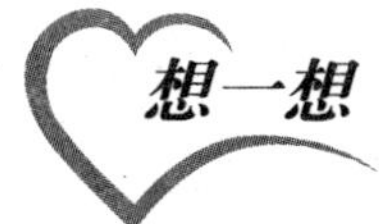

想一想

案例1

王某，男，19岁，某工科学院学生，来自农村，自幼学习勤奋刻苦，学习成绩很好，好不容易考上了大学，全家人、全村人都为他高兴。但是来到学校后，他发现自己什么都不行：不会说普通话，浓重的家乡话别人有时候听不懂，甚至引得别人发笑；穿着、举止都显得土里土气；农村英语口语教学不太好，所以上课读课文发音不准，惹得同学哄堂大笑，自己觉得很失面子；农村教育条件有限，除了学习书本知识外，无法培养什么业余爱好和文艺才能，所以在举行文体活动时，自己总是独坐一隅，好尴尬；在宿舍聊天时，城市的同学侃侃而谈，引经据典，风趣幽默，显得他孤陋寡闻，插不上话，有时好不容易发表一下看法，也常常让舍友笑话。他觉得自己处处不如人，现在他都不和舍友聊天了，上课也怕老师提问；碰到同学就紧张，不自然。他觉得同学肯定也认为他是一个怪物。其实，他特别想和同学交往，但内心里又不敢去交往，觉得心里特别难受。他该怎么办？

思考：王某遇上什么样的心理障碍了？你觉得应该如何克服？

案例2

请许多被试分三组来参加一项实验，其中一位被试是研究者的助手，亦即假被试，研究者安排这名假被试担当这些被试们的临时负责人。在每次实验的休息时间，这名助手都会离开被试们，到研究主持者的办公室向其汇报情况，其中会谈到对其他被试的印象和评价。被试们的休息室和研究主持者的办公室只有一墙之隔，虽然两人压低声音谈话，但被试们都能清楚地听到（实际上这是故意安排的）。

对于第一组，假被试从一开始就用赞赏的语气说他们如何如何好，他如何如何喜欢他们；对于第二组，假被试从始至终都对他们持否定的态度；对于第三组，先是否定，后来又肯定。

然后，研究者问所有被试，在多大程度上喜欢这个助手（在从−10分到+10的量表上作回答），结果发现，喜欢程度的平均分，第一组为6.42，第二组为2.52，第三组为7.67。

思考：这个实验说明了什么？对你有什么启发？

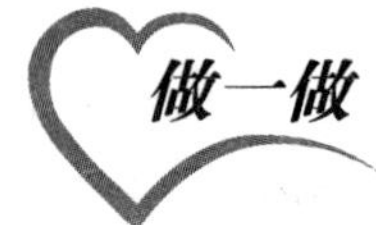
做一做

活动1：大学生人际关系测试

目的：了解自己目前的人际关系状况。
准备：纸、笔。
时间：约20分钟。
操作：

大学生人际关系综合诊断量表

这是一份人际关系行为困扰的诊断量表，共28个问题。在每个问题上，选“是”的打“√”，选“非”的打“×”。请你认真完成，然后看后面的评分计分办法和对测验结果作出的解释。

（1）关于自己的烦恼有口难言。
（2）和生人见面感觉不自然。
（3）过分地羡慕和妒忌别人。
（4）与异性交往太少。
（5）对连续不断的会谈感到困难。
（6）在社交场合感到紧张。
（7）时常伤害别人。
（8）与异性来往感觉不自然。
（9）与一大群朋友在一起，常感到孤寂或失落。
（10）极易受窘。
（11）与别人不能和睦相处。
（12）不知道与异性相处如何适可而止。
（13）当不熟悉的人对自己倾诉他的生平遭遇以求同情时，自己常感到不自在。
（14）担心别人对自己有什么坏印象。
（15）总是尽力使别人赏识自己。

（16）暗自思慕异性。

（17）时常避免表达自己的感受。

（18）对自己的仪表（容貌）缺乏信心。

（19）讨厌某人或被某人所讨厌。

（20）瞧不起异性。

（21）不能专注地倾听。

（22）自己的烦恼无人可申诉。

（23）受别人排斥与冷漠。

（24）被异性瞧不起。

（25）不能广泛地听取各种意见、看法。

（26）自己常因受伤害而暗自伤心。

（27）常被别人谈论、愚弄。

（28）与异性交往时不知如何更好地相处。

评分标准打“√”的给1分，打“×”的给0分。

测查结果的解释与辅导：

如果你得到的总分为0～8分，那么说明你在与朋友相处上的困扰较少。你善于交谈，性格比较开朗，会主动关心别人。你对周围的朋友都比较好，愿意和他们在一起，他们也都喜欢你，你们相处得不错。而且，你能够从与朋友相处中得到许多乐趣。你的生活是比较充实而且丰富多彩的，你与异性朋友也相处得很好。一句话，你不存在或较少存在交友方面的困扰，你善于与朋友相处，人缘很好，获得许多人的好感与赞同。

如果你得到的总分为9～14分，那么，你与朋友相处存在一定程度的困扰。你的人缘很一般，换句话说，你和朋友的关系并不牢固，时好时坏，经常处在一种起伏波动的状态之中。

如果你得到的总分为15～28分，那就表明你在同朋友相处上的行为困扰较严重；分数超过20分，则表明你的人际关系的行为困扰程度很严重而且在心理上出现较为明显的障碍。你可能不善于交谈，也可能是一个性格孤僻的人，不开朗，或者有明显的自高自大、讨人嫌的行为。

大学生在人际关系上所存在的一些心理健康总是主要表现为以自我为中心、多疑、害羞、孤僻、自卑、嫉妒、社交恐惧症等。一些研究表明，人际关系不和谐的大学生，其个人的成才及其未来的成就会因此而受到严重的影响。及时地诊断并采取必要的措施予以治疗，是消除大学生人际关系方面心理障碍的较好途径。

活动2：交流的技巧

目的：体会单方面交流和被迫信息的困难，提醒采用互动的方式进行交流。

时间：20分钟。

操作：

（1）请一位学员来协助做这个游戏，给他看事先准备好的一张图。

（2）告诉其他学员，这个学员将为他们描述这张图的内容，请他们按照这个学员的描述把内容画出来。

（3）请他背向大家站立，避免与别人的眼神和表情交流。他只能做口头描述，不能有任何手势与动作。

（4）其他学员也不能提问，一切听从上面学员的指挥。

（5）游戏完毕后将图展示给大家看，让大家看自己的图画得是否准确。

（6）再请另一位学员上台做这个游戏，但这次允许大家双向交流，看看结果怎样。

讨论：

（1）当我们只能靠听觉交流时，是否感到不顺畅、焦急和困难？为什么？

（2）为什么单向交流如此困难？即使是双向交流也会有人出错，分析一下这是为什么？

活动3：积极的反馈

目的：体会什么是积极的反馈？鼓励人们相互给予正面的积极信息。

时间：30分钟。

操作：

（1）将团队分成若干个小组，每两个人一组。

（2）让每个组写出4~5个他们所注意到的自己搭档身上的特点，诸如：

① 一个身体上的良好特征，如甜美的笑容、悦耳的嗓音等。

② 一种极其讨人喜欢的个性，如体贴他人、有耐心、整洁细心等。

③ 一种引人注目的才能或技巧，如良好的演讲技巧、打字异常准确等。

（3）所列出的各项都必须是积极的、正面的。

（4）当他们写完后，每两个人之间展开自由的讨论，其中每个人都要告诉对方自己所观察到的东西。

（5）建议每个人把他的搭档所作出的这些积极的反馈信息记录下来，在自己很沮丧的时候读。

（6）进行最后的讨论。讨论的问题有：

① 你觉得这个游戏愉快吗？如果不，为什么？

② 为什么对我们中的大多数人来说，赞扬别人是一件困难的事情？

③ 什么能让我们更加轻松地给予别人积极的反馈信息?

④ 什么能让我们更轻松地接受别人反馈的积极肯定的信息?

练一练

一、人际交往对大学生成长的作用和意义是什么?

二、人际交往的原则和技巧是什么?

三、通过本章的学习与反思，你清楚自己的人际交往风格吗?

四、写一篇“我的人际交往”文章：用第三只眼看自己的人际交往，描述交往的状态及分析原因（不少于800字），以促进人际交往能力的提高。

第十章

大学生性心理及恋爱心理

爱情是一个古老而常青的永恒主题，古往今来人们对爱情的努力追寻和浪漫遐想一直没有停止过，几乎每个人都可以信手拈来几句爱情诗歌或者讲述几个动人的爱情故事。伴随爱情的性，同样使大学阶段的同学们既好奇期待，又茫然困扰。本章将介绍以下几方面内容：性心理的发展和大学生性心理的特点，大学生性心理问题及调适，大学生恋爱心理发展的规律特点和常见问题，以期帮助大学生建立健康合理的恋爱观和择偶观。

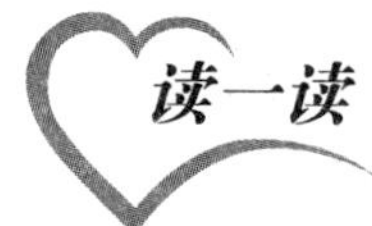

性是一把“双刃剑”，既能带给人美好、幸福的感觉，又能让人感到痛苦、悲伤。学会性的自我保护对于心理发展还未完全成熟的大学生十分重要。

一、性心理的发展和大学生性心理的特点

（一）性心理的发展

我们每个人都是性塑造的生命，我们每个人都伴随着性的发育成熟而长大。性心理的

发展有其科学规律，大学生应当学习性心理发展的基本规律，了解性心理发展的三个阶段。

1. 异性疏远期

这一时期大多是12~13岁。第二性征的出现，使少男少女们出现了羞涩感。他们把异性的差异和彼此之间的关系看得很神秘，担心别人看到自己在性征上的变化，认为男女接触是很羞耻的事，也害怕与异性接近而遭到别人的耻笑。因此，他们封闭自己，疏远异性，就连与自己平时最熟悉的异性交往也变得不自然起来。他们这种对异性的疏远，主要是由心理上向往异性的朦胧感与羞涩感之间的矛盾造成的。

2. 异性接近期

进入青年期之后，随着性生理的发育成熟和个人阅历的增加，青年们向往异性的朦胧感进一步增强，羞涩感减少，他们渴望了解异性，渴望接近异性。但这一时期他们想接近的往往不是特定的某个异性，而是对异性存在的泛化的爱恋和憧憬，而且注意的对象容易转移。由于女性进入青春期的年龄要比男性早一些，因此女性对异性产生好感的时间要早于男性。这一时期女性常常爱慕男性强健的体魄、性格的豁达和他们的智慧；男性则爱慕女性容貌的美丽、性格的文雅和举止的飘逸。此时男女之间的爱慕还只是异性间的吸引与好感，不能称为恋爱。

3. 恋爱期

随着青年男女性生理和性心理的成熟，他们已不再满足于对异性的泛化接近与好感，而是把爱慕的对象集中到某一特定的异性身上，更喜欢与自己爱恋的对象约会而远离集体活动。他们通过频繁约会和交谈，了解对方内在的性格、价值观及家庭情况，不断增强感情，寻求双方内外的和谐统一，他们经由恋爱逐渐走向婚姻。

（二）大学生性心理的特点

大学生是人群中独特的一个群体，从生理上说他们已经发育完全，然而，他们还未走向社会，在心理上并未成熟。他们在性心理发展上具有以下几个特点：

1. 关注性生理发展

青少年进入青春期之后，在生理上会发生一系列的变化，这些变化将男性和女性区分开来。它们不仅仅只是区分不同性别的标志，同时还是现实生殖系统开始运转的信号和两性相互吸引的重要根源。因此，最主要的是性生理功能的变化和性生理体征的变化。在性生理功能性的变化上，最主要的是男性对于遗精的关注和女性对于月经的关注。

对于性生理体征的变化，青少年往往关注自己在第二性征上与异性的不同。进入大学以后，性生理功能和性体征的发展基本完成，许多人都会不同程度地出现自我欣赏，甚至会悄悄与他人进行比较，每个人都希望自己能对异性产生极大的吸引力，可是如果自己的性生理发展并不如意，就出现各种各样的烦恼与焦虑。对青少年来说，年龄越大，越是接近恋爱、结婚和过性生活的年龄，这方面的烦恼和焦虑可能就越为严重。

2. 渴求性知识

一项关于大学生性现状的全国调查显示，大学生对性知识了解肤浅，同时，性需求强烈。在“当前我国男女大学生对性知识需要的情况”的调查中，面对34个性知识的问题，85.2%的男生和88.2%的女生首选“异性交往心态与礼仪”的内容，对于爱情与婚姻知识的需求则排在其次。“性审美的标准”、“性审美文化” 、 “性交际调控”、“性道德的基本原则”、“人类性反应周期”以及“避孕原理及方法”等也都是大学生盼望了解的知识。

在第二性征发育之后，首次遗精与初潮现象的出现使个体对自身性角色的认识发生了质的变化。个体的性角色基本定位，并发生两性分化。伴随着性生理的变化，青少年普遍产生了对性知识的强烈渴求。他们非常关心自己和周围同伴的生理变化，对性知识既好奇又敏感，他们心中有很多疑惑等待找到答案，他们想知道发生在自己身上的变化是否正常。所以，他们常常会有意识地通过一些途径来寻求性知识，如翻阅医学书刊，收听专栏节目，暗中与他人比较等。他们想获取更多的性知识。这时候，如果性教育没有跟上，那么就会使他们产生一些关于性的片面、扭曲甚至是错误的认识，对性观念的形成产生消极的影响。

3. 异性思慕

在进入青春期后，青少年就开始欣赏、爱慕异性，希望获得异性的注意。他们对于异性的评论也明显增多。不过因受到传统文化的影响，他们往往还不敢公开、明显地用行动来变现这种心态，以免受到他人的评论。进入大学以后，他们逐渐进入了性恋爱期，此时，他们已经不再满足于那种朦胧的好感，会明显地流露出想和异性相处的意愿，在行为上也会表现出一些主动接近异性的举动，在共同活动中相互结识、相互接近、建立好感，最后形成单独接触。这种心理和行为都是很正常的，是以后建立美满婚姻生活的基础。《诗经》中就曾有过这样的记载:“窈窕淑女，君子好逑。”的确，宇宙万物中阴阳相对，共生互补，组成了一个完整、平衡的世界，如果没有两性间的交往，那么世界将不会存在。

4. 性发育的冲突

在青春期，由于性生理的成熟，常伴有强弱不同的性冲动，受到性需求的驱使。正像英国性学专家霭理斯所指出的那样，“人即其性” ，即一个人的性素质是他最内在、最深层和最根本的部分。然而，由于我国有着几千年的封建社会历史，谈性色变的保守观念依然影响着当代青年，他们中的很多人认为谈论性是下流、肮脏、难以启齿的事。于是，有些青少年强迫自己否认、回避性需求，长期处于紧张、焦虑状态，形成严重的性压抑。这种性压抑会对青少年的生长发育带来诸多不利影响，一方面，性压抑表现为对身体的正常性反应感到困惑和厌恶，内心不安、焦虑，矛盾冲突剧烈；另一方面，性压抑还会表现为性恐惧和性敏感。应当说，适当的压抑是符合社会需要的，是成熟的反应，但严重的性压抑则会有害健康，导致性欲畸变，性能量退化。所以，作为当代大学生，我们要以科学的态度认识性、接纳性，积极而妥当地释放它、升华它。

二、大学生性心理问题及调适

青春期性冲动处于高峰期，虽然性需要是人的正常生理反应，但是不适当的性行为可能会造成心理上的创伤和身体上的伤害。

（一）大学生性心理常见问题

1. 将亲密关系进行到什么程度

有些人会说，只有发生性关系才会使两人亲密无间。其实即使没有性的因素，也可以建立亲密关系，亲密关系并不等于性关系。我们对归属感和爱的渴望可以在没有性的情况下实现。事实上，情感上的亲密要比生理上的亲密更有力量。亲密关系是基于两人之间的信任而产生的。婚前性行为会破坏信任，亲密感也会随之消失。

性纵然能够带来非比寻常的美妙体验，但将性降低到纯粹诗歌式的热烈情感体验，是对性的误解。性的美是有条件的，这种条件就是双方在心灵和情感上的充分信任和坚定的承诺。没有承诺，没有心灵、情感和理智的合一，肉体的结合是空洞的、无意的，也是脆弱的，会带来伤害。如果在没有互相忠实的终生承诺的关系中发生性行为，当双方分开的时候，就会体验到心灵的伤害和背叛。有一个地方或者说环境是最适合进行性行为的，那就是婚姻。如果性行为发生的地方不对，那么它就会带来耻辱、内疚、被拒绝的恐惧和被别人利用等后果。

婚前性行为承载着一个错误的观点，那就是：肉体上的满足能够满足我们心理和情感上的需要。比如，一个女子需要安全感，她认为如果同男性发生性关系的话，他就可以真心对待她并给她十足的安全感。不幸的是，这种关系的基础是错误的。如果一个男人和一个女人在一起只是满足自己的欲望的话，那么整个关系就是建立在自私的基础上，这怎么能够期望有安全感呢?

2. “不”要怎么说出口

爱进行到一定的地步，有激情和性的需求是正常的，爱是性的前提，但是性却不是爱的唯一结果。性行为并没有错，但是强迫或者没有做好心理准备，没有打算为此负责，或者不知道会负什么样的责任的非婚性行为就会带来很多的麻烦。要知道，没有一种避孕方法会做到百分百有效，而且没有一种避孕药物没有副作用。

个案举例

小倩22岁了，她从小家教严格，是个很传统的女孩，从来没有考虑过在结婚前与男友发生更进一步的关系。她说她非常爱自己的男友，男友对她也很好，可以说呵护备至。但最大的问题是，最近两个月来，几乎每次独处的时候，男友都要求和她发生关系，她不知道该怎么拒绝。

此时，如果你心里还有一点疑惑，比如你不确定他是否适合你，或者你担心他和你有了肌肤之亲后就变了样，或者你对性还没有起码的了解，你还不想以身相许……只要你还有一丁点儿的顾虑，你就不要半推半就地答应他。每一次开始亲密关系都值得你慎重考虑，务必要等到能够确定再说。要知道，你永远都可以等到明天再说“好”。可是，今天的“不”该怎么说出口呢?

如果你是一个极有原则的女孩，具有极强的自我约束力，无论在怎样的情况下都坚信能拒绝诱惑，你可以明智地回答：

●我很爱你，如果你也真的爱我的话，请尊重我，尊重我的选择，也尊重你自己，让我们一起在自我约束中走向成熟，好吗?

●我现在只想和你做朋友。我希望我们能从朋友顺其自然地走到一起，你能等待吗?

●若真有缘分，我们总会属于彼此，既然你说你真的爱我，那来日方长，为什么不把最美的一刻留到新婚之夜呢?

这样的回答温柔却坚决，相信只要是通情达理的男生，只要他真的爱你，都会因为你的坚持而接受你的拒绝。而你会发现，学会拒绝发生性关系，会使你变成一个思想细腻、成熟稳健的人，当你能够用言语和思想表达你的感情，而不是仅以身体的接触为表达方式时，更能说明两人之间的情感加深了。

爱情中的尊重以及承诺不是“老土”，而是尤为珍惜的表现。记住真爱是没有条件的，真爱是给予，是理解，而不是为了满足个人的私欲。作为女性，不要因为担心失去爱而付出自己的身体。如果他真的爱你，即使你不同意发生性关系，他也会依然爱你。如果仅仅因为你不同意和他发生性关系，他就不爱你的话，恰恰说明你们的爱是多么脆弱和不堪一击。为这样的爱作出牺牲，是很不值得的。作为男性，如果你真爱你的女友，你要尊重她，呵护她，而不是伤害她，强迫她。

3. 性，为什么需要等待

(1) 避免意外怀孕和堕胎。婚前性行为的一个可能后果是怀孕和堕胎。怀孕原本意味着一个新生命的开始，但对于大学生而言，无疑是一个噩梦的开始。婚姻中的女方怀孕往往伴随的是家庭的关心呵护及对新生命的期待，而大学生怀孕往往伴随的是痛苦和伤害。

当一个大学生怀孕后，她有几条路可走，但是没有一条路是可取的。大学生怀孕后往往选择人工流产，而人工流产会对女性的身体造成各种各样不必要的伤害，如内分泌功能紊乱、出血或闭经，提高下次怀孕的自然流产率，严重的甚至会导致生育功能障碍，即不孕症；并且人工流产又让她们因夺走自己孩子的生命而悔恨和痛苦。怀孕的少女更容易被她们的伴侣所抛弃，而且还要受到社会和家庭的谴责。

对于婚前怀孕问题，答案不是提供好的避孕措施，而是要将性行为放回到更安全的环境下，即在婚姻内。只有在这样的条件下生育子女才是好事。如果万不得已，一定要采取安全有效的避孕措施。正确使用避孕套是一种有效、安全的方式，不仅可以预防性传播疾病，而且可以避免避孕药的副作用，但如果使用不当也会有怀孕的风险。另外，也可以口服避孕药和使用杀精剂。但口服避孕药并不能防止性传播疾病，杀精剂如果使用不当，也具有较高的失败率，会致使女性怀孕。所以没有一种避孕方法会做到百分之百有效，在发生性行为之前一定要慎重考虑。

（2）避免心理和情感上的痛苦。婚前性行为持久困扰一个人的后果就是罪恶感，这将成为阻碍心理成长和情感健康的巨大障碍。只有部分发生婚前性行为的人最终走向婚姻，也就意味着许多人在婚前性行为发生后结束了他们的关系，这将使双方关系中的女性感觉受到了侮辱；还有些人挣扎于罪恶感、羞耻感和痛苦之中；也有的人认为自己占到了便宜。不幸的是，婚前性行为对婚姻有很不利的负面影响，对于已经有过婚前性行为的人来说，他们很难完全相信自己的婚姻伴侣，而这一切来源于过往的经历。

最后，性是为婚姻预备的，建立在彼此信任和承诺基础上的性，能够使我们获得一个终生的亲密关系，得到内心的喜悦，与爱人达到心灵深处的契合，有利于生殖方面的健康。然而，如果性放错了地方，那么你得到的或许就是感官愉悦上瘾、情感遭到伤害、失去信任别人的能力或者生殖系统紊乱的结果。然而，选择权掌握在你的手中。

（3）保护我们的身体免受伤害。身体承载着我们的情感和智慧，我们需要保护好我们的身体。如果使用不当就会破坏我们的情感，影响我们的判断力。随便的性行为会让我们的心理、情感和身体付出沉重的代价。婚前性行为最不利的后果之一就是容易感染上性传播疾病。

在对艾滋病的一项长期研究中，医生们发现疾病很容易在年轻人当中传播。如果有人发现自己得了艾滋病，他们多数人不愿意告诉自己的性伙伴。只有少数人会对与自己保持长期规律性关系的伙伴坦言自己是艾滋病病毒携带者，但几乎没有人会特意将这个事实告诉一个偶然的性伙伴。

这就意味着，任何在婚姻之外发生性关系的人都将自己置身于感染性传播疾病的危险中。预防性传播疾病唯一安全有效的策略是禁止婚前性行为和在婚姻中对伴侣忠诚，避免发生婚外性行为。只有这样，感染性病、艾滋病的几率才会大大降低。如果无法做到这些，正确使用避孕套可以减少感染性病、艾滋病的几率。但安全套并不是百分之百的安全保障，因为在安全套没有遮盖的部位如有皮肤破损，仍可感染性病、艾滋病。

（4）自制——一种美好的品格。自制意味着思考了之后再做，就是在思考过你自己的行为和他人造成的后果之后，再作决定。当我们决定开始性行为之前，要先考虑清楚承担其带来的后果。让我们看看希腊寓言里青蛙和井的故事。

青蛙和井

两只青蛙一起生活在沼泽地里。炎热的夏天来到，沼泽地干涸了，于是它们离开沼泽地另找一个生活地，因为青蛙喜欢住在潮湿的地方。它们来到一口深井边，其中一只青蛙往下看了看，就对另一只说："多棒的地方！看看那清凉的水，我们就在这井里落户吧！"但是另一只青蛙更有智慧，它回答道："别那么急，我的朋友！它现在是看起来很好，但如果有一天这口井也像沼泽地那样干涸的话，我们能去哪儿呢？我们怎么可能从这么深的井里跳出来呢？"

的确，如果不恰当地发生了性关系，就必须得承担心理、情感、社会上的后果。与性有关的感觉是正常的也是真实的，没有必要为此觉得尴尬。然而，如果单单追求这些感觉，就可能把性从一件好事变成一件坏事。

有些人认为没有人能够控制自己性冲动，尤其是青少年。我们认为这不仅是错误的，而且是对青少年的侮辱。青少年完全有能力控制自己的性行为并作出负责任的决定。所以要学会等待，直到有一天，将一朵完整的玫瑰送给你的"真爱"。

4. 同居——爱情的试金石，还是美丽的陷阱？

尽管同居能够向婚姻一样使双方建立亲密关系，但是同居不是婚姻，同居可能带来前面提到的婚前性行为所带来的一切不良后果，如怀孕、堕胎以及心理、情感、身体上的痛苦。事实上，在一项大学生同居态度调查中，有近50%的同居者对自己的同居生活感到不满意，并有相当程度的女大学生表示后悔，她们没能从同居中获得自己想要的东西，当同居关系出现问题后受到了很大伤害，并对同居行为本身产生怀疑。下面让我们来看看同居带来的其他影响。

（1）同居在情感上带来不稳定因素。同居关系中的承诺并不如婚姻中的承诺那样坚实。也许在同居男女的内心深处潜伏着一种恐惧——如果他们达不到对方期待的程度，其伴侣就会选择离开。这种恐惧会迫使他们为了维持同居关系而去承受一些不应忍受的事情。

（2）同居无法使双方得到法律上的保护。在婚姻中发生的问题，同样会发生在同居关系中，但是同居者无法得到婚姻双方能够得到的法律保护。在遇到冲突时，已婚夫妇更愿意去原谅对方并重新开始，而同居的人不一定会努力寻找解决问题的方法，往往选择分手。例如，在同居中遇到问题时，男性同居者很容易将过错归结于对方，并考虑更换一个同居对象。

（3）有些同居的人可能永远也不会结婚，珍妮丝·史普林说："女人寻找灵魂伴侣，男人寻找玩乐伙伴。女人相信，因为有爱，恋爱和风流都是合理的；男人呢？只要不提爱情就成。"专家说，有40%~50%的同居伴侣根本不考虑结婚。对于同居，绝大多数女大学生认为这是向婚姻发展的过程，而多数男人的动机是性。

（4）同居并不能保证今后的婚姻会一帆风顺。心理学博士约瑟夫·诺温斯基说："同居通常只是为了推迟结婚的决定"。国外的研究数据表明，有近55%的同居者走入了婚姻殿堂，有45%的同居者没有结婚。同时，还有研究表明，那些婚前同居的人离婚率比未同居的人高33%。事实上，研究者已经确定了同居效应，即先同居过的伴侣比那些没有同居过的伴侣婚姻更不稳定，换句话说，同居未必以婚姻为目的，而当它走向婚姻时，则更可能导致离婚。

（5）解除同居关系如同离婚一样痛苦。当伴侣对同居关系不再满意，当结束同居关系的困难较少而一方有了新的伴侣时，同居关系就会走向结束。对同居双方而言，结束关系是很艰难，让彼此体验到身体上和情绪上的痛苦，容易让人心怀愤怒和仇恨。有些人可能通过自己的社会支持系统来帮助自己渡过难关，而有些人则可能借酒消愁，还有些人会采取一些过激行为进行宣泄、报复。

性心理健康的标准

达拉斯·罗杰斯认为，"性教养"良好的人必须符合以下标准：具有良好的性知识，对于性没有由于恐怖和无知所造成的不当态度，性行为是符合人道的，在性的方面能做到自我实现，能负责任地作出有关性方面的决定，能较好地获得性方面的信息交流，性行为受社会道德和法律的制约。具体看来，个体性心理的健康，应符合以下标准：

1. 性需要和性欲望

任何一个成熟的个体，都应该有正常的性需要和性欲望。性需要和性欲望是能够获得性爱和性生活的前提条件。一个人如果没有性欲望，就不会有性爱和和谐的性生活，性心理就无从谈起。

2. 能够正确认识自我，愉快地接纳自己的性别

一个性心理健康的人，能够正视自己性心理的发育和变化，会自觉地融入社会这个大背景下，认识自我，不仇视自己的性别，能以坦然的心理接受自己，能理解性别是父母给的，不希望改变性别，同时注重在社会化的过程中强化自己的性别心理。

3. 性心理特点和性行为符合相应的性心理发展年龄特征

人在不同的年龄阶段，其心理特点与行为特征是不同的。一个正常的人其心理特点与行为特征必定符合他的年龄阶段。

4. 能和异性保持和谐的人际关系

随着性生理与性心理的发育和成熟，个体自然而正常的性要求就是与异性交往，并能保持良好的关系。性心理健康的个体，能够在日常学习生活中，与异性进行自然的、符合社会规范要求的交往。

5. 性行为符合社会道德规范

性心理健康的人具有一定的性知识和性道德修养，能自觉地分辨性文化中的精华与糟粕，能自觉抵制腐朽、没落的性文化的侵蚀，并以自己文明的性行为、性形象去促进社会风尚的文明进程。

（二）大学生可能出现的性心理困扰

"绿鹅"的故事

有个牧师的儿子，一出世就失去了母亲，于是，牧师决定做一项试验，来拯救世间多欲的灵魂。他让儿子与世隔绝，每天只是随同他一起祈祷，直到长成英俊的青年，牧师才决定让孩子见见世面，看看红尘飞扬的人间，能不能扰乱他培植的这块圣洁的心田。一天，他带孩子上街，恰巧从对面走来一位身着绿色连衣裙的美丽少女，不料，这位从未接触过女性的青年却情不自禁地双目凝视，突然指着少女问牧师道："爸爸，您看那是什么呢？"牧师厌烦地回答："那是一只'绿鹅'！"青年人兴奋地叫道："那就让我把'绿鹅'带回家吧！"

牧师无可奈何地摊开了双手，禁欲主义的试验就这样彻底失败了。

这个故事所给予我们的启示是：性只是客观反映了人发育到一定阶段所产生的正当生理需求，是大自然赋予人的一种本能。合于人类发展规律（当然包括生理发育规律在内）的事情是无法禁止的，我们只能以科学的眼光把它摆在应有的地位。

1. 性别认同困扰

刘达临教授在对全国大学生的调查中发现，有一定比例的学生不喜欢自己的性别。其中，男大学生不喜欢自己性别的占2.6%，女大学生不喜欢自己性别的占15.6%，正好是男生的6倍。近来另一项关于大学生性心理的调查显示，90%以上的男生对于自己的性别满意度较高，而有超过1/4的女生表示在可能的情况下愿意改变自己的性别。这一结果显然是由"重男轻女"的封建传统观念所致。这种性别自贱的心理都是不正常的，如果这种心理发展到严重的程度，就会对大学生的成才发展带来不利的影响。

2. 性交往的不适

与异性交往的心理从刚进入青春期时就开始萌发，对异性的兴趣——和异性交往的渴求——恋爱——结婚，这是一个人必然经历的生理、心理和社会行为的发展变化过程。“少男钟情，少女怀春”，这是青春期性心理的正常表现。大学生们渴望与异性交往的愿望非常强烈。但是由于传统的“男女授受不亲”性观念的影响，由于缺乏与异性交往的方法，许多人羞于与异性交往，常常拒异性于千里之外，在异性面前表现得非常紧张。

3. 性的白日梦与性梦

当青年大学们与异性交往的强烈渴求不能直接实现时，性的白日梦就有可能发生。性的白日梦又叫性幻想。性幻想是在某种特定因素诱导下，自编、自导、自演与性交往的内容有关的心理活动过程。它可以幻想出在日常生活中不能满足的与异性一起约会、接吻、拥抱、性交等性活动。这种白日梦可以导致生理上的性兴奋，偶尔也会出现性高潮。这在一定程度上可以缓解人们的性需求。白日梦是一种普遍的心理现象。但是，性幻想不能过头，如果成天沉溺其中，甚至把幻想当成现实，那就会成为病态，就会有碍于青年的健康成长。

性的白日梦是人为的幻想，而性梦则是真正的梦。性梦是指在睡梦中发生性行为。人们通过梦的方式部分达到自己白天被社会规范限制的性冲动的满足，从而缓解性紧张。性梦也是青少年性心理较为普通的一种表现。一些大学生由于缺乏对性梦知识的了解，常为自己有过性梦的经历而焦虑和自责。

4. 手淫引起的心理困惑

手淫是指用手或工具刺激生殖器而获得性快感的一种自我刺激，它是一种青少年获得性补偿和性宣泄的行为。对于手淫，传统的性观念认为是邪恶的，是有罪的，是不道德的。在这种传统的“手淫有害”论的影响下，一些青少年常常为自己有过手淫行为而自责，甚至产生心理障碍。其实，手淫是一种自然的、正常的性行为，是对性冲动的缓解。但是，过分沉溺于手淫，只靠频繁的手淫来缓解性紧张是不健康的表现。

5. 性骚扰的恐惧

常见的性骚扰有故意擦撞异性身体的某个部位，故意贴近别人，故意谈性的问题，用色情语言进行挑逗，用暧昧目光打量别人，或强行要求发生性行为等。由于缺乏自卫心理，一些同学常常面对性骚扰时惊慌失措、恐惧万分，甚至长时间地自责，认为自己不“干净”，心理困扰长时间不能解脱。

（三）大学生性心理调适

1. 掌握科学的性知识

大学生应该对“性”有一个科学的认识。性是一门综合性的科学。它包括性生理学、性心理学、性社会学、性伦理学、性美学等。大学生们应当努力学习和掌握性科学知识，避免性无知，消除把性仅仅看做生物本能的片面认识。

2. 培养健康的性角色行为

应认同自己的性别角色。性别角色意识是一个人社会化成熟与否的重要体现，是心理健康的重要标志。世界是两性的和谐统一。男性和女性在生理和心理上各有自己的特点，各有自己的性别魅力。现代社会的大学生应当在生物生理、社会心理和文化、经济、社会参与以及政治上，进行合乎科学、合乎道德、合乎时代要求的全面角色认同。尽管现在社会上对同性恋存在着各种不同的看法，但人们对同性恋所引起的社会适应困难的看法是相当一致的。因此，大学生应当接纳和欣赏自己的性别角色，发展出适应时代要求的优秀个性特点。性别角色的认同和胜任是现代人成功适应和发展的重要心理基础。

3. 培养正常的异性交往能力

文明适度地进行异性交往，可以满足青年期性心理的需求，缓解性压抑。异性交往有益于扩大信息、完善自我，对个人的恋爱婚姻及个人的成才发展具有重要的作用。但大学生在异性交往时要把握分寸，注意场合，规范行为，处理好“友情”与“恋爱”的关系。

4. 注意性保护

首先，大学生应当维护自己自尊、自重、自爱的自我形象，做到举止大方、行为得体、作风正派、衣着打扮不轻浮。其次，大学生应当学会自我保护。女生晚上尽量不要单独外出，更不要单独在男性住所长时间停留。面对异性的非分要求，不要畏惧，要勇敢地说“不”。要以严厉的态度制止和反抗性骚扰，必要时向别人呼救或向公安部门寻求帮助。对于性骚扰事件的经历，不要过分恐惧和自责，因为你是无辜的。为了更快地排除自己的心理困扰，可以向父母、老师、知心朋友倾诉以宣泄自己的情绪，也可以寻求心理咨询的帮助。

何时开始性教育

何时开始性教育的问题实际上非常复杂，几乎不可能有正确的答案。因为无论是文化传统、社会环境，还是施教者、受教者，哪一方面薄弱或者奇强，都会闹出笑话来。

据国内大多数专家和教育者的观点，最适合开始性教育的时间是在10岁前后。他们的理由是：其实正是女孩初潮和男孩初次遗精之前的一二年，这时讲述性知识对孩子来说比较自然，而且必要。根据调查，我国大、中城市少女初潮的时间大多是小学五年级，而少男初次遗精的时间是初一下半学期或者初二下半学期，两者都有提前的趋势，而中国学校开展性教育的时间大多是在初中，时间上相对滞后。

西方国家由于文化传统不同，对性比较开放。他们大多主张性教育从幼儿园开始，甚至认为应该从孩子出生时就开始。其理由是：越年幼的孩子对性越没有偏见和顾忌，更容易接受和性有关的概念。性教育的内容不应只是婚恋生育，而应包括认识身体、两性识别等更基础的内容，应从家庭开始，始终伴随孩子的成长，最后与学校和社会的教育相融合。

这个问题虽然不可能有正确答案，但还是有客观评价标准。一个社会群体或者一个家庭的性意识是否健康，就看其能不能像谈论吃饭似的自然从容地谈论性。

三、大学生恋爱心理发展的规律特点和常见问题

爱情是一个古老而常青的永恒主题，古往今来人们对爱情的努力追寻和浪漫遐想一直没有停止过，大学生的恋爱心理也有其特殊的规律。

（一）大学生恋爱心理发展的规律特点

随着大学生思想意识的不断解放，主动地投入爱情、追求爱情的人数不断增长。那么，当代大学生恋爱的心理特征有哪些呢？从目前大学生恋爱的现实情况分析，主要表现在以下几个方面。

1. 恋爱比例大，公开且主动性强

调查显示，在一些高校中，大学生恋爱的人数比例达到60%以上，甚至一些新生在入校之初便开始恋爱交往。随着时代的发展，当代大学生的恋爱观念日益开放，而传统道德逐渐淡化。由于观念的变化，大学生谈恋爱已不再顾及他人的评价，他们抛开了应有的矜持与含蓄，表现得越发投入与大胆，在校园里手拉手，双双出入校园各个地方，甚至当众亲吻、拥抱，他们自己竟美其名曰“爱就爱得轰轰烈烈”。有的学生甚至在外租房子，过起同居生活。

2. 恋爱周期短，感情脆弱，易猜疑嫉妒，没有安全感

“短平快”已经成为当代大学生恋爱的一个特征，刚认识不久就确立恋爱关系，彼此缺乏深度的情感交往、了解与信任，这就使得双方的感情十分脆弱。有些恋人在确立恋爱关系伊始，就对自己的恋人缺乏自信，唯恐失去对方，胡乱猜疑对方的感情，甚至怀疑别的异性是“第三者”。这种人很容易发生侵犯恋人权利与自由的行为，从而成为自身恋爱关系的“掘墓人”。

3. 恋爱动机多样化，爱的责任感降低

调查统计，真正以“建立家庭”为恋爱目的的大学生只占30%，更多的是以“丰富生活”、“摆脱孤独寂寞”、“寻求刺激”为目的。他们只注重恋爱的情感投入和体验，只注重恋爱过程，强调爱的“现在进行时”，把恋爱与婚姻相分离。现在大学生中流传着一句顺

口溜："不求天长地久，只求曾经拥有"。一些大学生把恋爱当做一种感情体验，及时行乐，借以寻求刺激，满足精神享受；一些大学生是为了充实课余生活，解除寂寞，填补空虚，把恋爱当做一种消遣；一些大学生只重恋爱过程，轻视恋爱结果，实质上是只强调爱的权利，而否认了爱的责任，背离了"交往—恋爱—结婚"的传统爱情三部曲，认为恋爱不必托付终身。于是，校园里便出现了"契约式恋爱"，在校时卿卿我我，心理上填补空白，甚至在校外租房同居，但毕业时就"拜拜"了之。恋爱心理的非婚姻趋向性突出，也折射出现在大学生恋爱心理过于自私，不愿意为对方承担过多的责任和义务。

4. 择友自主性强，理想主义色彩浓厚

在恋爱问题上，当代大学生具有独立的个性和男女平等的价值观念，但对爱情想象得比较天真，缺乏理性思考，理想主义色彩浓厚。具体表现为：常以"自我"为中心设计恋爱模式；重感情，不受双方家庭经济条件、地位、权势等因素的影响，也不受传统习俗的局限；在确定恋爱关系前后，一般都不征求双方父母的意见；在恋爱初期，往往对未来有不切实际的幻想，把一切想象得非常美好，有些大学生甚至为了对方不惜牺牲自己的一切。

5. 自控力与耐力较弱

目前相当一部分大学生由于生活条件优越，经受的生活挫折较少，因而在人格特征上表现出任性、缺乏自控力和对挫折的承受应变能力。这种人格特征也往往在大学生恋爱中表现出来。例如，有些大学生一旦陷入热恋中，往往不能控制住自己的情感，任情感随意放纵，缺乏理智的驾驭能力，对恋爱对象过分依赖，稍有波折就痛苦万分。一旦爱情受挫，即会情绪失控，无法自拔，从而对学习、生活造成严重影响。严重一点的学生在恋爱受挫后还会走上阴谋报复的犯罪道路，或者干脆看破红尘走上绝路。

（二）恋爱关系发展的五个阶段

恋爱中的双方在彼此的交流与分享中需要正确看待爱情，彼此了解，关系更加和谐，苏珊·坎贝尔将恋爱关系的发展分为五个阶段，分别是浪漫期、权力争夺期、整合期、承诺期和共同创造期。这五个阶段呈现的并不是简单的线性关系，而是螺旋向上的爱情发展规律。

1. 浪漫期

浪漫期是兴奋的时光，处于其中的人们具有极大的热忱和活力。浪漫期的人觉得，整个世界仿佛都改变了。世界似乎变得更明亮，陷入热恋的人觉得自己充满能量，有更明确的目标感，对生命充满热情，愿意去做不寻常的事，每一刻都觉得新鲜。事实上，浪漫期是生命的香料。

在浪漫期中的双方，彼此并不了解。关系是一种梦想，包含许多希望和期待，希望找到浪漫的伴侣来解决问题，使生命变得更美好，在浪漫期会想象一切可能。浪漫期是兴奋的，但缺少真正的亲近和共鸣。

2. 权力争夺期

在浪漫期，男女双方约会后各自回到住处编织梦想，并不真正了解，但随着时间的推移，彼此更加熟悉后，就会逐渐看清彼此的本性和行为。此时，他们可能会说：

这完全不是我那英俊的王子（或美丽的公主）！这个人的特质令我讨厌！可是，我还没有输，我可以努力改变他（她），使他（她）成为原本应该成为的完美对象。

这表示进入关系的下一阶段：权力争夺期。此阶段通常会试图改变对方，试图把伴侣推入设计好的角色，使对方符合自己心目中伴侣应有的形象。他们常常觉得自己的动机是为对方好："你没有完全发挥潜力，但我能帮助你。我那是为你好！"一般来说，权力争夺期始于温和的劝告，催促对方稍作改变。伴侣当然不会照单全收，于是便会出现矛盾和冲突。

权力争夺本身不是问题，问题常常出在一方或两方坚持己见，不愿倾听对方说话。如果双方能真诚沟通和分享，就能脱离权力争夺的牢笼。承认彼此的差异，放弃控制对方的企图，关系将会往和谐的方向发展。当然，伴侣为了避免更多争吵、歧见和失望，也会决定放弃对方（和自己），选择结束关系。

3. 整合期

恋爱双方经历了浪漫期的错觉和迷失以及权力争夺期的风暴后，常常发现两人的关系更有弹性也更稳定，对彼此也有某种程度的了解，能以更接纳的眼光和心胸看待彼此，此时便会进入整合的阶段。在整合期，双方开始学习如何相处。他们不再试图控制、改变和责备对方，而是开始以真诚的兴趣和好奇倾听对方。他们会说：

你迟到时，我承认自己很想责备你，但我也很担心你，我很想知道你为什么迟到，我想坐下来和你谈谈，而不是大发脾气、破坏沟通。

整合期的工作是让关系更深入。建议双方每天花一段时间分享自己的观点、想法、感受和经验，了解彼此的世界。整合期的伴侣可以意见不合，又不必争风，他们并不争辩谁对谁错，能接受彼此的差异，即使观点非常不同，仍能好好相处，这是逐渐接纳自我和他人的过程。他们可能说："我好，你也好，我们可以在一起，接受双方的个性与差异，我们仍然彼此相爱。"整合期，分享能让彼此更亲近，为了继续共同成长，需要找出新的发现来分享。

4. 承诺期

一旦伴侣在整合期达到某种程度的稳定，就会投入积极而有意义的对话。他们对自己和对方的了解都更深入，彼此的关系也越来越稳固。现在已不需要任何人做改变（基本上，要求任何人改变都是不可能的事），而是越来越了解和接纳彼此。一旦扎实地渡过了整合期的过程，双方就做好准备，可以迈入下一个阶段：承诺期。

关系就像老房子，需要维护和照料，否则就会出问题。彼此承诺以分享、坦诚的态度来处理任何状况，能使关系保持健康状态。就像花园需要除草、浇水、施肥，人与人之间的关系也需要持续不断的照料和维护。只要彼此有真诚的态度，并愿意分享，双方就能展现自己，使关系不断更新。

5. 共同创造期

关系周期的最后阶段就是共同创造期。达到整合期和承诺期时，双方对自己和对方的了解会不断有新的进展，知道自己的力量、弱点、愿望和梦想。由于信任双方的承诺，所以能投入真诚的合作。双方在一起时，不论选择任何任务，都会成为创造的过程。这种搭档似乎充满原创力和活力，不论做什么都会充满生机和光芒，使周围的人得到启示。

在共同创造期，伴侣的努力是和谐一致的，当他们在一起时，不论是跳双人舞或是一起洗碗盘，动作和互动都是流畅与和谐的。

6. 周期的循环

双方在共同创造阶段有充足的自由，生命充满了可能性，两人的力量强大到足以实现梦想和愿望。由于不僵化，所以彼此能欣然接受新的想法，想出新奇的方式处理问题。简言之，他们是开放的，准备好进入下个阶段，就是重返浪漫期。

由于先前各阶段的学习，他们已积累了许多经验，回到新的浪漫期。浪漫期的回归是一种立体的螺旋发展，有生命的扩展和更多创造力。重新开启新浪漫期的人，会进入前所未知的领域，对未来充满期待。在这种扩大的视野中，能看见更大范围的生命、爱与关系，并能很快移入新的整合期，不断地增加对自己和对对方的了解，然后进入新的承诺期与共同创造期。这其实是在关系中创造出来的生命循环。

（三）大学生恋爱心理发展中的常见问题

爱情就像花草，如果没有你持续的关爱和呵护，就会枯萎。爱情需要经营，需要实际行动，需要真正的付出。所以也有人说爱是行动，不是感觉。爱可能持续，也可能随时间褪色，这取决于如何经营。

1. 爱情花开在何时

选择的困惑是大学生恋爱中最常见的问题之一。其中较常见的有下列几种情形。

（1）不知道应不应该谈恋爱。这部分大学生应首先树立对爱情的正确态度。如果自己还不知道该不该谈恋爱，那说明在你的心里还没有自己喜欢的异性，只是因为看到许多同学都在谈恋爱，才产生了自己是否谈恋爱的想法。什么是真正的爱情，在此刻应有明确的态度。当真正的爱情还没有来到的情况下，不要盲目去寻找爱情。寻找的爱情并不一定是真正的爱情。

（2）自己爱上了别人，但不知道对方是否也爱自己，想表白心迹，又怕遭到拒绝，左右为难。对于这样的困境，首先要学会正确认识对方对自己的情感。如果经过观察甚至巧妙的考验，发现对方根本就对自己没有那个“意思”，就没有必要向对方表白自己的心迹。因为你的表白不但得不到回报，而且会使对方为难；如果两人是同班同学，还会影响两个人之间的关系。如果经过观察，发现对方也对自己有一定的感情，就可以大胆地向对方表白自己的心迹了。

（3）不知道如何拒绝对方的求爱。面对他人的求爱，当你不准备接受时，一般应当在不伤害对方自尊心的情况下，委婉拒绝；如果对方进一步追求，而你无论如何也不可能接受对方的爱情，那就应该明确拒绝。另外，大学生也应当注意，不要为了害怕伤害对方的自尊心，或者为了自己的虚荣心，在自己没有产生爱情的情况下，盲目接受对方的爱，因为这不但会伤害对方，而且对自己也是一种伤害。

（4）在恋爱的过程中发现对方不适合自己，而对方还依然爱自己，不知道如何提出分手才不会伤害对方的自尊心。在这种情况下，要明确爱情是不能强求的，如果一方发现对方不适合自己而准备结束恋爱关系，也无可厚非。当然，最好是让对方有一定的思想准备，比如，用一些暗示性的语言表明两个人不合适。在对方有思想准备的情况下，再提出分手，对方可能好受一些，感觉到的伤害也会少一些。

（5）能做恋人的异性朋友难寻。这种恋爱心理困境的原因主要在于对友情和恋情的认识还很肤浅，并缺乏对社会中的人际关系的科学认识。正确的做法是，认真审视、调整自己的择偶标准，在寻求爱情的过程中，既要有主观上的用心，又要顺其自然、不可强求。

2. 走出没有结局的“独角戏”

单相思是指异性关系中的一方倾心于另一方，却得不到对方回报的单方面的“爱情”。爱情错觉是单相思的另一种形式，是指在异性间的接触往来中，一方错误地认为对方对自己“有意”，或者把双方正常的交往和友谊误认为是爱情的来临。它常会使当事人想入非非，自作多情。单相思是恋爱心理的一种认知和情感的失误。单相思使某些学生陷入痛苦的境地，处于空虚、烦恼甚至绝望之中。如果处理不好，对以后的恋爱婚姻生活都有消极的影响。

（1）形成单相思的原因。① 爱幻想。这是造成单相思的主观因素。如果在现实生活中难以适应正常的恋爱生活，爱幻想者往往依据丰富的想象力，在幻想中得到爱的一切满足。② 信念误区。单相思者往往以为爱仅仅是投入，不要承诺，不要回报，不顾一切的精神恋爱才是世界上最伟大的恋爱。③ 认知偏差。有的单相思是由于自己的认知偏差造成的，不能正确地对待被拒绝的事实，仅仅是为了自己的自尊心（其实是虚荣心），就强迫自己追求到底。

（2）单相思的调适方法。单相思的调适方法主要是认知领悟和心理分析。在具体的心理调适过程中，应根据不同的情况采用不同的方法。① 如果是自己有意而对方并不知情，而且觉得对方有很大的可能也爱自己，就可以大胆地向对方表白自己的感情。当然，也应做好对方不接受自己的情感的心理准备。② 如果觉得对方就没有可能爱自己，就没有必要表白自己的情感，因为这种表白既可能给对方造成心理压力，也会使两个人的关系显得不自然。有些情况下，适当压抑一下自己的感情还是必要的。

持久的单相思会给个人生活带来很大的负面影响，应当尽快地从单相思中解脱出来。

3. 失恋后阳光依旧

杯子和水的爱情

有一天，杯子对主人说："我寂寞，我需要水，给我点水吧。"主人说："好吧，拥有了想要的水，你就不寂寞了吗？"杯子说："应该是吧。"于是，主人把开水倒进了杯子里。水很热，杯子感到自己快被融化了，杯子想，这就是爱情的力量吧！然后，水变温了，杯子感觉很舒服，杯子想，这就是生活的感觉吧！后来，水变凉了，杯子感到害怕了，怕什么杯子自己也不知道，杯子想，这就是失去的滋味吧！慢慢的，水凉透了，杯子绝望了，杯子想，这就是缘分的"杰作"吧！杯子说："主人，快把水倒出去，我不需要了。"但是，主人不在。杯子感觉自己快压抑死了，可恶的水，凉凉的，放在心里，感觉好难过。杯子奋力一晃，水终于走出了杯子的心里，杯子好开心，突然，杯子掉在了地上。杯子碎了，临死前，它看见自己心里的每一个地方都有水的痕迹，它才知道，它爱水，它是如此地爱着水，可是，它再也无法把水完整地放在心里了。杯子哭了，它的眼泪和水溶在一起，它奢望着能用最后的力量再去爱水一次。

爱情，往往是经历了痛苦才知道珍惜，总要到无法挽回才会觉得后悔。

失恋是指恋爱过程的中断。失恋带来的悲伤、痛苦、绝望、忧郁、焦虑、虚无等情绪使当事人受到伤害。失恋所引发的消极情绪若不及时化解，会导致身心疾病。失恋者可以尝试运用以下的方法进行自我调适。

（1）适当运用酸葡萄心理效应。当一个人失恋之后，如果总是回想过去恋人的种种优点，就会愈发怀念过去的恋人；同时也就愈发否定自己，觉得自己一无是处。结果形成恶性循环，使情绪越来越消沉，心理越来越压抑。一个人失恋之后，如果难以从失恋的阴影中摆脱出来，不妨运用酸葡萄心理机制。所谓酸葡萄心理机制，就是对自己无法得到的东西降低好感，吃不到葡萄就说葡萄是酸的。也就是说，当一个人失恋之后，可以尽量多想想过去恋人的缺点，少想或者不想过去恋人的优点，心理就容易平衡。

当然，一个人对酸葡萄心理机制的应用必须适当，酸葡萄心理机制毕竟是一种心理防御机制，如若过分运用酸葡萄心理，容易形成一种不符合实际的观念。久而久之，容易导致一些非理性思维方式，不利于自己的心理健康。如果一个人具有足够的心理强度，即使在失恋的时候，也能够客观地分析对方的优点和缺点，并且能够通过在不贬低对方优点的情况下调控自己的消极情绪，这才是心理的强者。

（2）学会积极的自我暗示。当一个人失恋之后，如果总是责备自己，觉得自己不好才导致分手，就只会使自己越来越压抑。这时应学会积极的自我暗示，如“幸亏他（她）现在提出分手，如果他（她）结婚后才提出分手，岂不更糟”，“他（她）不爱我，并不说明我不可爱，只是说明两人的性格和观念不合”以及“天涯何处无芳草”等。

（3）转移注意力。失恋后如果总是想着失恋这个沉重的打击，那就很难尽快地从失恋的阴影中走出来。这时，就应当设法把自己的注意力从失恋这件事情转移到自己比较感兴趣、能够分散自己注意力的事情上去。例如，听听音乐、看看电影、跳跳舞、打打球等，以冲淡内心因失恋而造成的挫折感和压抑感。

（4）升华法。古今中外，有不少著名的历史人物恰恰是受到失恋的打击后而发奋追求事业，从而流芳百世、名垂青史的。大文豪歌德如果不是失恋，也许就写不出《少年维特之烦恼》。因此，把因失恋而产生的挫折感、压抑感升华为奋斗的动力是十分有益的。一旦你全身心地投入到一项更有意义的事业中去的时候，你定会觉得因失恋而痛苦不堪的往事之好笑和不值一提。

（5）失恋不失德，失恋不失命，失恋不失志。失恋不失德，是一个大学生应当有的态度和人格，也是恋爱的重要原则。要做到：不报复，不打击，不伤害，不破坏对方的名誉和人格，不破坏对方重新建立生活的努力。失恋不失命，爱情是人生的重要内容而非全部，因为失恋而毁掉自己的生命是愚蠢的行为。人生除了爱情之外，还有其他一些美好的东西，爱情虽离你而去，事业却永远伴随着你，只要你有追求精神，爱情之花迟早还要为你开放。失恋不失志，不能因为失恋而丢掉自己的理想和志向。理想是个人进步的动力目标，在为理想而奋斗的过程中，逐渐平复由失恋而造成的心理创伤，就会重新获得幸福的爱情。

四、培养健康的恋爱观和择偶观

爱情是一个古老而又常新的人生课题。在人类文化发展史上，有许多不朽的文艺作品是描写爱情的，有许多动人的爱情故事。许多哲学家、心理学家也对爱情有自己独特的见解。英国哲学家休谟认为，爱情是由美貌、性欲和好感这三种印象或情感结合而发生的。德国哲学家黑格尔认为：“爱情里确实有一种高尚的品质，因为它不止停留在性欲上，而是显出一种本身丰富的高尚优美的心灵，要求以生动活泼、勇敢、牺牲的精神和另一个人达到统一。”奥地利心理学家弗洛伊德认为："性本能是一切本能中最基本的内容，爱情不过是性本能的一种表达或升华。”所有这些对爱情的理解，离科学地揭示爱情的本质都还有较大的差距。唯心主义者常常把爱情的自然因素和社会属性分开。柏拉图式的爱，即精神恋爱。柏拉图赞美精神的爱，鄙视世俗的爱欲，把人们引向抽象的爱情，片面强调爱的因素。泛性论者用性本能来定义爱情，如弗洛伊德、叔本华等，只强调性的因素。

马克思主义的爱情观认为，男女之间建立于性爱基础上的情感，之所以成为爱情，是由人的社会属性决定的。因此，男女之间真挚的爱情，不仅是自然生理需求的冲动和相互需要，更是志趣的相投和心灵的相通，而这一切，都是以一定的社会历史条件为背景的，受制于特定的社会关系、经济地位和文化背景等。因此从本质上讲，爱情是一对男女基于一定的客观物质基础和共同的生活理想，在各自内心形成对对方的最真挚的仰慕，并渴望对方成为自己终身伴侣的最强烈的、稳定的、专一的感情。如果说，好感不同于爱情，就在于它还缺乏对爱情的社会性认识。那么友谊之区别于爱情，在于常缺乏相互间生物性方面的吸引，志同道合能结成高尚的异性友谊。

由此来说，爱情有着丰富的内容，它通常是由四个要素构成的：一是性欲，这是爱情的生理基础和自然前提；二是情感，这是爱情的中心环节，表现为灵与肉融为一体的强烈感情；三是理想，这是爱情的社会基础，也是爱情的理性向导；四是义务，这是爱情的社会要求，表现为自觉的道德责任感。上述四要素相互联系，缺一不可，否则就是残缺的或被扭曲的爱情了。

20世纪90年代，美国耶鲁大学的心理学教授斯腾伯格（Sternberg）提出了爱情的三因素理论，成为目前解释人类爱情最有影响的观点。斯腾伯格认为，真正的爱情有三大基石：第一个基石是亲密，包括热情、理解、交流、支持及分享等特征；第二个基石是激情，以身体的欲望激起为特征，激情的形式常常是对性的渴望，但是，从伴侣处得到满足的任何强烈的情感需要都属于这一类别；最后一个基石是承诺，包括将自己投身于一份感情的决定及维持感情的努力。在本质上，承诺主要是认知性的，亲密是情感性的，而激情是动机性的。爱情关系的“热度”来自激情，温暖来自亲密，相形之下，承诺所反映的是一个决定，它完全不是情感性的。

在斯腾伯格的爱情三元理论中，这三个成分被看做“爱情三角形”的三个边。每个成分的程度会由浅到深，所以三角形可能有着各种不同的大小和形状，实际上可能会产生数不清的形状。所以为了简化，我们将考虑几个相对纯粹的、当三个成分强弱不同时而产生的爱情类型。 斯腾伯格认为爱情包括亲密、激情和承诺三部分，三者缺一不可 。相爱的两个人，必须情绪上能分享、沟通与支持；行为及生理上有热情；认知上能肯定对方。见图10-1。

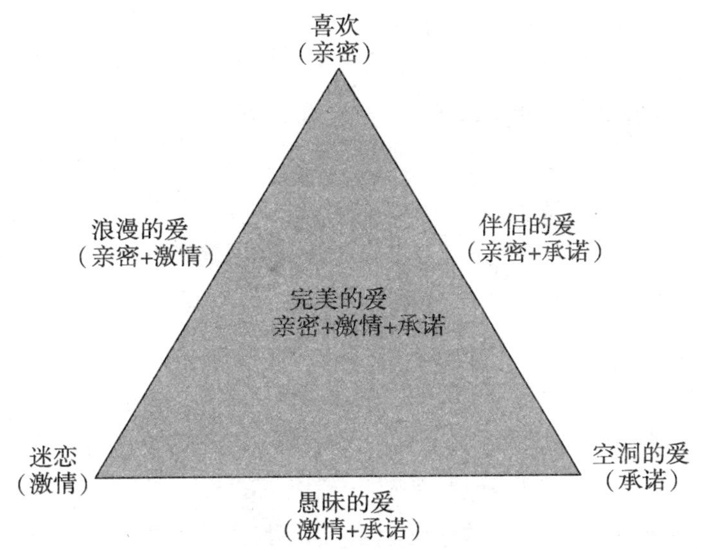

图10-1　爱情三因论图示

亲密属于爱情的情感方面，包括亲近、分享、交流和支持，即对另一个人产生的心灵相近、相互契合、相互归属的爱恋感觉。亲密也包括愿意得到和付出情感支持，分享彼此最内在的想法。亲密一般最初发展缓慢，然后稳步发展至稳定水平，后来又下降。明显缺乏亲密意味着关系即将结束。

激情属于爱情的情感和动机方面，伴随有生理唤醒，以及和所爱的人结合的强烈愿望。和亲密不同，性方面的动机迅速发展，但经过一段时间后，继续和这个人在一起不再带来当初的兴奋和满足感。

承诺属于爱情的认知方面，无论世事如何变化，对关系的保持作出承诺。承诺不受情绪的左右，是我们用理智和意志作出的。坚定而执著的承诺，将为两个人的关系提供保障，因为双方都知道，无论发生什么事情他们都是可以相互依赖的。没有承诺的爱是不完全的。

真爱是建立在充分了解和接纳的基础上的。我们了解所爱的人的许多方面——不仅有美好的一面，还有缺点、矛盾和瑕疵。尽管我们知道对方的种种缺点，但仍无条件地接受他们最真实的样子。真爱意味着自由的给予，而不是从对方身上索取，更不会依靠对方来填补自己的不足。

真爱能够让彼此成长。真爱意味着我会关注你的成长，并且我会希望你变成你所能成为的人。真爱意味着能把彼此看做一个独立的人，一个拥有自己价值观、思想和情感的人，不会坚持让你放弃个性而成为我想要成为的人。面对你的独立，我不会觉得这是威胁，我不会把你当成一件物品或让你完全满足我的需要。真爱包括责任意识和接受另一半原本的一面，无论是优点还是弱点，如果你仅仅爱一个人最好的东西，那不是爱，真爱意味着接受另一个人的弱点，并且带着耐心和谅解去帮助这个人转变。爱能够提高彼此的生活状态，并且双方都因为照顾和被照顾而成长。

爱意味着对所爱的人作出承诺，尽管对他人的承诺是有风险的，但承诺是亲密关系所必需的条件。某些人很难在恋爱中作出长期的承诺，如果他们认为这种恋爱关系只是短暂的，那么，他们又能在多大程度上允许自己被爱或付出真爱？或许对于某些人来说，对亲密的恐惧阻止了他们的承诺。没有承诺是不可能维持长期信任的。两个相爱的人彼此真正的承诺就是婚姻，婚姻意味着我们将自己的一生与配偶紧紧联系在一起，彼此分享婚姻关系所带来的喜悦、祝福和责任。

爱情不是斟满的香槟，它的浓烈需要时间来调和；爱情不是加糖的咖啡，它的苦涩需要仔细的斟酌；爱情不是感恩的凝视，它的久远需要亲力去把握；爱情不是短暂的偏爱，它的追逐需要一生的幸福；爱情有时需要等待，但绝不是空守内心的那片花园；爱情不同于友情，你不仅要分享对方快乐时的感受，还要慰藉其伤心时的眼泪，不仅要与对方搀扶着越过眼前的阻碍，还要与他（她）依偎着走向遥远的未来。

爱情花开在何时

学校教学楼前有一棵树，刚刚初夏，那棵树已经长得很繁茂并且开了花。而离它不远的那棵枣树，叶子还没有完全长出来，更没有开花。我当时很感慨地跟同学们说："你看它们之间的差距多大啊！"可是又过了些日子，当盛夏的时候，那棵繁茂的树木已经没有了花朵，而那棵枣树却枝叶繁茂，缀满了大大小小的枣子。那棵树开花很早却没有结果，枣树开花很晚却结出了丰盛的果实，这才是差距啊！爱情也是如此，不是因为太早而绚烂！

想一想

案例1

小锋是个英俊帅气的男孩，180cm的个头，才华横溢，被周围很多女生青睐。乐乐是小锋的同班同学，虽然身材娇小，却开朗活泼、聪明伶俐，是全班同学的开心果。进入大学后不久，乐乐与小锋就很快成了无话不谈的好朋友，虽然两人并未明确恋爱关系，但在同学的眼中俨然是一对幸福甜蜜的恋人了。

然而到了大一下学期，小锋突然开始疏远乐乐，并且跟同班女生梦盈交往密切。梦盈是班里的小才女，相貌清秀可人，性格沉静优雅，有种淡淡的文艺气质。小峰与梦盈在一起之后，两人在教室里几乎形影不离，乐乐却天天躲在宿舍里以泪洗面，不愿见人，整个人憔悴了很多。但没过多久，小峰发现虽然梦盈身上有自己欣赏的品质，两人相处的过程中却总不如与乐乐在一起时那么放松和开心，而且两人很难包容彼此身上的缺点，于是两人很快便分手了。

之后小峰又找到乐乐想与之重新交往，乐乐周围的朋友都劝她不要再与之交往，说那样的人是不值得爱的，但乐乐考虑再三还是答应了小峰的请求。

思考：1. 你如何看待小峰在恋爱过程中的这次反复？为什么？

2. 假如你是乐乐，你怎么看待小峰与你的感情？

3. 爱情是需要包容的吗？为什么？

案例2

白洁与常旭是大学同班同学，在大一时互生爱慕，不久两人便确定了恋爱关系。白洁是一个清纯可爱的女孩，常旭是一个高大魁梧但孩子气十足的大男孩，他们在大学交往的四年中，始终保持着最浪漫的纯情，成为典型的“两未恋人”，即未同居、未发生性关系。常旭也曾经想过要与白洁同居，但白洁在这件事情上一直很坚持，认为只能在结婚后才能发生性关系。尽管常旭也常被宿舍同学讥笑为性无能，自己也为这事苦恼过、纠结过，但他终究还是认为尊重白洁的想法是最重要的，所以两人感情一直也算稳定和谐。

等到大学毕业的时候，白洁考上了本校的研究生，常旭在离校不远的一家单位工作。后白洁在读研究生一年级的时候认识了正在本校读博士的张程，张程家境条件比较好，尚未毕业父母已为其买了房、买了车，他对清纯可爱的白洁一见钟情，经常相邀谈心、聊天、外出游玩，交往频繁，白洁不知该如何取舍：一边是交往四年多始终关心爱护自己的常旭，一边是猛烈追求自己、家境甚好的张程。而白洁父母认为张程家境好，可以给白洁更好的生活条件，与常旭相比能少奋斗好多年，极力促成白洁和张程。

面对父母对自己的屡屡忠告，白洁提出与常旭分手，常旭很痛苦地挽留多次，希望白洁给他机会，并承诺他一定会让她生活幸福，但白洁在纠结后断然不再与常旭相见，常旭苦恼到极致，选择离开了这座让他伤心的城市，回到家乡工作。

白洁与常旭分手后，白洁与张程开始正式交往，不久张程就提出与其同居的请求，白洁遂答应，一直同居到两人毕业很长一段时间，但这期间张程从未跟白洁提出过要与其结婚的意愿。后来白洁追问得知，张程现仍与其一名高中女友保持亲密关系，白洁难以接受这种现实，认为张程是品质极坏的人，遂与其分手，但内心留下极大伤痕，至今难以抚平。

思考：1. 白洁与张程之间存在真正的爱情吗？为什么？

2. 你如何看待常旭对白洁关于性关系方面的尊重？

3. 假如你是白洁，你会选择常旭还是张程？为什么？

案例3

云和林都是大学新生，以前也是高中同学，怀揣着对大学生活和对未来的美好憧憬，在不断的交往中互相爱慕成为了男女朋友，享受着爱情的甜蜜。一天，林带云到自己好朋友家去玩，伴着快乐时光的悄然离去，两人当晚留宿在林的朋友家里，并住在同一个房间里。当晚两人聊人生、聊理想、聊爱情，林向云表达了自己的深深爱意，并提出亲密的要求，可是云礼貌地拒绝了，林也表示尊重云的想法，两人达成一致后各自休息了。后来经过一段时间的相处，两人发现并不合适，于是分手。之后云总是回忆当晚的事情，担心林对自己做了什么，但自己也知道没有发生什么，可总是担心，担心万一发生了什么，自己失去处女之身，不知如何开始下一段感情。

思考：1. 男女同住一晚的行为是否是道德败坏？为什么？

2. 如果你是云，你如何看待自己总是担心当晚是否失身的心态？

3. 你如何看待“处女情结”？

做一做

活动1：爱情是什么

目的：了解每个人对爱情的认识。

准备：纸、笔。

时间：约20分钟。

操作：

（1）每4~6名同学组成一个小组。

（2）发挥大家的聪明才智，用比喻的方式描写爱情，写在纸上，描写得越多越好。

（3）以小组为单位进行交流、讨论。

（4）在全班中评选出最有创意的小组（以所写比喻句的数量为主要衡量标准，兼顾句子的质量）。

活动2：爱人的标准

目的：认识自己选择爱人的标准。

准备：纸、笔。

时间：约15分钟。

操作：请你用形容词、词组或句子的形式写出自己选择恋人的五条标准：

第一条：________________

第二条：________________

第三条：________________

第四条：________________

第五条：________________

活动3：两性心理需求

目的：让男生和女生分别了解恋爱对方的心理需求情况。

准备：男女分组，每人准备一张纸和一支笔。

时间：约30分钟。

操作：

（1）每4~6名同性别的同学组成一个小组（即男、女分开），将小组同学的意见和说法综合起来，完成下面的填空：

我能够给予恋人的：①________________

②________________

③________________

④________________

⑤________________

我希望从恋人那里获得：①________________

②________________

③________________

④________________

⑤________________

（2）待各小组全部写完之后，各组同学一起猜想另一半同学的答案（即男生小组猜想女生小组所写的内容），并在笔记本上按照上面的格式记录下来。

（3）教师安排男、女生小组在全班范围内轮流报告本小组的答案，大家看看自己猜想的另一半和他（她）们实际答案的吻合程度。

活动4：失恋助我成长

目的：理性地看待失恋。

准备：纸、笔。

时间：约30分钟。

操作：

（1）齐心协力寻找失恋的十大好处。

请同学们以5人小组为单位，分别列举失恋后的好处。每个小组最多可以列举10条，之后在全班范围内由全体同学共同评比出最合理、最可行的建议，并将此作为本班共同的“情感自卫盾牌”。

请以下面的句型为模板，完成十句话：

因为我失恋了，所以我获得了________________________

（2）共同探索摆脱失恋心情的方式。

尽管失恋后我的心情很不好，但是我不会永远这样的。朋友们告诉我，我可以用这些方法来放飞自己的心情。

方法一：______________________________

方法二：______________________________

方法三：______________________________

方法四：______________________________

（3）一起分析失恋的原因。

这一次我在____________方面没有做好，以后我将____________去改进。

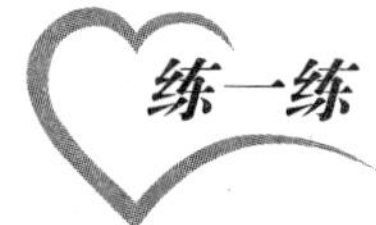

练一练

一、你认为应该如何经营一份美好的爱情？

二、爱情是永恒的吗？

三、你认为怎样才能培养爱的能力？

四、你如何看待婚前性行为？

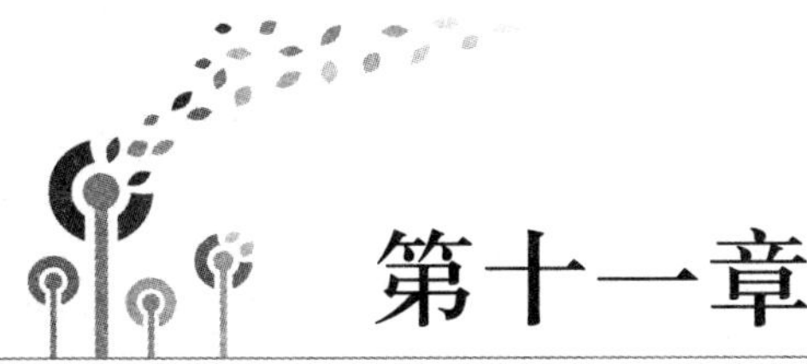

第十一章

大学生压力管理与挫折应对

某大学的宿舍里，小丽正在跟舍友抱怨着："昨天晚上和男朋友吵了一架，害得我一夜都没睡好，结果今天早上起晚了，错过了专业课的随堂考试。中午出去买饭的时候，又把手机给弄丢了！这会儿我的胃正疼得厉害！唉，真是祸不单行，倒霉透了！"小丽的脸上流下了委屈的泪水，她皱起眉头、撅起嘴，一个"囧"字便活生生地写在她的脸上。

在人生的道路上，压力与挫折如影随形，诸如此类的"囧"事，想必我们大家都曾遇到过。当今的大学校园里，经常会有人喊"压力山大"，学业压力、就业压力、人际压力、恋爱压力……成了让许多大学生头疼的"紧箍咒"。大学生处于身心发展成熟期，但由于社会生活经验尚浅，面对压力和挫折常常不知所措。你是如何应对和解决这些压力的呢？面对同样的一件事，为什么有的人会惶恐不安，而有的人却能泰然处之？你所遇到的挫折是否一定是前进路上的绊脚石？大学生的压力和挫折究竟是如何产生的，对你又有什么样的影响？在本章中，都将一一为你解答。通过学习管理压力的方法与技巧，提高个体挫折应对的水平，帮助你更好地了解自己的压力与挫折，从而使你的身心更健康，生活更幸福！

一、压力和挫折概述

（一）压力概述

最初接触“压力”这个词，你或许是在中学的物理课上。它是垂直作用于流体或固体界面单位面积上的力，又叫做“压强”。例如，金属能够承受中等的压力，但在重压下会失去弹性；同样，当骆驼在重压之下，哪怕在身上再加上小小的一根稻草，它也会轰然倒下。那你呢？当你承受的压力达到一定程度时，是否也会有抵抗衰退的表现？然而，人要比金属和骆驼的结构复杂很多，人类有丰富的情感，能推理和思考，经受着纷繁的人类社会与自然环境的影响，每个人对压力的感受都是不同的，那压力对于你来说，到底意味着什么呢？我们不妨试着完成下面的句子，以便进一步理解压力。

压力是____________________如果没有压力，生活将会____________________

压力是一种复杂的身心过程，心理学家们对压力的研究始于19世纪，对于压力常见的几种理解有：

（1）压力是体内的生理反应，想象你独自一人走在黑暗的小巷中，突然窜出一条大狗扑向你，这时你一定会心跳加快、手心冒汗、肌肉紧张……一系列的变化会在你的体内发生。当遭遇威胁时，参加战斗或是逃跑，你的身体都会为之做好充分准备，哈佛大学的Walter Cannon是第一个将这些压力反应定义为“战或逃反应”的研究者。

（2）压力是一种刺激，是外界对自己提出的要求，比如事情太多而时间太少，与学习、工作、人际关系等需求有关的压力，常常会使人们说自己“处于压力之下”。

（3）压力是一种交互过程，是刺激、对刺激的感知以及所引起的反应之间的交互作用，比如想到你要去参加一个重要的面试时身上的肌肉紧张。当人或事被理解为有威胁或者会引起伤害和损失时，才会引起压力，而人们的感知不同，所以对同一事件的反应也不尽相同。

（4）压力是一种整体现象，是个体生理、社会、精神、情绪、智力满足感的一部分，当你评估自己所承受的压力时，会受到主观（如你的感觉、心情等）和客观（如周围环境等）因素的影响，所以同样是跟室友闹矛盾，不同情况下，你的感受也许是不同的。

将这些理解综合起来，我们认为压力是个体和压力源之间的整体交互过程，导致身体产生压力反应。整体交互是一个压力评估过程，其中包括压力源、个体和环境。个体的评估过程受到其满足感水平的影响。压力源是个体评估为能够构造成伤害或损失的任何刺激。压力反应是身体在面对威胁、伤害或损失时为了保持平衡所作出的一系列生理反应。①

（二）挫折概述

“人有悲欢离合，月有阴晴圆缺，此事古难全。”苏东坡的词道出了人们的无奈。尽管我们常常把“心想事成”挂在嘴边，但在生活中遇到挫折也是难免的。人人渴望成功，而不要忘记，成功之母即是失败，对大学生而言，挫折既是打击也是成长，正确地认识与对待挫折，是成功人生的必经之路。

所谓挫折就是指人们在某种动机的推动下，在实现目标的活动过程中，行为遇到了无法克服或自以为无法克服的障碍和干扰，使其动机不能实现、需要不能满足、目标不能达成时，所产生的失望、不满意、沮丧等负面感受②，也就是人们俗话所说的“碰钉子”。挫折包括三方面的含义：

（1）挫折情境。当人们有动机、有目的的活动受到阻碍，需要不能得到满足时的情境状态或条件。构成刺激情境的可能是人或物，也可能是各种自然、社会环境，如发挥失常导致考研失利，没能考上理想的学校；可以是实际遭遇的挫折情境，也可能是想象中的情境。

（2）挫折认知。对挫折情境的知觉、认识和评价。

（3）挫折反应。个体在挫折情境下所产生的情绪反应和行为反应，由烦恼、困扰、焦虑、愤怒、攻击等负面情绪交织而成的心理感受，即挫折感。

一般情况下，挫折情境与挫折反应是成正比的，挫折反应只有在特定的挫折情境下才会产生，而且挫折情境越严重，所引起的挫折反应也就越强烈。比如，在生活中遭遇了重大事故时的感受显然要比仅仅犯一个错误更强烈，震动更大。然而，挫折情境与挫折反应也并不总是成正比，因为从挫折情境到挫折反应并不是一个简单的刺激-反应过程，而要受到个体的生理状态、心理状态和思想状态等诸多因素的制约，其核心即是挫折认知和耐挫力。挫折情境只有被主体所感知时，才会在个体心理上产生挫折反应。如果客观上有阻碍存在，但主观上并无知觉，或者虽然感知到了但并不觉得严重，自然就不会有紧张情绪的产生，也就不会构成挫折情境。心理素质好、对挫折的耐受力较强的人，在面对同样的挫折时，其挫折反应也要比其他人轻。如前所述的考研失败的例子中，如果这个同学本来就只是抱着试一试的态度，考不上就去找工作；或是他认为这只是对自己的一次磨炼，明

①〔美〕Richard Blonna. 多变世界中的压力应对［M］.石林，译. 北京：高等教育出版社（第三版），2008：4.

②樊富珉，费俊峰. 青年心理健康十五讲［M］. 北京：北京大学出版社，2006：87.

年还可以继续考，那对于他而言，这次失败并不会造成很强烈的挫折反应。因此，挫折反应的性质、程度主要取决于个体对挫折情境的认知。正如巴尔扎克所说：“世上的事情，永远不是绝对的，结果完全因人而异。苦难对于天才来说是一块垫脚石，对于能干的人是一笔财富，而对于弱者是一个万丈深渊。”

二、大学生压力和挫折的产生与特点

（一）大学生压力和挫折的产生

大学生压力和挫折的产生与诸多因素相关。随着改革开放的不断深入和社会竞争的日益加剧，当代大学生所面临的各种压力与挫折也逐渐增多。而且大学生正处于人生发展的关键时期，一方面他们精力充沛，思想活跃，自我意识较强，发展欲望强烈，需求广泛而执著，个人的理想抱负水平普遍较高；另一方面他们的人格发展尚不成熟，社会阅历浅，应对压力与挫折的经验不足。在这种情况下，势必会出现承受压力、遭遇挫折的现象，甚至其频率相对还会更高。

1. 环境因素

（1）自然环境因素。如台风、地震、洪水、疾病、事故等非人力所能及的客观因素。

（2）社会环境因素。我国正处于一个急速变革的时期，既有的价值观念、生活方式、行为模式等方面都发生着根本性的变化，这种深刻的社会变革在客观上对当代大学生的心理带来了深刻的影响。一是近年来持续性的扩招给大学生带来就业的压力，许多学生从一踏入大学就开始为将来的工作而焦虑，部分城市、岗位对学生就读学校、专业、工作经验等提高门槛，极易给大学生带来心理挫折感。二是社会对大学生的评价与需求也发生着重要的变化，大学生已不是“天之骄子”，必须和其他同龄人一样为生存而奋斗，许多只会纸上谈兵的学生还不如技校的毕业生更受社会欢迎，这些反差很容易给大学生造成压力与挫折。三是网络，虽然为大学生们带来了更多的资讯与便捷，但需要筛选的海量信息、虚拟空间的自我迷失等也为大学生们带来了一定的负面影响，使大学生的发展面临着更加复杂多变的环境。

（3）学校环境因素。校园环境设施是否先进、合理，能否满足大学生主动学习的需求；教学内容与管理方式是否科学，教学方法、教学手段是否与培养新型人才的要求相适应；校园文化是否和谐、人际关系是否融洽等，都会对大学生造成影响。

（4）家庭环境因素。家庭的自然结构、人际关系、教育方式、抚养方式、经济状况等对大学生的心理压力与挫折都有直接或间接的影响。有研究表明，大学生的不少心理问题是与家庭生活的不良背景、早期不良家庭生活经历联系在一起的。自小娇生惯养和过分被保护、溺爱的孩子进入大学后，更容易产生心理挫折。家庭贫困、双亲不和或单亲家庭的孩子，有些上大学后会表现出蛮横无理或做出一些违背社会规范的反常举动；有些人表现出内向、孤僻的性格，很少与人交往，这些都容易产生心理挫折。家庭的社会经济状况对大学生的心理也会产生潜在影响，贫困大学生还面临着巨大的生活压力与经济压力，导致更多的心理冲突。

2. 主观因素

（1）人格特征。试想一下，你的辅导员让你下课后到他办公室谈一谈，你会觉得是因为自己最近出了差错要挨批而忐忑不安，还是认为自己表现不错，老师要给自己嘉奖？当你在众人面前发表演讲的时候，有人在台下交头接耳，你会认为是自己讲得不够吸引人，还是觉得大家对此比较感兴趣，正在热烈讨论？同一件事，不同人的看法是不同的，压力是对未知事件的悲观解释。罗莎琳德·福布斯在《工作压力与个性》一书中说，“工作本身并不见得是造成压力的原因”，乐观的人更倾向于把事情往好的方面想，遇到挫折也更愿意想办法去解决；而悲观的人则更容易悲天悯人，也缺乏改变现状的勇气与力量。你更倾向于内向还是外向、古板还是灵活、紧张还是放松、保守还是冒险、自卑还是自尊……都会影响到你对压力与挫折的感知与体验。

A型行为模式

20世纪50年代末，加利福尼亚两位心脏病专家——麦尔·弗雷曼（Mayer Friedman）和雷·罗斯曼（Ray Rosenman）的秘书观察到候诊室里椅子的磨损都只集中在前缘。心脏病专家们也注意到他们的心脏病患者都很急躁，他们常常准时来就诊，并且匆匆离去。受这种规律的启发，他们在8年内调查了3000名年龄在35岁到59岁的健康男性，想发现人格特征与心脏病发病之间有无联系（Friedman & Rosenman, 1974）。8年中，一组人突发心脏病和其他形式心脏病的比例高于另一组两倍多。

弗雷曼和罗斯曼把冠心病患者的人格的共同特征描述为A型行为模式。他们把这一

组个性特征归纳为——过分好胜，决心坚强，缺乏耐心，充满敌意。这些人通常会体验到更多的压力与挫折。而与A型行为模式相反，具有轻松和宽容等共同特征的另一组较健康的人群被标定为B型行为模式，这部分人则相对较少感受到压力与挫折，也更为长寿。

（2）自我认知偏差。大学生缺乏社会经验，往往不能正确地认识自我，当取得一点成功时，自我评价容易偏高；遭遇挫折和失败时，又容易产生失败感或焦虑苦恼的情绪而低估自己，甚至自我怀疑与否定。如一位刚入学的大学生对自己提出了很高的要求：要拿到特等奖学金、评上“三好学生”。然而因为不适应大学与中学在学习方法、评定标准上的差异，以为只要自己苦学就可以了，主观盲目地给自己制定了过高的目标，很难实现，给自己造成了巨大的压力，也经受了一次挫折。

（3）生活环境不适应。许多大学生第一次离开家来到一个全新的环境，一时难以顺利地实现角色转换，水土不服、饮食不习惯、集体生活不适应、理想与现实差距较大等，致使有的同学因为生活中遇到一点困难或不如意，便产生压力与挫折感，出现孤独、苦闷、烦恼、忧愁等不良心理反应。如每年新生入学后，都有一部分同学不能适应大学里“充足的自由时间”，缺乏独立自主的学习能力和习惯，不能及时调整自己的学习方式。而且，随着年级的升高逐渐感到学习持久紧张与竞争压力，很多同学心理压力增大，容易产生茫然、空虚、压力、紧张、无所适从感，导致心理挫折的产生。

（4）学业负担。尽管大学的学习与中学是不同的，但学业对于大学生而言，仍然是最重要的一门功课，专业追求、学业考试、职业探索等都是大学生所关注的。激烈的竞争、不当的学习方法、不理想的学习成绩等诸多因素给部分大学生带来不同程度的心理负担，使他们学习压力过大，产生失落感和焦虑感。特别是高中阶段的“尖子生”而今排名落后的学生更是如此。也有一些同学由于神经系统长期过度疲劳而导致功能失调，常常食不知味、夜不能寐。还有的同学由于对所学专业缺乏兴趣，学习动力不足，这种心态从低年级延续到高年级，随之就会产生心理挫折。

（5）建立亲密关系。大学阶段，正是发展亲密关系与归属感的时期，大学生对友谊与爱情有着热切的依恋与渴望。但由于交往经验与技巧不足，交往过程中沟通不足、关系失调、人际冲突等现象时有发生，容易给大学生造成心理压力与挫折。不少同学都感觉到不知该如何与老师、同学及异性相处，有时便会产生“在大学中没有知心朋友”、“不如和高中同学更亲密”的想法。由于性机能的成熟、性意识的觉醒、性心理的发展和大学生活交往

机会的增多，在大学中谈恋爱也得到了大多数学生的认同。但什么才是真爱、如何选择适合自己的伴侣、在恋爱中的患得患失、与伴侣的和谐相处、爱与性等问题都会给大学生带来压力，也有的同学由于性压抑、性幻想、性自慰等行为而产生心理挫折。

（二）大学生压力和挫折的特点

1. 普遍性

当代大学生的生活阅历相对简单，成长的道路较为平坦，普遍缺乏社会生活的磨炼，自我调节能力与自我控制力不是很强，在面对自我成长、个人与社会关系等人生问题时，容易感受到压力与挫折。在同学们的身上存在着各种冲突：自豪与自卑、独立与依赖、自由与自律、交往与孤独……这些都是大学生们经常会遇到的一些问题，因而在成长的道路上，会时常伴随着压力与挫折。

2. 个体性

不同的人对相同的压力和挫折事件会有不同的反应。担任班干部、参加一次考试、策划一场晚会、蹦极和攀岩……对一些人而言是非常愉快而有挑战的事情，但对另一些人来说却很有压力。也许你在看到一位同学在很短的时间内完成了许多工作后，会情不自禁地说："我真不知道你是怎么完成所有这些工作的！"也许你很不明白为什么有人会对仅仅一次小小的失误耿耿于怀。

3. 两面性

压力和挫折既有消极面，也有积极面。过重的压力或压力不足都会对大学生的身心健康造成消极影响，而且对学习、工作效率都起到负面的影响。过重的压力会导致个体活动意志涣散，缺乏应有的行为动力，效率减低；而适度的压力对提高学习、工作效率，维护身心健康具有积极作用，能够最大限度地激发个体内在的动力，使个体发挥出最佳状态。同样，挫折会给人以打击，给人带来烦恼和痛苦，但在带来失败的同时又磨炼了人的意志和性格，提高解决实际问题的能力，使人变得坚强。

4. 变化性

还记得你第一次在全班同学面前演讲、第一次独自到异地求学、第一次谈恋爱吗？那时你可能会感到压力，但经过反复练习或有了经验的积累后，压力就会减轻或变得不太有压力。随着我们年龄的增长，你所遇到的压力也会不停变化，也许小时候的压力是上幼儿园，上学后的压力是学习成绩，现在的压力可能是找工作、谈恋爱……事实上，压力感在不时地发生变化，正如个体之间存在的差异。同样，你所遇到的挫折只是代表在实现目标的过程中遇到了一些障碍，并不意味着我们已经失败。挫折并非不可战胜，遭遇挫折后所产生的不良情绪只是暂时的，如果我们能及时进行自我调整，就可以重新树立信心，摆脱不良情绪的困扰。

5. 累积性

长期的压力和挫折会让人深感疲劳、不堪重负且心灰意冷。你可能会发现，一个星期之内对付一两件压力事件相对容易，而像我们这章开头讲到的小丽的例子，一天之内经受了诸多不如意，或是长期连续地承受此类事件就会有难以招架的感觉。第一次考试不及格会感觉到很大的压力，但第二次考试不及格压力可能会更大。当然，这些累积效应对有些人来说并非难以忍受，相反，他们会产生增强抵抗和忍受同类压力的能力。

三、压力和挫折对大学生心理的影响

（一）积极影响

当你被考试、就业、人际关系等压力重重包围的时候，可能会认为如果没有压力，那一定是最美好的生活了，可事实果真如此吗？想想你为什么会乐此不疲地沉迷于网络游戏，即使它让你紧张万分？为什么那么害怕，还是忍不住去看恐怖片，几天晚上都不敢独自上厕所？曾经有科学家做过一个感觉剥夺的实验，即让被试处于一个没有任何外界刺激的环境中，结果大多数被试在实验开始后24~36小时内要求退出，没有人坚持72小时以上。因为我们生命活动的维持就需要一定水平的外界刺激，达尔文的进化论也告诉我们，人的成长和发展也是不断适应环境变化的过程，个体一生的发展，在每个阶段都需要应付新的要求，没有压力，也就没有我们的成长。 因而，压力和挫折并非像你想的那样一无是处，如前所述，过重的压力或压力不足都会对我们的身心造成不利影响，而适度的压力和挫折则能最大限度地激发个体内在的动力，增强你的聪明才智，激发你的进取精神，增强你的耐受力，磨砺你的意志，使你发挥出最佳的状态。

感觉剥夺实验

贝克斯顿（Boxton）在美国麦吉利大学所做的感觉剥夺研究，募集了大学生志愿者作为参加实验的人。志愿者每天躺在床上睡觉，并有每天20美元的酬劳。他们可以自己决定何时退出实验。结果大多数被试在实验开始后24~36小时内要求退出，没有人坚持72小时以上。 实验开始后，大多数被试开始时是睡觉，随后开始厌倦不安，再后来开始自己制造刺激：吹口哨、唱歌、自言自语……最后竟出现了幻觉。研究人员认为：维持大脑觉醒状态的中枢结构——网状结构需要得到外界的刺激以维持一个激活的状态。当外界接触被阻止时，大脑就即兴创作，自己产生刺激。实验证明，生命活动的维持需要一定水平的外界刺激。

（二）消极影响

但是如果压力和挫折的反应过于强烈或持久，超过了机体自身调节和控制能力，就可能导致心理、生理功能的紊乱而致病。已有大量的研究证明，长期的压力会危及心理健康。我国台湾大学临床心理学柯永河教授根据自己多年的临床经验，给出了一个心理不健康的公式，指出压力、自我、社会支持是影响心理健康的三大要素：

$$B=\frac{P+K/P}{E+SS-(SS/C)^2}$$

B=心理不健康的程度；E=自我强度；P=压力强度；K=个人所需要刺激的最低量；SS=社会支持；C=个人所需要的社会支持最低量；K/C是常量（不同人数值不同）。

由公式可知，压力在两个方向制约，太大太小都影响心理健康；社会支持从两个方面制约，太大太小都会导致心理不健康。越有自信的人越健康。压力是否影响身心健康，与个体差异有关。

压力与挫折对我们的身心健康有着诸多的影响，一般而言，真正影响到健康问题的是长期或慢性的压力与挫折。在心理上，容易出现烦躁或喜怒无常，丧失信心或自负自大，精力枯竭且缺乏积极性，持续性地对自己及周围环境持消极态度等。

四、压力管理与挫折应对

（一）正确对待压力与挫折

看看下面这些对压力与挫折的一般认识，对于每一条你是赞同还是不赞同？说说你的理由：

（1）所有的挫折都是有害的；

（2）只要你存在压力，你一定会知道；

（3）如果你足够努力，就总是能适应困难的环境；

（4）长期的运动会消耗体能，会减弱你抗拒压力的能力；

（5）当你离开教室的时候，会留下学习的压力，不会把它带回宿舍；

（6）压力管理的目标是消除压力；

（7）除非你完全改变生活方式，否则无法应对压力；

（8）压力是可以完全消除的。

得出你的答案了吗？相信经过前面的学习，你可能会判断出这些认识其实都是错误的。我们已经不止一次地谈到过压力与挫折是把双刃剑。适度的压力与挫折可以促使你改善自己的缺失，增强自己的动机和能力，适应生活的环境，从而使个人成长与成熟得更快。当你进入大学后，可能会面临各种压力与挫折，遇到这些困难时，不要垂头丧气，而应把这些作为一种新的挑战，是促使自己前进的动力，保持一种乐观进取的态度，并把注意力放到更有意义的事情上去，那么你就可以化压力为动力，使自己逐步走向成功。

（二）熟悉压力预警信号

拿起你的水杯掂一下，估计一下杯中的水有多重？20克？100克？500克？让你拿着这个水杯一分钟，你可能一点感觉也没有；如果拿一个小时，你的手臂会酸疼；如果拿一整天，也许就该叫救护车了！水杯的重量不会变，拿在手中的时间越长，手中对象的重量就越重。压力与挫折也是如此，如果你不想做那头被最后一根稻草压倒的骆驼，就要注意你自己的身心变化，防患于未然，及时判断你目前的状态，应对你的压力与挫折。当这些压力预警信号响起的时候，你就要停下来，采取些措施了。

1. 生理信号

（1）当你处于压力之下时，头疼的频率和程度在不断增加；

（2）肌肉紧张，尤其是发生在头部、颈部、肩部和背部的肌肉紧张，将是一种早期预警信号；

（3）皮肤对压力特别敏感。皮肤干燥、有斑点和刺痛都是典型的反应征兆；

（4）消化系统问题，如胃痛、消化不良或溃疡扩散，都将是你未能妥善处理压力相关问题的预警信号；

（5）心悸和胸部疼痛也经常与压力有关。

2. 情绪信号

（1）容易烦躁或喜怒无常通常表示你正处于压力之下；

（2）消沉和经常性的忧愁，压力影响了你对生活的展望；

（3）丧失信心和自负自大是你感觉到对超过自己处理能力的要求不能保持控制的结果；

（4）如果感觉精力枯竭且缺乏积极性，这可能是由于对你要求过多的缘故；

（5）疏远感是无力应付的结果。

3. 精神信号

（1）缺乏注意力经常是由于大脑中转来转去的事情太多所造成的；

（2）优柔寡断，即使是对最无关紧要的事情也一样；

（3）压力将影响记忆力。你将发现你忘记了许多事情、数字、朋友的名字和通常记得的地方；

（4）压力削弱判断力，导致错误的作出某些决定，并将造成某些过错；

（5）持续性地对自己及周围环境持消极态度，这可能是未能处理好周围人对你的要求的标志。这将使你的感觉更趋变坏。

4. 行为信号

（1）睡眠易受打扰，无论是失眠还是睡眠时间的不断增长，都是你正在受到压力的确定信号；

（2）比平时更经常地饮酒及吸烟，这是企图寻找短期精神放松的表现；

（3）性欲减少是承受压力的常见征兆。它可以经常加重你的烦恼和忧虑，导致你从一种可以获得支持的关系中退出；

（4）从朋友和家庭的陪伴或同事的友谊中退出，这通常意味着你感觉到对这种关系无法应付；

（5）如果发现自己很难放松，经常烦躁和坐立不安，你很可能正在处于压力之下。

（三）培养健全和谐人格品质

我们已经知道了，一个人格健全和谐的大学生，可以更好地面对并处理自己所遇到的压力与挫折。所以，我们要在日常的生活学习中，扬长避短，不断完善自己的人格品质。

从总体上看，人格健全和谐的人应该是在推动社会进步的实践中充分发挥自己的聪明才干，为人类社会作出自己力所能及的贡献，同时是自己的人格各个方面得到充分的协调、平衡发展的人。从具体特征上讲，健全和谐的人格应具有以下标准：和谐的人际关系，良好的社会适应能力，乐观向上的生活态度，正确的自我意识，良好的情绪调控能力。

枯井中的驴子

有一天，某个农夫的一头驴子不小心掉进了一口枯井里。农夫绞尽脑汁想办法去救驴子，但几个小时过去了，驴子还在井里痛苦地哀嚎着。最后，这位农夫决定放弃，他想这头驴子年纪大了，不值得大费周章地把它救出来，不过无论如何，这口井还是得填起来。于是农夫便请来左邻右舍帮忙一起将井中的驴子埋了，以免除它的痛苦。农夫的邻居们人手一把铲子，开始将泥土铲进枯井中。

当这头驴子意识到自己的处境时，刚开始哭得很凄惨。但出人意料的是，一会儿之后这头驴子就安静下来了。农夫好奇地探头往井底一看，出现在眼前的景象令他大吃一惊：当铲进井里的泥土落在驴子的背部时，驴子的反应令人称奇——它将泥土抖落在一旁，然后站到铲进的泥土堆上面！就这样，驴子将大家铲倒在它身上的泥土全数抖落在井底，然后再站上去。很快地，这只驴子便得意地上升到井口，然后在众人惊讶的表情中快步地跑开了！

就如驴子的情况，在生命的旅程中，有时候我们难免会陷入“枯井”里，会有各式各样的“泥沙”倾倒在我们身上，而想要从这些“枯井”脱困的秘诀就是：将“泥沙”抖落掉，然后站到上面去！

事实上，我们在生活中所遭遇的种种困难挫折就是加诸在我们身上的“泥沙”。然而，换个角度看，它们也是一块块的垫脚石，只要我们锲而不舍地将它们抖落掉，然后站上去，那么即使是掉落到最深的井里，我们也能安然地脱困。

本来看似要活埋驴子的举动，由于驴子处理厄境的态度不同，实际上却帮助了它，这也是改变命运的要素之一。如果我们以肯定、沉着稳重的态度面对困境，助力往往就会潜藏在困境中。一切都决定于我们自己，学习放下一切得失，勇往直前地迈向理想。我们应该不断地建立信心、希望和无条件的爱，这些都是帮助我们从生命中的枯井脱困并找到自己的工具。

（四）运用积极心理防御机制

心理防御机制是指个人在压力与挫折情境中，在其内部心理活动中具有的自觉与不自觉地解脱烦恼，减轻内心不安，以恢复情绪平衡与稳定的一种适应性倾向。我们经常所说的“吃不着葡萄说葡萄酸”其实就是一种典型的心理防御机制，它是人们应对压力与挫折的自我保护。正确地运用心理防御机制，可以帮助我们更好地管理压力、应对挫折。

1. 坚持

坚持指个体发现目标难以达到，要求自己加倍努力，并要求通过自己不断的努力，使目标最终实现。美国电影《阿甘正传》中的主人翁阿甘智商并不高，他面对挫折的方法就是忽视它并坚持不懈地努力，最后赢得了人们的尊重，赢得了自己的事业，也获得了自己的生活。正如有的学者所说：成功就在于最后的坚持之中。

2. 表同

表同指个体在现实生活中无法获得成功时，将自己比拟为某一成功者，借以在心里减弱挫折产生的痛苦；或者迎合能满足自己需要的人，按照他们的希望去支配自己的思想、行动，来冲淡自己的挫折感，并以此求得内心的满足。当一个人在没有获得成功与满足而遭遇挫折时，将自己想象为某一成功者，效仿其优良品质和其获得成功的经验和方法，能够使自己的思想、信仰、目标和言行更适应环境和社会的要求，增强自信心，减少挫折感。例如，大学生常以一些历史名人、科学家或小说中自己所欣赏的人物、老师甚至同学作为自己效仿的对象，建立自己心中的榜样，并依照榜样进行积极的自我激励与自我暗示，用成功代替挫折。

3. 补偿

补偿即当个体行为受挫或因个人某方面的缺陷而使目标无法实现时，往往以新的目标代替原有目标，以其他方面的成功来补偿因失败而丧失的自尊与自信。这就是人们常说的“失之东隅，收之桑榆”。如某大学生没有当上班干部，无机会表现自己的能力，于是便努力使自己的成绩名列前茅。又如，某大学生恋爱失败了，便积极参加文体活动，用成功来补偿失恋的痛苦。应该注意的是，补偿的行为反应并非都是积极的。由于个体要实现的目标有高尚与平庸之分，挫折后对补偿的选择也有进取与沉沦之别，因而决定了补偿有积极与消极之分。如果补偿选择的新的目标和活动符合社会规范和人的发展需要，这时的补偿反应行为是积极的、有益的；如果补偿选择的新的目标和活动不符合社会规范或有害于心身，虽然，这种补偿的反应行为即使令自己暂时获得了心理平衡和心理满足，也无助于心理健康发展，有时还会自暴自弃甚至堕落犯罪，危害他人与社会。

4. 升华

升华即用一种比较崇高的具有创造性和建设性的目标代替，借以弥补因受挫而丧失的自尊与自信，减轻痛苦。升华是最积极的行为反应，从古至今演绎出绵绵佳话。如古之文王拘而演《周易》，仲尼厄而作《春秋》，屈原放逐赋《离骚》，左丘失明写《左传》，司马迁受辱著《史记》。不仅如此，升华还是一种富有建设性的行为反应。它使人在遭受挫折后，将不为社会认可的动机和不良的情绪转移到有益的活动中去，使其转化为有利于社会并为他人认可的行为。如一些貌不惊人的大学生最初在社交活动中受到制约，于是他们在学问、个体思想道德修养上下工夫，学习成绩出类拔萃，品德优秀，为同学所瞩目。

（五）增强自我调整能力

当压力源不可能消除时，我们只能最大程度、尽快减小压力与挫折的负面效应，使身体和情绪尽快恢复正常状态。只在需要反应的时候做好准备，这就要求个体的灵活性。灵活的人就像弹簧一样，压力来时积蓄力量反应，压力移去后又能迅速恢复原来状态，这就要求我们增强自我的调整能力。

1. 及时宣泄不良情绪

稳定、良好的情绪使人心情开朗、轻松安定、精力充沛，对生活充满信心与兴趣。反之，若一个人情绪波动不稳，喜怒无常，常处于不良的情绪状态中而不懂得如何调节和控制自己的情绪，往往会导致心理失衡甚至心理危机。所以，在压力和挫折面前，要学会宣泄不良情绪，学会自我宽慰，保持清醒的头脑思考和分析问题，积极寻找解决问题的办法。

（1）学会倾诉。当遇到不愉快的事时，不要自己生闷气、把不良心境压抑在内心，而应当学会倾诉。每个人的周围总会有几个知心朋友，当产生不良情绪时，同学、朋友们聚一聚，一壶清茶，一杯咖啡，就事论事倾诉一番，把自己积郁的消极情绪倾诉出来，以便得到别人的同情、开导和安慰。美国有关专家研究认为，一个人如果有朋友圈子，就能长寿20年。可见，朋友对一个人生活的重要性。

（2）高歌释放。音乐对治疗心理疾病具有特殊的作用，而音乐疗法主要是通过听不同的乐曲把人们从不同的病理情绪中解脱出来。殊不知，除了听以外，自己唱也能起同样的作用。尤其高声歌唱，是排除紧张、激动情绪的有效手段。当人们的不满情绪积压在心中时，不妨大声唱唱歌，歌的旋律，唱歌时有节律的呼吸与运动，都可以缓解紧张情绪。

小贴士——你可以听听这些音乐

催眠曲：《平湖秋月》、《银河会》、《仲夏夜之梦》、《G大调弦乐》、《小夜曲第二乐章》等。

镇静曲：《塞上曲》、《春江花月夜》、《小桃红》、《仙女牧羊》等。

舒心曲：《江南好》、《春风得意》、《假日的海滩》、《锦上花》等。

振奋曲：《步步高》、《狂欢》、《娱乐生平》、《小步舞曲》等。

解忧曲：《春天来了》、《啊，莫愁》、《喜洋洋》、《爱之浪漫》等。

（3）合理运动。人在挫折情境中难免产生身体上的不适或绝望感，这是由于身体在压力之下会产生大量的强力激素——肾上腺素。它会促使人体心跳加快，调集更多的糖储量并且让肌肉收缩。在挫折重压下产生的肾上腺素得不到消耗就会储存在心脏和大脑，导致肾上腺素的淤积。淤积过多，心脏的效率就会降低，而且会对情绪和精神产生负面影响，使我们感到乏力、易怒。

面对压力与挫折，适量的运动是一种很好的宣泄方式。我们不妨趁机投入跑步、游泳、跳舞等有氧运动中去。这样不仅能消耗体内的肾上腺素，重建身体的元气和生机，而且有助于释放能量，使头脑转向其他事情从而忘掉生活中的挫折与失意。对于身体素质好的人而言，爆发性的、竞争性的运动效果最理想。

（4）大哭一场。哭是人类的一种本能，是人的不愉快情绪的外在流露。现实生活中除了过度激动外，哭总是由不愉快引起的。因此从医学角度讲，短时间内的痛哭是释放不良情绪的最好方法，是心理保健的有效措施。因为人在情感激动时流出的泪会产生高浓度的蛋白质，它可以减轻乃至消除人的压抑情绪。有关专家对此进行研究，其结果表明，健康男女要比有病者哭得多，不过只是在内心受到委屈和不幸达到极大程度时才哭，如果遇事就哭，时时哭哭啼啼，事事悲悲戚戚，反而会加重不良情绪体验。

现实生活中宣泄的方法很多，人与人因个体差异和所处环境、条件各异，采用的宣泄方式也不同。我们还可以采取音乐放松、肌肉放松、幽默待之等方式，从小小的一声叹气，到大声痛哭、疾呼、怒吼以及打球、散步、聊天等，都可以起到宣泄作用。

2. 进行有效的时间管理

我们日常学习、生活和工作中的许多压力和挫折，都来源于事情和任务本身。因此，对压力源进行管理，也是压力管理和挫折应对的重要策略。压力源管理常常与时间管理相关联。所谓时间管理，简单说就是为了提高时间的利用率和有效性，而对时间进行合理的计划和控制，从而有效安排和管理日常事务的管理活动。大学生的时间管理，是大学生对大学生活时间（包括学习时间和闲暇时间），采用科学的手段，围绕学习生活事务及其进程，进行有计划、有系统地控制、调节，最终达到有效利用时间来实现自我发展的目的的管理活动。以下时间管理方式，建议大学生朋友学会运用。

（1）ABC时间管理法。最初由美国管理学家莱金（Lakein)提出，他建议为了提高时间的利用率，每个人确定今后5年、今后半年及现阶段要达到的目标。人们应该将其各阶段目标分为ABC三个等级，A级为最重要且必须完成的目标，B级为较重要且很想完成的目标，C级为不太重要、可以暂时搁置的目标。我们可以按照如下具体实施步骤：列出“日学习清单”，对学习目标进行分类；然后按照重要性和紧急程度确定ABC顺序；确定工作日程及时间分配；实施计划；记录花费的时间；总结经验。

（2）四象限时间管理法。按照重要性和紧迫性把事情分成两个维度，其一是按重要性排序，其二是按紧迫性排序。然后，把所有事情纳入四象限，按照四个象限的顺序灵活而有序地安排工作。

表11-1　时间管理

	重要	不重要
紧急	即将到来的考试； 财务危机； 住院开刀……	电话铃声； 突然访客； 卫生检查……
不紧急	生涯规划； 参加培训； 人际关系建立……	阅读令人上瘾的无聊小说； 宿舍的闲聊； 购物……

（3）记录统计法。通过记录和总结每日的时间消耗情况，以判断时间耗费的整体情况，分析时间浪费的原因，采取适当的措施节约时间。

3. 构建社会支持系统

当一个人独自面对压力与挫折的时候，其应激反应的消极作用远远大于社会支持的效果。因此，要想在压力面前不孤立无助，最好构建自己的社会支持系统，这其中包括自己的亲人、朋友、同学、老师等。社会支持系统可以在你需要的时候给你情感安慰、行动建议，帮助你渡过难关。强大的社会支持让你不再感到孤立无援，可以迅速恢复你的信心和勇气，面对挑战，解决问题。当然，要构建社会支持系统，你需要：

（1）学会尊重他人。其中当然包括你的同学和老师，因为，只有尊重他人的人才能获得他人的友谊，才可能获得帮助。

（2）扩大社会交往面，结识更多的朋友。首先，让你的同学成为你最亲密的朋友；其次，你需要一位人生的导师，可以在你遇到困难的时候客观地分析和提供有益的观点，而这样的导师无疑就是你的老师或者其他长者。

（3）你需要向亲人、朋友和老师敞开你的心扉。你可能基于自尊或面子的考虑而拒绝他人的帮助。但是在你确实无法解决的时候，将你面临的困难说给他们听，让他们帮助你分析并提供建议。请相信这样做不会遭到嘲笑，只会让他们感到你对他们的信任，因此你也能得到最大可能的帮助。

（4）主动寻求专业帮助。当你受到挫折后陷入不良的情绪中不能自拔时，还可以寻求心理咨询师系统、专业的疏导与帮助。受挫者在心理咨询师的引导下，校正主观认识，发挥内在潜力，消除心理障碍，明确前进方向，化解不良情绪和行为反应，最终获得心理上的成长，提高压力与挫折的承受力。

想一想

案例1

小建和晓岚是两名大三的学生，和你一样，他们的生活中也充斥着各种压力。今天的课程老师将课堂搬到了学校外的实习基地，让我们来看看他们是如何以不同的方式来应对同一个压力源的。

小建和晓岚的一天

压力源	小建	晓岚
睡过头——本应6：30起床，实际上到7：30才醒	行为：不吃早饭，刮胡子的时候割伤自己，穿衣服时扯掉扣子 想法：一定不能再迟到了，否则老师一定会暴怒！这会毁了我一天的生活 结果：饿着肚子，焦急忧虑地离开宿舍	行为：电话告知老师今天会迟到，然后吃一顿营养的早餐 想法：没关系，也许是昨天太累了，我正好需要这段额外的睡眠 结果：平静而放松地离开宿舍
路上车流拥挤，车子只能缓缓移动	行为：打了一辆出租车，但由于车速慢，咬牙跺脚，催促着司机快开，恨恨地望着窗外的车流 想法：会不会开车啊！那些车速慢的人都应该被吊销驾照，一点也不为别人考虑	行为：没打上车，只好上了一辆公交车。利用这段时间回顾一下上节课老师讲的内容，听听音乐 想法：交通早高峰，车多是正常的，正好利用这段空闲的时间放松一下

压力源	小建	晓岚
头脑风暴	行为：坐在后排不理任何人，鬼鬼祟祟地做着工作日志上的计划 想法：真是浪费时间，谁会在意这些同学的观点，我还是忙自己的吧 结果：错过了重要的信息，随后受到老师严厉的批评	行为：认真听讲并积极参与 想法：听听大家不同的观点真是不错，集体的智慧就是大。如果我能取其精华集合而用，一定能受益匪浅 结果：老师和同学们对她的建议赞不绝口
中午——期中论文事件	行为：不吃午饭，拿出带的奶茶、面包了事，不小心将奶茶洒在今天要交的期中论文上了 想法：真背！现在只能想办法把论文重新打一遍了	行为：吃完午饭和同学们一起聊聊天，参观一下这个实习基地 想法：了解一下这里的环境，活动一下可以帮我下午集中精力、提高效率
晚上	行为：晚上回到宿舍，由于身心俱疲，和舍友吵了起来，结果直到凌晨才睡着 想法：真烦啊！周围没有我看着顺眼的人和事，真不想再待在这里了！可是我又能去哪儿呢 结果：又一次起晚，感觉非常糟糕，决定逃课	行为：晚上回到宿舍，与舍友交流一天的收获，安度美好的夜晚，11点上床很快就睡着了 想法：今天收获不少，真不错！在实习基地我感觉精力充沛，而晚上与舍友的交谈又令人放松愉快 结果：早早醒来，感觉良好

思考：1. 面对同样的压力源，小建和晓岚是如何认识和应对的？结果如何？

2. 日常生活中你是怎样应对压力的呢？从中得到了什么启示？

案例2

Jerry是美国一家餐厅的经理，他总是有好心情。当别人问他最近过得如何，他总是有好消息可以说，他总是回答："如果我再过得好一些，我就比双胞胎还幸运喽！"当他换工作的时候，许多服务生都跟着他，从这家餐厅换到另一家。为什么呢？因为Jerry是个天生的激励者。如果有某位员工今天运气不好，Jerry总是适时地告诉那位员工往好的方面想。看到这样的情境，真的让我很好奇。所以有一天我到Jerry那儿问他："我不懂，没有人能够老是那么积极乐观，你是怎么办到的？”Jerry回答：“每天早上起来我就告诉自己：我今天有两种选择，我可以选择好心情或者选择坏心情。即使有不好的事发生，我也可以选择做个受害者或是选择从中学习，我总是选择从中学习。每当有人跑来跟我抱怨，我可以选择接受抱怨或者指出生命的光明面，我总是选择指出生命的光明面。”我说：“但并不是每件事都那么容易啊！”“的确如此”，Jerry也这样说：“生命就是一连串的选择，每个状况都是一次选择，你选择如何响应，你选择人们如何影响你的心情，你选择处于好心情或是坏心情，你选择如何过你的生活。”

数年后，有一天，我听说Jerry出了一件意外：有一天他忘记关上餐厅的后门，结果早上，三个武装歹徒闯入抢劫，而Jerry打开保险箱时由于过度紧张，弄错了一个号码，警铃的响声造成抢匪的惊慌，他们开枪击中了Jerry。幸运的是Jerry很快地被邻居发现，紧急送到医院抢救 。经过十多小时的手术以及良好的照顾，Jerry终于出院了，但还有块子弹留在他身上……

事情发生6个月之后，我遇到了Jerry。我问他最近怎么样，他回答：“如果我再过得好一些，我就比双胞胎还幸运了。要看看我的伤痕吗？”我婉拒了，但我问他在抢匪闯入后的时间里，他都在想什么。Jerry答道：“我第一件想到的事情是我应该锁后门的；当他们击中我之后，我躺在地板上，还记得我有2个选择：‘我可以选择生或选择死’，我选择了活下去。”“你不害怕吗？”Jerry继续说：“医护人员真了不起，他们一直告诉我：没事，放心。但是，当他们将我推入紧急手术间的路上，我看到医生跟护士脸上忧虑的神情，我真的被吓到了。他们的眼里好像写着：他已经是个死人了，我知道我必须采取行动。”“当时你做了什么？”Jerry说：“嗯！当时有个硕大的护士用吼叫的音量问我一个问题，她问我是否会对什么东西过敏。我回答：有。这时医生跟护士都停下来等待我的回答。我深深地吸了一口气，接着喊：子弹！听他们笑完之后我告诉他们：我现在选择活下去，请把我当做一个活生生的人来开刀，不是一个活死人。”

思考：1. 除了医生的精湛医术， 还有什么能令Jerry活下来？

2. 当你面临几种选择的时候，你通常都是怎样选择的？

3. 你从Jerry身上学到了什么？

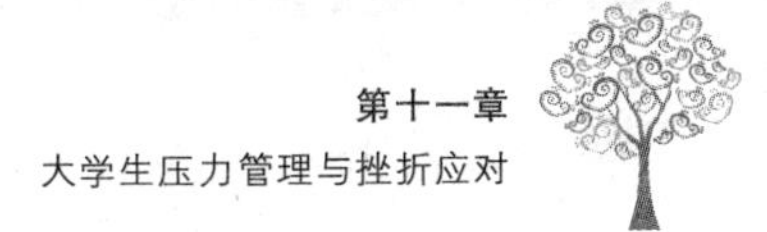

案例3

盛夏酷暑，一群口干舌燥的狐狸来到一个葡萄架下。一串串晶莹剔透的葡萄挂满枝头，狐狸们馋得直流口水，可葡萄架很高。

第一只狐狸跳了几下摘不到，从附近找来一个梯子，爬上去满载而归。

第二只狐狸跳了多次仍吃不到，找遍四周，没有任何工具可以利用，笑了笑说："这里的葡萄一定特别酸！"于是，心安理得地走了。

第三只狐狸高喊着"下定决心，不怕万难，吃不到葡萄死不瞑目"的口号，一次又一次跳个没完，最后累死在葡萄架下。

第四只狐狸因为吃不到葡萄整天闷闷不乐，抑郁成疾，不治而亡。

第五只狐狸想："连个葡萄都吃不到，活着还有什么意义呀！"于是找个树藤上吊了。

第六只狐狸吃不到葡萄便破口大骂，被路人一棒子了却性命。

第七只狐狸抱着"我得不到的东西也决不让别人得到"的阴暗心理，一把火把葡萄园烧了，遭到其他狐狸的共同围剿。

第八只狐狸想从第一只狐狸那里偷、骗、抢些葡萄，也受到了严厉惩罚。

第九只狐狸因为吃不到葡萄气极发疯，蓬头垢面，口中念念有词："吃葡萄不吐葡萄皮……"

思考：如果你是这群狐狸中的一只，你会如何应对?

做一做

活动1：压力知多少

目的：了解自己目前的压力状况。

准备：纸、笔。

时间：约10分钟。

操作：仔细考虑下列一个项目，看它究竟有多少适合你，然后将你对每一个项目的评分，根据下面这个发生频率表列出来，不要在每一题上花太多时间考虑。

频率：总是——4分；经常——3分；有时——2分；很少——1分；从未——0分。

1. 我受背痛之苦。

2. 我的睡眠不定，且睡不安稳。
3. 我有头痛病。
4. 我颚部疼痛。
5. 若要等候，我会不安。
6. 我的后颈感到疼痛。
7. 我比少数人更神经紧张。
8. 我很难入睡。
9. 我的头感到紧或痛。
10. 我的胃有病。
11. 我对自己没有信心。
12. 我对自己说话。
13. 我忧虑财务问题。
14. 与人见面时，我会窘迫。
15. 我怕发生可怕的事。
16. 白天我觉得累。
17. 下午我感到喉咙痛，但并非感冒。
18. 我心情不安，无法静坐。
19. 我感到非常口干。
20. 我心脏有病。
21. 我觉得自己不是很有用。
22. 我吸烟。
23. 我肚子不舒服。
24. 我觉得不快乐。
25. 我流汗。
26. 我喝酒。
27. 我很自觉。
28. 我觉得自己像四分五裂。
29. 我的眼睛又酸又累。
30. 我的腿或脚抽筋。
31. 我的心跳过速。
32. 我怕结识人。
33. 我手脚冰凉。
34. 我患便秘。
35. 我未经医师指示使用各种药物。
36. 我发现自己很容易哭。

37. 我消化不良。
38. 我咬指甲。
39. 我耳中有嗡嗡声。
40. 我小便频繁。
41. 我有胃溃疡。
42. 我有皮肤方面的病。
43. 我的喉咙很紧。
44. 我有十二指肠溃疡病。
45. 我担心我的工作。
46. 我口腔溃烂。
47. 我为琐事忧虑。
48. 我呼吸浅促。
49. 我觉得胸部紧迫。
50. 我发现很难作出决定。

回答完毕请把总分加起来，然后从分数解释表上找到你的总分所在位置，并认真阅读后面的解释。如果你的总分为43~65分，那么你的压力是适中的，不必刻意改变生活状态；如果你的总分低于43分或高于65分，那表示你可能需要调整生活状态。低分者需要更多的刺激，而高分者则需要减轻压力了。

PSTR压力程度分析表

分数	PSTR压力程度分析
98 （93或以上）	这个分数表示你确实正以极度的压力反应在伤害自己的健康。你需要专业心理治疗师给予一些忠告，他可以帮助减少你对于压力源的知觉，并帮助你改良生活的品质
87 （82~92）	这个分数表示你正经历太多的压力，这正在损害你的健康，并令你的人际关系发生问题。你的行为会伤害自己，也可能会影响其他人。因此，对你来说，学习如何减除自己的压力反应是非常重要的。你可能必须花很多的时间做练习，学习控制压力，也可以寻求专业的帮助
76 （71~81）	这个分数显示你的压力程度中等，可能正开始对健康不利。你可以仔细反省自己对压力如何作出反应，并学习在压力出现时，控制自己的肌肉紧张，以消除生理激活反应。好老师会对你有帮助，要不然就选用适合的肌肉放松音乐
65 （60~70）	这个分数显出你的生活中的兴奋与压力量也许是相当适中的。偶尔会有一段时间压力太多，但你也许有能力去享受压力，并且很快地回到平静状态，因此对你的健康并不会造成威胁。做一些放松的练习仍是有益的

分数	PSTR压力程度分析
54 （49~59）	这个分数表示你能够控制你自己的压力反应，你是一个相当放松的人。也许你对于所遇到的各种压力，并没有将它们解释为威胁，所以你很容易与人相处，可以毫无惧怕地担任工作，也没有失去自信
43 （38~48）	这个分数表示你很不为遭受的压力所动，甚至是不当一回事，好像并没有发生过一样。这对你的健康不会有什么负面的影响，但你的生活缺乏适度的兴奋，因此趣味也就有限
32 （27~37）	这个分数表示你的生活可能相当沉闷，即使刺激或有趣的事情发生了，你也很少有反应。可能你必须参与更多的社会活动或娱乐活动，以增加你的压力激活反应
21 （16~26）	如果你的分数只落在这个范围内，也许意味着你的生活中所经历的压力经验不够，或是你并没有正确地分析自己。你最好更主动些，在学习、工作、社交、娱乐等活动上多寻求些刺激。做放松练习对你没有什么用，但接受一些辅导也许会有帮助

活动2：我的挫折清单

目的：回忆自己所经历的挫折以及它们给你的人生带来的影响，从正负两个方面来分析。

小组讨论：挫折有哪些好处？运用发散思维，给出尽量多的结果。

准备：纸、笔。

时间：约15分钟。

操作：举例。

挫折举例表

发生时间	挫折经过	负面影响	正面影响
初中2年级	跟最好的朋友竞选班长，因为误会而闹翻	在一段时间内陷入孤独，心情变坏	学会处理友谊与竞争的关系，加深了对友谊的理解
高中3年级	高考由于过于紧张失利，导致复读	对自信心打击较大，心情低落，觉得很惭愧	学会了调控自己的情绪，缓解考前焦虑，并进一步巩固了知识，次年考取了理想的大学
……	……	……	……

活动3：记录压力日记

目的：掌握压力反应，更好地应对压力。

准备：纸、笔。

时间：约15分钟。

操作：记录压力日记。

压力日记表

<table>
<tr><td>时间：___年___月
___日___时</td><td colspan="2">地点：________________</td></tr>
<tr><td colspan="3">事件/情境：（填写压力事件发生的起因与经过）</td></tr>
<tr><td colspan="3">当时的个人感受、想法：（填写压力事件发生的起因与经过时对整个事件、对当事人的感受，并对这种感受的强烈性进行评估，比如“我觉得他非常讨厌”，“我在50%程度上是这么认为的”代表你对他的讨厌程度属于中等；而“我在80%程度上是这么认为的”则代表你认为这个人真的属于比较讨厌的类型，这件事更是一个导火索。请如实填写真实感受，不要顾忌太多，你填写的压力日记仅供你个人使用。我在（　　）%程度上是这么认为的）</td></tr>
<tr><td rowspan="4">当时的反应</td><td>生理</td><td>“当时的反应”栏目中填写你当时的各种生理、情绪及行为反应，并对自己的压力水平进行评估：压力水平评估用数字表示，0为压力水平最低，100为最高</td></tr>
<tr><td>情绪</td><td></td></tr>
<tr><td>行为</td><td></td></tr>
<tr><td colspan="2">压力水平评估（　　）</td></tr>
<tr><td colspan="3">事件结果：（填写事件最后的处理或发展结果）</td></tr>
<tr><td rowspan="4">事件结束后的反应</td><td>生理</td><td>（记录事件解决的结果或结束时的状态，并再次对事件结束后自我状态、压力水平进行评估）</td></tr>
<tr><td>情绪</td><td></td></tr>
<tr><td>行为</td><td></td></tr>
<tr><td colspan="2">压力水平评估（　　）</td></tr>
<tr><td colspan="3">备注：（你如果还有什么想记录的请填写在“备注”栏）</td></tr>
</table>

活动4：角色扮演

目的：通过各种情境、角色扮演活动，清醒地认识到小组成员曾经经历的压力与挫折，其来源、反应及当时的应对是否有效？如何应对，今后才能更好地迈向新生活？

准备：将全班同学平均分为5个小组，每个小组抽签决定自己表演的内容。

时间：约50分钟。

操作：用校园情景剧的形式请小组成员表演以下5种压力与挫折情境，在部分成员表演后，展开小组讨论，并就其应对方式的有效性加以重点讨论。

（1）学习焦虑。一名大一新生在第一学期期末考试前处于紧张、焦虑的压力状态，最后导致考试不及格的挫折情境及其采取的应对。

（2）人际关系冲突。在宿舍中与舍友因一件小事发生了摩擦，难以调和，最后恶语相向，甚至动了手。结果自己受了伤，休息了一个多星期，耽误了学习，受到了老师的批评。自己感到很委屈，同学还取笑自己，说自己没本事。

（3）生活困难。大学特困生由于家庭经济困难或自己因家庭突遭不幸，一时经济拮据，生活难以为继，更谈不上去买自己喜欢的东西，又不想找同学借钱，失去了往日的欢乐。

（4）工作压力与发展。一位大学生由于学习任务繁重，同时又有较多的社团工作，感到力不从心、不知所措。

（5）一位大学生因父母对其期望值较高，希望他能尽早通过TOFEL、GRE考试，拿奖学金出国留学。而他自己只想在国内的大学选择自己喜欢的专业，潜心钻研，扎扎实实地学本领，用于实践，并注重全面发展，因而产生了心理冲突。

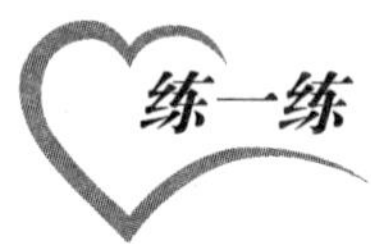

一、什么是压力？什么是挫折？它们都有哪些特征？

二、你在生活中主要面临哪些压力与挫折？通常情况下，你是怎样应对的？

三、积极进行压力管理与挫折应对的方式有哪些？

四、你心目中压力管理与挫折应对的头号英雄是谁？为什么？

第十二章

大学生生命教育与心理危机应对

"人生是什么？"

"人活着是为了什么？"

"什么样的人生最有价值？"

……

当我们坐在明亮的教室中思考这些问题时，心中总有一种庄严的使命感，那是人类对自己永久的追问，也是生命本身最深厚的内涵！生命，是大自然赋予我们最珍贵的礼物，我们应该善待生命，让它绽放最美的绚烂花朵。在这一章，我们将要了解大学生心理危机的表现及心理危机干预的方法。珍爱生命，热爱生活，学会生存，就从自我做起，从现在做起吧！

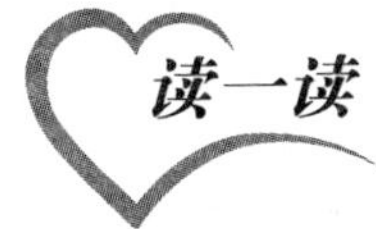

一、生命的意义

（一）生命的起源

生命从何而来？这样看似简单的问题，却至今无从定论。从女娲造人、上帝造人的美丽传说，到自然发生论、宇宙发生论的科学探索，再到目前广为认同的进化论，每一种理论和假说都阐释了生命的伟大和神圣。

就目前人类所探知到的宇宙知识来说，200亿年以前，整个宇宙没有能量，没有时间和空间；150亿年前，宇宙大爆炸，出现了恒星、行星和星系；45亿年前，太阳系形成，地球形成，而生命就起源于45亿年和35亿年之间。在新生的地球上，只有在光、热、水、温度、大气均达到适宜的条件下，简单的物质元素才可以结合，生命得以产生。

从最原始的海洋藻类生物，到目前所知的超过3000万种的生命物种，地球上的生命历经了5次大灭绝，却依然保持着繁荣而迷人的美丽景色。人类是目前地球上有机生命体的最高形式，如果说在浩瀚的宇宙中，银河系、太阳系只不过是大海中的一粒沙，而地球只不过是银河系中普普通通的一颗星星，那么，我们人类呢？我们每一个渺小的生命，在这个地球上存在的意义是什么？

（二）生命的意义

俗话说，天有不测风云，人有旦夕祸福。地震、风雪、海啸、洪水、火山喷发等自然灾害，排山倒海，势不可挡，向我们展示了大自然的威力，让我们感受到生命的脆弱。每一个人，都要面对生老病死和不可预知的生命事件，这也让我们感到生命的无奈。可是，人类在这个地球上，面对无数次大灾大难，仍然生生不息，代代相传，书写着自己的历史，创造着新的奇迹。

1. 生命的意义在于爱

每一个生命的诞生，都是爱的结晶。从给予我们生命的那一刻起，我们的父母就给予我们无限的爱和希望。也许，我们的父母没有受过高等教育，不懂得科学的教养方法，所以在某些方面留下了成长的伤痕。但是，每一个父母总是竭尽所能地爱着孩子。我们的生命，不仅仅是自己的，还是父母生命的组成部分，是家庭的一部分。身体发肤，受之父母，我们岂能随便地放弃和糟蹋！

正是因为有爱，对每一段生命来说，存在已是最大的意义。尼克·胡哲（Nick Vujicic），1982年12月4日生于澳大利亚墨尔本，是塞尔维亚裔澳大利亚籍基督教布道家，他天生没有双臂和双腿，却学会了骑马、冲浪、打高尔夫；他6岁上学，已获得金融理财和地产双学士学位；他19岁开始巡回演讲，感动了全球数十亿人；他没有四肢，但勇于面对身体残障，创造了生命的奇迹！面对这个重度残疾的生命，他的父母一度心生绝望；他曾受到小朋友们的嘲弄，曾请求上帝给他健全的四肢，也曾在被窝里悄悄哭泣，甚至想自杀。但是，凭着对生命的无限热爱，在父母的爱心和坚持下，他坚强地活了下来，不仅如此，他还为自己、为他人、为社会、为世界作出了伟大的贡献。

如今，这位残疾青年已经创办了演讲公司，并担任国际公益组织的总裁。2008年中国汶川大地震后，他曾来到地震灾区，以自己的经历鼓励人们不要放弃，要更好地生活下去。尼克·胡哲曾经说过："我感觉自己和别人太不一样，对我来说，将来必定是没有希望的。如果当时我就放弃，认为生命就此终结的话，那我就要错失这么多东西。生活就是生活，有成功也有失败，如此周而复始。难道每次我们经历所谓的失败就要心生绝望吗？" 他说："我告诉人们失败时不要灰心，要始终爱自己。如果我能鼓励到哪怕只是一个人，那么这就是我这辈子的工作！" 2012年2月20日，这名"无肢勇士"在全球粉丝的祝福下，终于找到了自己的幸福，步入了婚姻殿堂。

胡哲的演讲

是的，当生命之花已然为我们开放的时候，我们有什么理由放弃它呢！亲爱的同学们，对于整个世界来说，你是其中一分子；对于学校来说，你是全校师生中的万分之一；对于班级来说，你是同学们的1/30；对于寝室来说，你是兄弟姐妹里的1/6；对于家庭和父母来说，你就是他们的全部；更重要的，对于你自己来说，你有100%的权利和义务体现生命的价值！快乐生活，感悟你所接受的爱，享受生命带给你的一切。不论生命给你带来的是贫穷还是苦难，请接受它吧，这是大自然给你的馈赠！

2. 生命的意义在于奋斗

奋斗，能创造生命的奇迹。举世闻名的德国音乐家贝多芬，一生备受疾病、贫困和情感折磨，却从未停止与命运的抗争，谱写出一首又一首令人称颂的生命乐章。美国残疾教育家海伦·凯勒，在黑暗与孤寂的世界里写就了数部著作，并建起了数座慈善机构；我国残疾人作家张海迪，曾经说"我最大的快乐是死亡"，但是，她却活了下来。不仅如此，她创作和翻译的作品超过100万字，她用自己的言行，激励着广大青年和残疾人。这一段段传奇的奋斗经历，无不诠释着生命的终极意义——奋斗。

2005年，一个普通大学生的名字传遍中国，他用自己稚嫩的双肩扛起一家人的生活重担，被评为"感动中国"十大人物之一，他就是湖南怀化学院的在校大学生——洪战辉。在他11岁时，家庭突发重大变故：父亲疯了，亲妹妹死了，父亲又捡回一个遗弃的女婴，母亲和弟弟后来也相继离家出走。从此，洪战辉开始自力更生，当起了这个家的"家长"。从上高中时起，洪战辉就把这个和自己并没有血缘关系的妹妹带在身边，一边读书一边照顾年幼的妹妹，靠做点小生意和打零工的勤工俭学来维持生活，并把妹妹带到自己上大学的异地他乡上学。在他身上，我们看到了高度的责任感，亲善友爱、团结互助的优秀品德，藐视困难、勇敢坚强的奋斗精神，以及自强不息、勤奋学习的进取精神。他成为当代的英雄，并被共青团湖南省委、省学联授予首届大学生品学奖，教育部发出《关于开展向洪战辉同学学习的通知》，号召各级各类学校向洪战辉学习。但是面对各级政府、媒体和社会的捐助，他婉言谢绝了。他说："不接受捐款是因为我觉得一个人自立、自强才是最重要的。我现在已经具备生存和发展能力，这个社会上还有很多处于艰难中而又无力挣扎出来的人们，他们才是我们现在需要帮助的！"

在我们身边，在逆境中成长奋斗的大学生还有很多。有的同学家境贫寒，自己用辛勤的劳动所得支付学费；有的同学身残志不坚，在校园中踯躅前行；有的同学父母早亡，仍然用微笑拥抱着生活……他们是不幸的，正当年少却过早承受生活的磨砺。但他们又是幸运的，因为逆境，他们学会了承担，学会了生存，学会了生活，更加懂得生命的可贵，谁说这不是生命的一大馈赠呢？比起他们，我们还有什么理由抱怨枯燥的生活、郁闷的烦恼呢？

有人说，奋斗不在于你的起点有多高，不在于你拥有了多少，而在于你做了多少，你朝着你的目标前进了多少。是的，每个人都有不同的生命故事，然而，为了自己的生命而奋斗，为了自己的理想而奋斗，为了实现自己的价值而奋斗，却是每个人为自己生命故事所能做到的最好的事情。只要你找准目标，然后朝着目标一点点靠近，到最后你就是生活的赢家！

3. 生命的意义在于奉献

裴多菲说过，生命的多少用时间计算，生命的价值用贡献计算。2008年汶川大地震中，无数武警战士为了抢救同胞的生命而日夜不休，整日无眠；无数年轻的父母为了保护孩子，将自己的身体作为最坚固的防护墙；更有大爱无私的教师，像雄鹰一样，将逃生的机会让给孩子们，展翅保卫孩子幼小的生命……在这场震撼心灵的国殇中，我们见证了人性的光辉与伟大，互助友爱的精神更令我们感慨生命的伟大。正是因为有了爱和奉献，我们的世界才充满了温暖，每一个生命才得以浸润和感动。

2010年5月27日，一个普普通通的因为癌症戛然而止，但是另外两人却因为这个生命的奉献而重现光明。他是湖南人文科技学院物理与信息工程系学生蒋小波，年仅23岁。

2010年9月20日，毕业于护理专业的23岁女孩毕士敏，在离世前作出了一个重要决定：将自己的遗体捐献给医疗机构。

李清——一个43岁的下岗女工，被人们称为献血天使。目前，她仅捐献成分血就达28次之多，相当于22400毫升的全血，相当于10个人全身血液的总量。她说："献一次血，感觉像救了一个人。"

徐茂、田莉，这两名贫困大学生，用自己勤工助学所得支付学费后，还不忘生活在贫困地区的孩子们，分别资助了18名贫困儿童和16名留守儿童。

这样的例子还有很多……

人之所以区别于动物，就在于人类有着高贵的思想，懂道理，明事理，有无私奉献精神，会向往美好未来和天堂生活并为此而不懈努力。在这个世界上，我们的生命只有一次。但是我们却可以通过奉献，使自己的生命得以延续和延展。人类延续生命的方式有两种，一种是通过生命繁衍、传宗接代，完成人类生命的自然延续；一种是“立德、立功、立言”，完成人类生命的精神延续。奥斯特洛夫斯基说过，“人的一生应当这样度过：当他回首往事时，他不因虚度年华而悔恨，也不因碌碌无为而羞耻。”那么我们当代大学生，应该用什么来证明自己生命的价值呢?

4. 生命的意义在于创造价值

对于每个人来说，生命的意义并不仅仅是为了活着，而是为了更好地活着。我们要充实生活的每一个瞬间，创造生命的价值。医生靠治病救人实现自己的价值，教师以教书育人实现自己的价值，农民和工人用辛勤的劳动实现自己的价值，而各领域的名人专家，用才智和胆识为世界创造了无限价值。歌德说：“你若要喜爱自己的价值，就得给世界创造价值。”也许有同学会说：“我要是碰上一件能使我的生命有价值的事就好了，否则，我一个普通的人，能创造出什么有价值的东西呢？”是的，我们都是普通的人，谁也没有呼风唤雨的神奇，谁也没有摧枯拉朽的力量。但我们不能就此否定生命的价值。也许正因为普通、因为平凡，生命的价值才更加伟大。

2009年10月24日，在湖北省荆州宝塔河江段江滩上玩耍的两名小男孩不慎滑入江中，正在附近游玩的长江大学10余名大学生发现险情后，迅速冲了过去，其中有3名同学被冲入湍急的江水中不幸遇难。他们的名字是：陈及时、何东旭、方招。随后，他们的英雄壮举引发了社会大讨论，有的人认为，以3个人的生命去换2个人的生命，太不值。但是，就像中央电视台主持人白岩松所说：“生命不是做算术题，也不是写论文，无法用几个换几个来做值不值的讨论。也不能像写论文一样，要提前打草稿，然后列出一、二、三、四然后再开始。他们那一瞬间的那种直觉和采取的行为就是对生命最大的尊重，他们是英雄。”

这次大学生因救人而溺亡事件，也再次引发了人们对“90后”大学生的重新认识。现在在读的大学生，一度被称为“迷失的、自我为中心的、无社会责任感的、垮掉的”一代。但是我们也欣喜地看到，在我国“大学生村官”计划、大学生志愿服务西部计划、高校毕业生“三支一扶”计划实施之后，每年都有上万名大学生主动请缨，在遥远的边疆，在艰苦的山区，在日复一日平静的生活中，奉献着自己的青春和才智，实现着自己的理想和价值，为我们做出了表率。

（三）生命带给我们什么

当我们呱呱坠地来到这个世界，生命带给了我们什么？也许有的同学会说，“我才不稀罕父母带给我的生命，如果可能，我宁愿自己从未来到这个世界！”

可是，你可曾见过那些在生死线上挣扎的人们，他们是如此渴望一个健康的身体，完整的生命！

生命赐给了我们一双眼睛，去看五彩斑斓、春夏秋冬和悲欢离合；

生命赐给了我们一双耳朵，去聆听世界上美妙的声音，听从师长的教诲，从而学会知书达理；

生命赐给了我们一张嘴巴，可以表达内心，传递温情；

生命赐给了我们一颗心脏，可以感受爱，体悟爱，付出爱；

生命赐给了我们一双手，可以去触摸柔嫩的花儿，也可以用双手创造价值；

生命赐给了我们一双脚，可以走遍天下，走出通往幸福的路……

在生命的道路上，我们不可避免地会遭遇欢乐和苦痛、承担责任和义务、爱和被爱、富有或贫穷，也许我们还会遭遇彻骨心扉的伤害和手足无措的迷茫……可是，这又有什么关系呢？我们每个人都清楚地知道，生命的终点只是一座坟墓，那么我们为什么要匆忙走向那里呢？也许，我们无从选择生命的起点，但是我们可以选择生命的终点。我们要学会用心生活的艺术，跟随生活的方向而充分享受此时此刻。对于大学生来讲，应找到自己的目标，为之努力和奋斗；应寻找生活的乐趣，充满好奇地探索未知的人生；应给自己一个快乐的理由，努力开创属于自己的生活。这就是对生命最大的尊重，是生命价值最大的体现。

的确，随着社会竞争的日趋激烈，在纷繁复杂的信息化时代中，当代大学生更容易迷失自我，陷入心理危机。当一朵朵生命之花陨落时，我们不得不思考：大学生到底怎么了？当校园里的自杀、他杀事件逐年增加时，我们不得不提高警惕：心理危机就在我们身边。作为生活在象牙塔里的大学生，必须要学会自我调适，学会识别心理危机，掌握自救和互助的方法，避免悲剧的发生。

二、大学生心理危机的表现

近年来，大学生心理危机事件时有发生。马加爵、刘海洋、周一超、汪佳晶……还有那些不知姓名的大学生，当这些普通大学生的名字与“杀人”、“自杀”、“故意伤害罪”等联系在一起的时候，世人感到无比震惊。

世界卫生组织公报曾经指出，自杀每年造成约100万人死亡，全球平均每40秒就有1人死于自杀。北京心理危机研究与干预中心调查显示，我国现在每2分钟就有1人自杀死亡，8人自杀未遂，全世界每年的自杀率为10/10万，我国的自杀率为23/10万，我国高校自杀率则为2/10万，这个比率看似不大，但由于自杀者所在群体的特殊性，所造成的危害比其他类型有过之而无不及。自杀事件对大学生群体产生了巨大的心理冲击。

那么什么是心理危机？大学生心理危机的表现有哪些？哪些因素容易导致大学生心理危机呢？

（一）什么是心理危机

“危机”（crisis）这个概念在很多领域中广泛使用。《韦伯斯特词典》把危机定义为“决定性或至关紧要的时间、阶段或事件”。辞海中解释：“危机是一种紧急状态。”在我国传统文化中，危机是一个非常玄妙的词汇：凡是有危险的地方都潜藏着机遇，既体现了辩证思维的智慧，又透视出危险与机遇并存的思想。的确，心理危机是一把双刃剑，心理危机可能导致严重的病态或过激行为，包括杀人和自杀。与此同时，心理危机中潜藏着机会，它带来的痛苦会迫使我们积极寻求帮助，带给我们成长的机遇。可以说，心理危机与成长相伴而生。没有心理危机，就没有成长。

1954年，美国心理学家卡普兰首次提出心理危机的概念，并对其进行了系统研究。他提出，心理危机是当个体面临突然或重大生活逆遇（如亲人死亡、婚姻破裂或天灾人祸等）时所出现的心理失衡状态。他认为，每个人都在不断努力保持一种内心的稳定状态，使自身与环境相平衡与协调，当重大问题或变化使个体感到难以解决、难以把握时，平衡就会被打破，正常的生活受到干扰，内心的紧张不断积蓄，继而出现无所适从甚至思维和行为的紊乱，进入一种失衡状态，这就是危机状态。

在我国，特别是从20世纪90年代开始，学者们逐渐关注心理危机，开展了广泛的研究并取得了一些决定性的成果。如樊富珉（2003）认为危机有两层含义：一是指突发事件，出乎人们意料发生的，如地震、水灾、空难、疾病暴发、恐怖袭击、战争等。二是指人们所处的紧急状态。马湘培（2003）认为，心理危机是指某种心理上的严重困境，当事人遭遇超过其承受能力的紧张刺激而陷于极度焦虑、抑郁、失去控制、不能自拔的状态。由于情况紧急，既往惯用的应付方法失效，内心的稳定和平衡被打破，常常容易导致灾难性的后果。由此可见，心理危机有两个关键因素，一是它与挫折有关，二是它是一种不平衡状态。

（二）心理危机的反应

当我们处于心理危机状态时，会产生一系列的生理、情绪、认知、行为以及人际关系等方面的反应。

1. 生理反应

在应激条件下，个体会出现比较强烈的生理反应，如肠胃不适、腹泻、食欲下降、头痛、疲乏、失眠、做噩梦、容易惊吓、感觉呼吸困难、胸闷、哽塞感、肌肉紧张等。

2. 情绪反应

当危机出现时，焦虑、恐惧、抑郁、愤怒、沮丧、紧张、绝望、烦躁、害怕等消极情绪会笼罩上来，往往使当事人不能理智地分析危机事件而陷入糟糕的情绪泥潭。

3. 认知反应

危机中，在强烈的情绪状态下，一个人的认知反应会发生两极变化。有的个体会积极思维，调整自己的认知，运用理性情绪调节自我，积极寻找解决办法，达到自我成长。而有的个体会关注于负性情绪，过分强调自身的感受而忽视周围环境和其他人的感受，不会换位思考，从而陷入狭窄的思维怪圈中，也就是我们常说的“钻牛角尖”。

4. 行为反应

在危机产生时，个体为了保护自己避免痛苦，会采取一些应付方式。如吸烟、酗酒、倾诉等。这些行为大致可以分为三类：一类是积极的行为反应，比如坚持、升华、解决问题；第二类是消极的行为反应，如否认、攻击、逃跑、放纵、退缩等；第三类是中性的行为反应，如转移、合理化、投射等。

5. 人际关系

处于心理危机中的个体，常常把自己封闭起来，不太愿意与人交往，尽量避免人际沟通；对朋友的建议和劝告，常抱有怀疑的态度，从而使人际关系处于恶劣的状态。

——心理危机的心理行为应对方式

消极方式

1. 幻想

个体为了摆脱现实的痛苦，对原有观念或现象进行加工改造，其内容超过了客观现实可能的范围，个体从想象的虚幻情景中寻求心理满足。如有的大学生在现实生活中屡屡受挫，便从网络游戏的虚拟成功中寻求内心的满足。再如有的同学家庭经济困难、学习和各方面条件一般，但却认为自己具有超凡的能力和素质，梦想有一天参加海选，成为“大明星”。

2. 退行

个体以婴幼儿时期的行为方式应对压力和冲突，以获得安全感。比如一个女生在与舍友发生冲突后，难以抑制自己的愤怒，把宿舍里的东西摔了一地，摔完了就恢复正常。这实际上是运用儿童的行为反应达到自我保护的目的。

3. 否认

否定或不承认某种客观存在的现实，以暂时减轻内心的痛苦和不安。如失恋后的男生，不相信女友会与他分手，总是愿意相信“她还是喜欢我的，只是由于不得已才选择跟我分手”。

4. 物质滥用

个体长期或过量使用某些物质，无法减量与停止，同时对自身的社会功能产生伤害，包括药物依赖、吸烟、酗酒、吸毒等。大学生常见的有吸烟和酗酒，女生中可见到暴饮暴食现象。

5. 转移

针对某一对象的某一种无法实现的情感、意图转移到另一个对象上，或转移为另一种情感以减轻心理压力。比如一名同学在宿舍中经常受气，但是又不敢说出来，当与男友相处时，便经常向男友发火。

6. 压抑

把使人感到困扰或痛苦的思想、欲望或经验予以选择性遗忘的心理行为反应。但是这种“遗忘”只是把问题推到无意识的深层，并没有真正解决问题。当遇到相似情境时，那些困扰和痛苦还会再次出现。

积极方式

1. 升华

最有建设性的行为反应，是把社会所不能认可的目标、欲望或情绪等转化为高级的、有益于社会并被社会所接受、赞赏的形式。比如身患疾病的同学，并没有因病一蹶不振，反而更加努力，奋发图强，用优异的成绩证明了自己的价值。

2. 解决问题

正视现实，客观分析目前状况，制订解决方案，并克服困难，解决问题。如一名大一新生在第一学期多门功课不及格，为了重新正常学习，他给自己制订了学习计划并严格执行，在第二学期，顺利通过各科考试，丢下了自己的一个大包袱。

3. 合理化

在目标受挫后，用一种自认为站得住脚的理由来为自己掩饰和辩护，也就是我们平常所说的“自我安慰”。

4. 宣泄

指通过各种途径把积郁在内心的不良情绪释放出来，比如唱歌、运动、写日记。当然，还有一些具有攻击性的宣泄方法，如自虐、破坏公物。只要采取恰当的宣泄方法，都会有助于情绪的恢复和心态的调整。

（三）心理危机的发展过程

突如其来的危机事件，会让我们经历震惊、迷茫、无措、痛苦的心理深渊，同时，也会让我们经历遥望、希望、激动、感动、喜悦的重生之路。人们对危机的心理反应通常经历四个不同的阶段。

1. 冲击期

在危机事件发生后不久或当时，感到震惊、恐慌、不知所措。如亲人或朋友突然死亡，或突然听到某种传染性疾病大面积爆发等消息后，大多数人会表现出恐惧、焦虑、痛苦和愤怒的强烈情绪，有的人还伴随着罪恶感，导致行为退缩，情绪抑郁。

2. 防御期

在这个时期，个体想恢复心理上的平衡，控制焦虑和情绪紊乱，恢复受到损害的认识功能。但是个体还不知如何做，不知如何正确解决这个问题，于是会出现否认、合理化等应对方式。

3. 解决期

经历了危机初期的彷徨与无措后，个体会积极采取各种方法接受现实，寻求各种资源努力设法解决问题。这个时期，焦虑减轻，自信增加，社会功能逐渐恢复。

4. 成长期

经历了危机，个体变得更成熟，获得了应对危机的技巧，但也有人消极应对而出现种种心理不健康的行为。

（四）心理危机可能的结局

由心理危机所产生的情绪失衡状态并不是持续终生的。绝大多数学者认为，人的心理危机状态一般要持续4~6周，在这段时期里，由于处理危机的手段不同，个体先前经历危机的体验不同，个体人格特质的不同，当事人的结局也不相同。危机事件对大学生既是一个危险，又是一个机会，它对大学生的生活、工作和身心都可能造成一定的影响甚至伤害，一般有四种结局（Gilliland B.E & James R.K，1997）：

（1）危机事件激发他去面对解决困难，采取手段得当，不仅顺利渡过了危机，而且通过危机学会了处理困境的新方法，并总结经验和教训，整个身心健康水平得到提高，心理素质得到增强，得到了成长，这是最佳的结局。

（2）虽然渡过了危机但留下心理创伤，特别是对成长中的大学生，会令其形成一种偏见，留下痛点，影响今后的社会适应，遇到同样的事情会采取消极的态度。比如大学生失恋之后如果留下阴影，会对爱产生怀疑的态度，不利于其今后的生活。

（3）缺少应对危机的办法，表现出心理的恐慌、无助，出现心理障碍，甚至转为神经症或精神病，以后任何生活变故都会诱发心理危机，当事人的心理承受能力明显降低，心理健康程度严重下降。

（4）未能渡过危机，心理承受不了，出现崩溃，采取自伤自毁，甚至自杀的行为。

影响心理危机结局的因素

同样一件事情，在有些人眼里是平常小事，微笑应对、顺利解决，而对于另外一些人来说，则成为具有伤害意义的心理危机事件。而同样的心理危机发生在不同人的身上，会因当事人的人格特质和应对方式等因素呈现不同的结局。那么，影响心理危机结局的因素有哪些呢？一般说来，某一事件是否会成为危机，以及危机是否顺利渡过，主要受以下因素的影响：

（1）个体对事件的知觉。对某一事件的认知和主观感受几乎决定了我们的行为应对方式。如果我们对某事件的认知出现偏差，就会影响我们的主观感受，相应影响我们的行为。而如果我们对事件的知觉是客观的、合乎逻辑的，则问题解决的可能性会大大提高。如一个同学总是认为“世界上没有人会真正关心你，人只有靠自己”，在生活中便不会感受到人与人之间的温暖，在遇到人际冲突时，更会倾向于作出负面的推理，从而使人际关系更加恶化。

（2）社会支持系统。人的本质是社会化的，人需要交往和支持。社会支持系统是人们应对大量压力的重要的心理资源，当这种资源缺乏或丧失时，我们在压力面前将变得无比脆弱、不堪一击，从而导致心理危机。若在危机中仍未有足够的社会支持，心理危机更可能进一步发展而导致不良后果。

（3）应对机制。人们通过日常生活，学会了运用各种手段去应对焦虑和减少紧张，并逐步形成了应对压力的模式。那些被人们运用的、有效的应对策略会成为人们日常生活中解决压力的一部分而被纳入他们的认知模式中，并逐渐形成了人们解决压力的一套有效的应对机制。相反，如果没有恰当的、有效的应对机制，个体的压力或紧张持续存在，危机便会随之产生。

（4）个体的人格特征。心理危机还受个体人格特征的影响，容易陷入危机状态的个体在人格上具有特异性：如注意力明显缺乏，看问题只看表面看不到本质；内向、偏执等。这种人格特征使个体遇到危机时往往瞻前顾后，总会联想不良后果；情绪情感不稳定，自信心低，独立处理问题的能力极差；解决问题时缺乏勇气进行尝试，行为冲动缺乏理性，经常会有毫无效果的反应行为。

（五）大学生心理危机的表现及分类

大学生是一个特殊的群体。大学生必须要面对成长中的发展性课题，比如自我统一性、职业生涯规划、恋爱与情感、人际关系、学业成绩等，它们既是大学生成长的外部动力，也是潜在的应激源，使大学生容易产生成长性心理危机。另外，大学生处于走向成熟的过渡阶段，生理方面更多具备了成人的特征，但社会阅历和经验相对不足，处理问题的社会经验和能力更是有限，这种反差的存在，使得心理危机在他们身上十分容易得到体现乃至爆发。按照心理危机的诱发原因及持续时间，心理危机可分为四类：境遇性心理危机、存在性心理危机、病理性心理危机和成长性心理危机。

1. 境遇性心理危机

当个人遇到罕见的、超常的、无法预测和控制的突发性事件或境遇时所产生的心理危机。例如交通意外、被绑架、突然的绝症、被强奸、自然灾害等。如2008年5月12日汶川大地震，对于因这场地震而出现的心理危机就属于境遇性心理危机。再如亲历父母亡故、车祸现场等重大生活事件也可能导致境遇性心理危机。

个案举例 我好害怕一个人

冬日的一个下午，小芸在舍友的陪伴下来到咨询室。她低着头，似乎刚刚哭过，眼睛红红的。坐下来，小芸断断续续地跟我讲述了她的心事。她说她很害怕，晚上不敢一个人走路，白天也不敢自己在宿舍待着，无论去干什么，必须要有人陪着才能踏实一些。经过询问，我得知，她高中的一个好朋友刚刚因病去世。小芸说，“在她去世之前，我去看望过她。看到她那苍白的脸，瘦弱的身子，我就感到特别的悲凉。她才那么年轻，才刚考上大学啊！命运为什么如此的悲惨！”说完，小芸又陷入极大的痛苦中，哭起来。“我现在经常想到她，一想到她，我就感到太害怕了，生命太脆弱了，我害怕哪一天我也会消失在这个世界……”看着她无力的样子，我进行了一系列的哀伤辅导，让她与好友完成告别，并重新认识这个危机给她带来的影响。第二次，我们一起讨论了对生和死的看法，使她树立了信心。经过这两次咨询，小芸基本能从好友的死亡阴影中走出来，不再害怕生命的无常，恢复了正常的生活和学习。

2. 存在性心理危机

存在性心理危机是指大学生因为人生的存在性问题而产生的心理危机，这些问题伴随着人生一些重要而根本的问题，比如，关于人生的目的、责任、独立性、承诺等。存在主义心理治疗创始人欧文·亚隆认为，我们生活中的所有痛苦基本源自4个方面的困扰：即死亡、孤独、自由和责任、意义。实际上，因为年龄和身心的特点，大学生对存在性问题的思考特别集中。

曾经有一位哲人说过，没有思考过死的人不能称其为真正的人。生和死是人生的基本课题，作为一个人活在世上，一定会去考虑生命、死亡：“我什么时候死？我应该怎么样去过自己的一生？”探索人生，探索自己的发展，探索自己存在的意义和价值，这种思考肯定会有很多的困扰。很多大学生有这样的疑问：“我存在的意义到底何在？”按照佛语说，生命就是走向死亡的迂回曲折的过程。有人说，人终极的目的地就是死亡，反正都要死亡，干吗还活着？这些存在性的困扰，人们尤其是青年人在探索自我、探索人生时会遇到。

个案举例 一个人到底有几个我？

初春，一次团体辅导培训课结束后，一位皮肤黝黑的男生站在我跟前。他急切地跟我说：“老师，我能不能问你几个问题？”就这样，他带着焦急的心情开始了对生命的探寻之旅。他说：“老师，我是一个很上进的人，您也能看得出来吧！我在学院学生会担任学习部部长，在班级里担任班长，平常工作很积极，对自己要求很高，对同学也都很好，很愿意帮助他们，因此人缘很好。但是不

知道为什么，我跟我女朋友相处的时候，几乎变了一个人。跟她在一起的时候，我几乎不说话，喜欢待在自己的世界里，思考自己的问题。其实有时候我也不愿意跟她在一起，我宁愿自己待着，给自己一个宁静的空间。”我问：“在这几种空间里，你有什么不同吗？”他陷入了沉思，回答道：“跟同学在一起，我觉得我必须要强大，就像一个将军一样，这样才能树立威信。”一边说着，他一边站起来，握紧拳头，目光炯炯地看着前方，真的像一位将军在指挥千军万马作战。“而跟女朋友在一起时，我好想休息一下，因为我真的很累了。”说到这里，他的目光黯淡下去。“当我独自一人时，才是真正的我。我感到自己很卑微，很小，想藏起来不让别人看见。也许，我还能想想白天发生的事情，自己有哪些方面做得不好，自己该怎样去努力改进，但是这种孤独又非常让人难受……老师，你说我怎么差别这么大？到底哪一个才是真的我？就像我这样，每天为了树立自己的形象搞得这么累，有什么意义！我到底该怎样做！如果这样继续下去，我还要忍受多少孤独！”说完这些，他低下头，脸上露出很痛苦、很纠结的表情……

其实，这位男生的思考里包含了对人生的意义、承担的责任、自由和孤独、自我同一性等重要课题。这些课题是每个人都要面临和经历的，当我们对这些问题理不清头绪的时候，就会陷入心理危机，甚而对生命的价值产生怀疑。同学们不妨在生活中多交流类似问题，当这一切豁然开朗之时，我们心灵的窗户也会随之向整个世界开放。

3. 病理性心理危机

在这类危机中，病理心理是青少年的主要特征。青少年的某些心理障碍或心理疾病本身可能就是一种心理危机，如抑郁症、焦虑症、躁狂症等。也有些失调的行为引发心理危机，如品行障碍或违法犯罪等。其中，抑郁症是自杀率最高的精神障碍。随着社会压力的增大，大学生罹患抑郁症的比例有所增加，目前的调查表明：精神病者的自杀率高于一般人口的10~90倍，甚至有报告说高于一般人口的727倍；自杀者中，精神障碍的比重很高，为74％~100％，其中患有精神病的占13％~52％。导致自杀的精神病种很多，尤以精神分裂症和抑郁症最多。

个案举例 黑夜里的孤独

小楠，以前是一个看起来活泼开朗的女孩，今年读大三。最近，她感到自己已经无法承受心灵上的痛苦，来到咨询室求助。她说：“白天，我能跟同学们一起做些事情，可是一到夜深人静或者独自一人时，就会陷入孤独的世界。我经常回想自己身边的种种事情，心底总有一种悲凉在全身弥漫开来。我说不好这种悲凉是什么，反正白天跟人在一起时挺好的，但是一个人的时候，就总是觉得自己一无是处。”她问：“我这样活着有什么意义呢？学习上，达不到爸爸妈妈的要求，真对不起爸妈对我的培养。能力上，也没有达到我自己的要求，我有时甚至想，干脆结束自己的生命吧，这样就不会有任何压力了。”当我问她这种情况持续多长时间时，她问我：“在高中和大一的时候，每次遇到压力，我就会这样，当时还吃了药辅助治疗。就像这次，也是因为要准备考研，所以感觉压力特别大，老师，这会不会是什么病？还需要吃药吗？”鉴于这种情况，我让她填了一份抑郁自评量表进行测试，测试报告显示为“中度抑郁”，经过医院检查，小楠确实需要服用药物以缓解抑郁症状。之后，学院为其办理请假手续，小楠在家一边接受心理咨询一边按时服药。两个月后，小楠基本康复，回到学校继续学习和生活。

4. 成长性心理危机

大学生中常见的心理危机大多属于成长性心理危机。这类危机往往出现在个人成长过程中发生某些重大转变的时候，这时外界对个体的要求往往出现重大的改变，从而导致出现异常的心理反应。对大学生来说，新生入学的不适应、宿舍人际关系的不和谐、考试屡遭挂科、不喜欢所学专业、评优落选、不能顺利就业，等等，当遇到这样一些发展中的困难或阻滞时，就会产生压力，若不及时进行疏导，就会逐渐转化为心理危机。成长性心理危机是大学生最常见的一种危机，但只要及时接受咨询和疏导，努力将“危险”转化成“机会”，我们就会豁然开朗，进入新的发展阶段。

个案举例 自杀——富士康不能承受之重

富士康科技集团创立于1974年，是专业从事电脑、通讯、消费电子、汽车零组件、通路等6C产业的高新科技企业。自2010年1月23日富士康员工第一跳起至2010年11月5日，富士康已发生14起跳楼事件，引起社会各界乃至全球的关注。2011年7月18日凌晨3时，又有一名员工跳楼，年仅21岁。这些与大学生同龄的生命，就这样悄然逝去。我们不禁质疑：是什么原因导致了这本不该承受的生命之重！

很多人认为责任出在富士康这家企业，但是抛去情感因素，我们不得不去思考自杀者本身的因素。如白岩松曾经点评道：“到异乡去打工的新生代，抗压能力、吃苦能力不如上一代。这一代人更自尊，梦想也更大，在罐头一样的厂区内被挤压，一旦梦想被挤压没了，就容易绝望。”其实分析一下，每名自杀者都有其自身的原因，如有的因为情感受挫，有的因为家庭压力，有的人曾经受心理创伤。从某种意义上说，这些都是人在成长过程中必须要面对的课题，人，有能力也有机会去渡过心理危机——只要给自己一个机会。61岁的郭台铭曾语重心长地赠言员工:“爱情诚可贵，生命价更高。挫折无可惧，勇者有未来。”而明星周杰伦也曾说过，希望利用自己的影响力影响年轻朋友，珍惜生命，开心快乐地活着。

富士康员工坠楼事件已渐渐远离我们的视野，但是它带给我们的警示值得每一名大学生去思考。在不久的未来，你们也要踏上社会，要面临激烈的竞争和各种不适应，你会怎么去做呢?

小贴士——与心理危机密切相关的精神疾病：精神分裂症和抑郁症

1. 精神分裂症

精神分裂症是一种精神科疾病，是一种持续、通常慢性的重大精神疾病，是精神性疾病中最严重的一种，是以基本个性，思维、情感、行为的分裂，精神活动与环境的不协调为主要特征的一类最常见的精神病，多青壮年发病，进而影响行为及情感。精神分裂症的典型表现：

（1）联想障碍。思维联想过程缺乏连贯性和逻辑性，在言语或书写中，语句在文法结构虽然无异常，但语句之间、概念之间，或上下文之间缺乏内在意义上的联系，因而失去中心思想和现实意义。

（2）妄想。比如觉得自己进入了一个黑屋子，觉得有人要害他，觉得国家领导人跟自己是朋友，觉得自己能够影响、控制所有人等。

（3）幻觉。包括幻听、幻视、幻味、幻嗅等，比如觉得有人在跟他说话，谈话内容包含很多方面，但实际上此人并不存在，谈话内容也是子虚乌有。

（4）情感障碍。嬉笑无常，不能恰当表达自己的情感。

（5）意志减退。不能坚持完成一件事情，或者不能集中注意力完成学习生活任务。

（6）行为障碍。可能有摔东西、打人、穿着奇装异服等异常行为，通常还伴随睡眠障碍。

（7）被动体验。有被洞悉感，觉得别人在监视自己，自己的想法别人都知道；无论走到哪里，别人都知道。

（8）自知力缺乏。觉得自己说的是真实的，自己没有心理问题和精神疾病，或者觉得别人才有病。

2. 抑郁症

抑郁症是一种常见的心境障碍，可由各种原因引起，以显著而持久的心境低落为主要临床特征，且心境低落与其处境不相称，严重者可出现自杀念头和行为。抑郁症的典型表现：

（1）无兴趣、无快乐感。对一切事物、活动都提不起兴趣，不愿意参加集体活动，没有快乐。

（2）无望感（无希望）。觉得自己没有好转的希望了。

（3）无助感。觉得没有人能帮助自己。

（4）无动力、无动机。不想做任何事情，不想成功，觉得成功了也没有意义。

（5）无价值、无用感。觉得自己是个无用的人，一点价值都没有。

（6）无意义。觉得生活没有意义，自己活着没有意义。

（六）心理危机的极端表现——自杀

自杀是指主体蓄意或自愿采取各种手段结束自己生命的行为，是心理危机严重到个体无法忍受的地步而采取的一种较为极端的行为反应。一提到自杀，我们通常会认为是自杀者“一时想不开”，觉得没有什么办法能够阻止自杀，我们甚至不敢去碰触这个字眼，因为这个行为太过惨烈。确实，自杀，一个就太多。对于正值青春年华的大学生来讲，自杀不单是对自己生命极不负责任的行为，而且给家庭带来无限的痛苦和沉重的负担。

1. 自杀的诱因

脆弱青年人容易把轻微的冲突理解成具有伤害性的事件，而诱发焦虑等过度反应。他们把常见的冲突看做是有损人格尊严的严重事件。可能带来严重伤害性的事件有（客观上并非确实有伤害性）：

（1）家庭变故；

（2）与朋友同学绝交；

（3）自己敬爱的人或对自己有重要意义的人死亡；

（4）恋爱关系破裂；

（5）与他人的纷争及丧失；

（6）发生违法违纪事件；

（7）受到同伴排斥、孤立；

（8）受人欺负或迫害；

（9）学习成绩不理想或考试失败；

（10）在考试期间，承受过度压力；

（11）失业或经济问题；

（12）堕胎；

（13）患艾滋病或其他性传播疾病；

（14）重病；

（15）自然灾害。

2. 自杀的阶段

自杀一般有四个阶段：自杀萌生阶段，内心生死矛盾冲突阶段，自杀决定阶段，自杀实施阶段。

（1）自杀萌生阶段。自杀者因各种原因出现自杀念头，有些自杀意念是闪念之间，而有些自杀意念则是一经产生就很难消除。特别是理智性自杀的自杀意念一经形成，相当顽固。

（2）自杀彷徨。萌生自杀念头后，常常会有一段时间的犹豫不决、彷徨徘徊，此刻，他们心中充满着激烈的冲突或斗争，在生与死的抉择中，无数次进行权衡与选择，包括考虑自杀方式、自杀后果、自杀时的感觉、未遂造成残废的可能、自杀后亲人及其朋友的感受等。在彷徨中，他们也可能做一些理论上的准备，如搜集有关自杀的信息，搜集自杀主题的作品，或观看有关的影视录像。

（3）自杀决定阶段。自杀者在经过激烈的生与死的较量之后，作出自杀决定，心态也随之恢复了平静，认为最终找到了解决问题的出路。这时可能会有一些反常的举动，如忽然话多了起来，与同学非常亲近，表露出歉意，以及处理后事的一些行为。与此同时，也在积极准备行动计划，如写遗书、准备工具、交代后事、打电话或写信告知相关人员。

（4）自杀实施阶段。自杀者经过足够的心理准备后，死亡的心理能量充满着内心，会坚决果断、采取出乎意料的方式结束自己的生命。

然而，也并非每一个自杀者都经过这一激烈的思想斗争，有的自杀个体因为冲动发生情境性自杀。如两位因恋爱而发生激烈冲突的大学生恋人在某大学六楼谈论两人关系。女生对恋人说："如果你不爱我了，我就从这个楼跳下去！"在激烈的情绪状态下，男生也不示弱："有本事你就跳！"女生真的跨上栏杆，纵身而下，男生慌乱之中没有抱住情绪失控的女友，拉住的仅是女友红色的羽绒服……一对恋人，一个鲁莽行事，草率结束生命，另一个将陷入终身悔恨。

3. 大学生自杀的类型

近年来，急速攀升的大学生自杀率已经引起社会各界的广泛关注，大学生已经成为自杀的高危人群。作为社会宝贵的人力资源财富，大学生的自杀，给社会与家庭造成的损失是无法估量的。

（1）寻求解脱。当大学生面临自己难以解决的人生问题时，感到极度的自卑、羞愧、恐惧、空虚与绝望，感到自己走投无路，只能选择自杀的方式以避免痛苦。如某大学生在大一结束时，因学业成绩不理想被留级试读。在试读期间，他学习认真努力，但成绩依旧不理想，根据学校的学籍管理规定，该生应当退学。临近寒假，同学们都高高兴兴准备回家，这位同学觉得没有脸面见家人，死是唯一的选择，最终选择了自杀。他在遗书中写道：

"对于自己，我觉得没有脸面再活下去；对于家人，我无法面对他们20年的培养。死亡是唯一的选择，也是我最后的解脱。"

（2）自我防御。当面临挫折情境，特别是当事人认为是由于自己的原因所造成时，自杀行为可以成为改变挫折情境、减少自责或逃避处罚的手段之一，但无疑也是最消极的一种防御方式。用"一了百了"的方式解决问题，只能将痛苦与创伤留给自己的亲人。如大一学生被人误解为盗窃了同宿舍同学的银行卡和现金，在无数次解释仍无法证明自己清白的情况下，他极度绝望，选择触电自杀，以死亡来表明自己的清白。在他死后一年，真正的小偷被抓获，令冤枉他的同学悔恨终身。用死亡来捍卫自己的尊严，看似高尚，实则是内心脆弱、亵渎生命的表现。

（3）放任性自杀。放任性自杀是指漠视生命、生活稍有挫折就选择结束生命的行为反应。由于个体对生命的漠视，使生命不再令人敬畏。受不良文化的影响，如"杀人不过头点地"、"生也何欢，死也何苦"、"一了百了"，个别大学生视生命为草芥。在这种思想的影响下，个体很容易在遭遇挫折后用死亡的方式结束痛苦。

（4）报复性自杀。报复性自杀是当个体因某种原因产生内心的愤怒与敌对情绪时，为迫使对方承受法律责任或道义与良心上的谴责，以死向对方示威以达到报复的目的。这种自杀的目的是通过自杀行为来操纵他人或社会。如一位高中生因为父母教育过于严厉，对父母怀恨在心，想要通过"自杀"来报复父母，使其终身受到良心的谴责。

（5）威胁性自杀。威胁性自杀是大学生面临一些人生危机，不知如何选择时采取的一种行为。这类自杀者并非真的希望结束生命，而只是把自杀作为一种要挟对方、向对方讨价还价、迫使对方就范的手段。这类自杀往往表现出自杀姿势，虚张声势以引起他人关注，以恋爱受挫、人际冲突最为常见。如一位男大学生因为恋人提出分手，便以割腕自杀威胁对方，第一次未成功，以女生妥协告终，在以后的相处中，男生反复使用自杀威胁女生，对女生造成了严重的身心伤害。

三、大学生心理危机的预防与干预

（一）什么是心理危机干预

1. 什么是心理危机干预

心理危机干预是指对处在心理危机状态的个体采取明确有效的措施，使之最终战胜心理危机，重新适应生活（樊富珉，2003）。

2. 心理危机干预的对象

北京市教工委、教委、卫生局、团市委联合出台的《北京高校学生心理素质教育疾病预防与危机干预大纲》中指出，心理危机的干预对象包括以下12类：

（1）遭遇突发事件而出现心理或行为异常的学生，如家庭发生重大变故、遭遇性危机、受到自然或社会意外刺激的学生；

（2）患有严重心理疾病，如患有抑郁症、恐惧症、强迫症、癔症、焦虑症、精神分裂症、情感性精神病等疾病的学生；

（3）既往有自杀未遂史或家族中有自杀者的学生；

（4）身体患有严重疾病，个人很痛苦、治疗周期长的学生；

（5）学习压力过大，学习困难而出现心理异常的学生；

（6）个人感情受挫后出现心理或行为异常的学生；

（7）人际关系失调后出现心理或行为异常的学生；

（8）性格过于内向、孤僻、缺乏社会支持的学生；

（9）严重环境适应不良导致心理或行为异常的学生；

（10）家境贫困、经济负担重、深感自卑的学生；

（11）由于身边的同学出现个体危机状况而受到影响，产生恐慌、担心、焦虑、困扰的学生；

（12）其他有情绪困扰、行为异常的学生。

尤其要关注上述多种特征并存的学生，其危险程度更大，应该成为重点干预的对象。

（二）心理危机的预防

1. 正确看待压力、挫折与危机

人的认知犹如“过滤镜”，它会使许多情境改变颜色。还记得“情绪ABC理论”吗？在这个理论中，A是指事件（accident）；B指信念（beliefs），C是人的情绪和行为结果（consequence）。通常人们会认为，人的情绪是直接由诱发性事件A引起，即A→C。ABC理论则指出，诱发性事件A只是引起情绪的间接原因，而人们对诱发性事件所持的不合理的信念、看法和解释才是引起情绪更为直接的原因，即A→B→C。在我们的生命词典中，压力、挫折、危机随时可能出现，那么我们应该树立怎样的危机观呢？

（1）要认识到，压力、挫折和危机都是客观存在的。人的一生，困难、挫折和危机是不可避免的，是客观存在的，不以人的意志为转移。面对客观存在的这些情境，我们应该勇敢面对它，怨天尤人是没有任何意义的。

（2）压力、挫折和危机是辩证的，是可以转化的。对我们来说，这既是刺激、威胁，但同时也是挑战、契机。从积极的意义上看，适度的压力、挫折是维系正常心理功能的条件，有助于人们适应环境，提高能力，认识自身的长处与短处。而危机能刺激我们潜能的发挥。危机的克服能使人在增长人生经历的同时提高自信心，使人生变得丰富而充实。回想我们过去的经历和挫折，不就是因为有了它们，我们才逐渐变得坚强而勇敢吗？

（3）在面临压力、挫折和危机时，我们还要积极应对，不能采取回避、否认、攻击等消极的行为方式。唯有如此，才能在危机中得到成长。

2. 培养积极健康的心理素质

当代大学生，不仅需要渊博的知识、强健的体魄，还应该具备积极健康的心理素质。当大学生踏入校园时，就应该着手培养积极、乐观、健康、向上的心理品质，从而为自己丰富的人生做准备，这也是预防心理危机的最根本的方法。

（1）正确认识自我、评价自我、悦纳自我，拥有自信，消除自卑；

（2）主动适应环境，尤其是适应集体环境、人际关系和学习工作环境；

（3）从一点一滴做起，发展良好的个性，接纳自己的独特性；

（4）学习人际交往技巧，建立宽厚的人际关系；

（5）掌握职业生涯规划的方法，为自己的未来定位；

（6）学着调节、管理、控制自己的情绪，做情绪的主人；

（7）确立健康的恋爱观与性观念，培养爱的能力，在爱中成长；

（8）学会应对压力，将压力转化为发展的动力，真正实现个人成长。

当心理危机降临时，任何人都无法阻挡，但是，当我们拥有了强大的心灵时，再难的路也会走过去，再坎坷也会迈过去。让我们试着从一点一滴做起，培养自己良好的心理素质吧！

3. 争取社会支持

社会心理学认为，社会支持是个体在与社会发生联系时所获得的精神上和物质上的支持，是人们有意识或无意识构建的在一定情境下处理应激事件时的一种资源。从这个角度来看，社会支持系统既包括个人与社会所发生的客观实际的联系，如直接得到社会物质上的捐助；也包括个体在一定情境中主观体验到的情感上的支持，即个体在社会交往中体验到的被尊重、被支持、被理解和对生活环境满意与适应的程度。

人生之路非坦途，我们每个人都会遇到这样那样的麻烦、困扰、逆境，每个在困境中的人都希望得到理解、帮助与支持，因此，建立相互支持的系统尤其重要。而父母、亲戚、老师、同学、朋友，以及各种各样的正式和非正式组织都可能成为我们的支持源。

4. 学会自助、求助和助人

心理危机是每个人都可能遇到的人生境遇，而且，我们完全有能力渡过心理危机。无论我们是否处于危机中，我们首先应该掌握“三助”的方法，即自助、求助和助人。

（1）学会自助。即要自觉提高自身的心理素质，掌握心理调适的方法，完善自己的个性特征，抵御心理危机的侵扰。

（2）学会求助。即在发现自己出现危机征兆时，及时向外界或专业的心理机构求助，以尽快解决问题；

（3）学会助人。即对周围陷入心理危机或存在自杀危险的同学，及时给予支持和帮助，必要时诉诸专业机构。

（三）心理危机的干预

1. 正确识别心理危机的信号

我们认为，大学生若出现下列几种情况（包括个体所面临情境及其身心症状和行为表现等），则已罹患心理危机的可能性较大：

（1）重大丧失（如亲人死亡、人际关系破裂、考试失败、失恋、遭受拒绝等）后出现异常表现；

（2）遭受严重突发事件的刺激后有异常反应；

（3）明确或间接表露自己感到痛苦、抑郁、无望、无价值甚至流露出死亡的意图；

（4）孤僻、人际关系恶化；

（5）物质滥用量加大；

（6）易激惹、与人敌对；

（7）持续不断的悲伤或焦虑；

（8）依赖性加大；

（9）出现自毁性或攻击性行为；

（10）日常学习、工作、生活状况出现明显的负性改变。

2. 及时转介至专业机构

在遇到心理问题时，中国人一般不愿意主动寻求专业帮助，这一现象有着深刻的文化历史根源。中国人把心理问题视为精神疾病，或与人的思想道德品质挂钩，并有着强烈的趋同心理，个人心理隐私一旦暴露，会被视为异类，招来周围人异样的目光。因此，他们心理苦恼时，宁愿自己咽在肚子里，寻求自我内心的调节，不与人诉说，这样反而会被旁人视为“坚强”。大学生群体中也有相似的现象。曾有学者指出（江光荣，王铭，2003），当有了心理问题时，大学生首先选择的是向朋友倾诉，其次是向母亲、同学、恋人、父亲、同龄亲属倾诉，而选择向心理咨询师倾诉的仅占3.2%。可见他们更倾向于向关系亲密的非专业人员求助。

为了适应大学生的心理需求，目前各高校均设有心理健康教育中心或心理咨询室。当有心理危机发生时，可直接与专业机构取得联系，获得帮助。另外，随着社会对心理危机干预的重视，各地也都开通了心理危机干预电话，在此提供如下信息，也许能帮助到你。

青岛市心理咨询中心：0532-85659516（心理咨询热线 ）

青岛市心理危机干预咨询热线：0532-85669120、0532-86669120（均为免费）

中华心理危机网：www.995sos.com

北京心理危机干预中心免费热线：8008101117（周一至周五：18：00-23：00）

上海心理咨询中心心理健康热线：021-64383562（接待时间：18：00-22：00）

武汉中德心理医院：027-82778742（每晚18：30-20：30，免费）

3. 专业机构能帮你做什么？

在学校心理健康教育中心以及社会专业医疗机构，专业人员会为你提供如下服务，帮助你渡过心理危机：

（1）评估你的心理危机状况；

（2）帮助你疏导负性情绪；

（3）帮助你正视危机，正视可能的应对和处理方式；

（4）帮助你获得新的信息和知识，从而寻找另外的解决办法；

（5）可能的话，在日常生活中提供必要帮助，如回避一些应激性境遇；

（6）采用专业技术，如焦点解决短期心理治疗、认知行为疗法、辩证行为治疗等技术，帮助你澄清有关认识误区；

（7）督促当事者接受帮助和治疗。

4. 对于自杀，我们能做什么？

如果我们能够用心辨别，其实，我们会发现，自杀是有规律可循的，而自杀行为，也是可以阻止的。那么我们应该怎么做呢？

（1）正确认识自杀。如果注意捕捉一些预兆，就可以有效地防范自杀。但是对于自杀，我们似乎总能从别人那里听到一些“传说”，从而耽误了干预的最佳时机。实际上，那些“传说”中有一些是对于自杀的误解，比如：

① 威胁别人说要自杀的人不会自杀。事实上大量自杀死亡者曾威胁过别人或者对他人公开过自己的想法。

② 自杀者有精神疾病。事实上仅有少部分自杀未遂者或自杀成功者患有精神疾患。他们中大多数人是处于严重的抑郁、孤独、绝望、无助、被虐待、受打击、深深的失望、失恋或者别的情感状态的正常人。

③ 自杀发生在家庭中，具有一种遗传倾向。事实上自杀倾向没有遗传性，它是习得的或者是情境性的。

④ 自杀总是一种冲动性行为。事实上自杀有些是冲动行为，另一些则是在仔细考虑之后才实行的。

⑤ 如果一个人曾经想过自杀，那么他永远就会有自杀的企图。事实上，想要自杀的人只是在有限的时间内有这种想法，自杀的想法往往与抑郁症有关，而抑郁症会随着治疗进程而消退。

⑥ 想要自杀的人已经作出很明确的自杀决定。事实上，大多数人并没有决定是生还是死，他们常常与死亡赌博，让别人拯救自己。

⑦“自杀”过一次的人恢复正常，情绪好转，就没有再次自杀的危险了？事实上，自

杀危险在抑郁症好转3个月内仍然存在，因为这时个体仍是抑郁的，而且有能力实施自杀计划。

（2）如何觉察自杀征兆？企图自杀的人，一般会在言语或行为上透露出自杀的想法，比如：

言语上的征兆：

① 直接向人说：“我想死。”“我不想活了。”

② 间接向人说：“我所有的问题马上就要结束了。”“现在没有人可以帮助我。”“没有我，他们会过得更好。”“我再也受不了了。”“我的生活毫无意义。”

③ 谈论与自杀有关的事或开自杀方面的玩笑，如跟同学开玩笑：“我死了你会伤心不？”

④ 谈论自杀计划，包括自杀方法、日期和地点。

⑤ 流露出无助或无望的心情。

⑥ 突然与亲朋告别。

⑦ 谈论一些可行的自杀方法

行为上的征兆：

① 出现突然的、明显的行为改变（如中断与他人的交往或出现很危险的行为）。

② 退缩和独处明显增加，减少与其生活中的重要人物的交流。

③ 抑郁的表现。

④ 无故送东西、送礼物给亲人或同学，无理由地向他人道谢或致歉。

⑤ 有条理地安排后事。

⑥ 频繁出现意外事故。

⑦ 饮酒或吸烟的量大增。

⑧ 躯体症状，如进食障碍、失眠或睡眠过多、慢性头痛或胃痛、月经不调、无动于衷。

⑨ 对学习失去兴趣，上课无故缺席，迟到早退，工作或学习成绩下降。

⑩ 自卑感和羞耻感等。

（3）如何帮助有自杀征兆的人？

① 表达你的关心，询问他们目前面临的困难以及困难给他们带来的影响。

② 保持冷静，耐心倾听，让他谈出自己内心的感受，尽力想象自己处在他们的情况时是如何感受的，也不试图说服他们改变自己的感受。

③ 要接纳他，不对其作任何道德或价值评判。

④ 在相同境遇下，你也会有同样的感受，说出你的感受，让他们知道并非只有自己才有这样的感受。

⑤ 给予希望，让他们知道面临的困境是能够改变的，但不要认为凭借自己的能力就能够帮他解决问题。

⑥ 他们可能会拒绝你要提供的帮助，有心理危机的人有时会否认他们面临的问题，不要认为他们的拒绝是针对你本人。

⑦ 大胆询问他们是否有自杀的想法："你是否感觉到那样痛苦、绝望，以至于想结束自己的生命？""有时候一个人经历非常困难的事情时，他们会有结束生命的想法。你有那种感觉吗？"询问一个人有无自杀念头不但不会引起自杀，反而可以拯救生命。但不要这样问："你没有自杀的想法，是吧？"

⑧ 相信他们说的话，当他们说要自杀时，应认真对待。

⑨ 如果他要你对其想自杀的事情给予保密时，不要答应。

⑩ 让他相信别人是可以给予他帮助的，鼓励他再次与你讨论相关的问题，并且要让他知道你愿意继续帮助他。

⑪ 说服其相关人员共同承担帮助他的责任。

⑫ 如果你认为他当时自杀的危险性很高，不要让其独处，要立即陪他去学校心理健康教育中心或医院接受评估和治疗。

⑬ 对刚出现自杀行为（服药、割腕等）的人，立即送到最近的医院进行抢救。

（四）如何在危机中成长

每个人心中都有两种力量：成长的欲望与退缩的冲动。当遇到困难、危机与创伤时，我们不止一次地问自己：我们能做什么？能够渡过这个难关吗？伴随着自我怀疑甚至自我否定，这些想法在斗争着、冲突着，影响着我们的生活、影响着我们的选择。那么我们如何在危机中获得成长呢？

首先要正确评价危机结果以及危机带来的影响。当危机发生时，必定会带来精神上的苦恼，但同时我们也要客观分析危机的结果，看看危机到底对我们的哪些方面造成了什么影响？通常，当我们处于危机时会过分夸大危机的痛苦和后果，而当危机已经解决时，会发现，危机并没有当时那么令人恐惧。不仅如此，我们还会发现危机带给了我们许多启发。"福兮祸之所伏，祸兮福之所依"，这句古话同样适用于心理危机中。

其次要总结经验，不断提高应对危机的能力。一个人处理危机的能力，在很大程度上取决于以往处理危机的经验。生活的能力不是凭空生成的，它需要在具体的生活实践中一点点地培养、获得。如果一个人从小没有养成独自处理"小"问题的能力，那又怎能在未来的生活中，很好地处理人际关系、婚恋矛盾、事业选择这样的"大"问题呢？

最后，还需要我们很好地认识自我、跨越现有状态，以更加开放的心态接纳自我，提升自我，促进自我成长。有的人之所以不能成长、成熟，其障碍主要来源于内心，一是给自己设定了一些框框，不接纳自己，不欣赏自己，如有的学生认为："我不够漂亮、不够有吸引力，因此不能受到大家的喜欢。"把自我形象放在偏低的位置。二是将自己留在一个框框内。我们经常听到有同学说："我就是这样，即使知道不好我也不改！"怀着这种心态的大学生，会永远停留在自己设定的框框里，得不到成长。三是不愿意离开安适区，害怕成长，如我们自己经常说"如果时光可以倒流，我真希望自己永远活在童年"，其实就是典型的害怕成长的例子。人的每一次成长，都是伴随着痛苦的。有的同学在安全的环境里，幸福地享受着小孩儿般的待遇，当面临困难、压力和危机时，裹足不前，害怕独自前行，害怕成长所带来的责任。但是，我们也要清楚地知道，成长就是不断突破安适区，不断承担新责任。我们要在危机发生后，再次审视自我，发现自己的长处和不足；要敢于突破自我，提升自我。自我成长的关键在于不要"自我设限"，成长并没有想象中困难，重要的是给自己一个尝试的机会！

一首小诗

如果你不能成为山巅上一棵挺拔的松树，
就做一棵山谷中的灌木吧！
但要做一棵溪水最好的灌木。
如果你不能成为一棵参天大树，
那就做一片灌木丛林吧！
如果你不能成为一丛灌木，
何妨就做一棵小草，给道路带来一点生气！
你如果做不了麋鹿，就做一条小鱼也不错，
但要是湖中最活泼的一条。
我们不能都做船长，总得有人当船员，
不过每人都得各司其职，
不管是大事还是小事，
我们总得完成分内的工作。
做不了大路，何不做条羊肠小道，
不能成为太阳，又何妨当颗星星。
成败不在于大小——只在于你是否已竭尽所能

——〔美〕道格拉斯·马洛奇

想一想

案例1

蝴蝶的启示

从前，在一个非常非常遥远的国度，有一位令人称奇的老人。他无所不爱，包括动物、蜘蛛、昆虫等。

一天，这位老人走路穿过树林的时候，发现了一个蝴蝶的茧。他把茧带回了家。

几天后，这个茧裂开了一道小缝。老人坐在那里，观察着蝴蝶挣扎着想让自己的身体从那道小缝中挤出来。几个小时过去了，蝴蝶破茧的过程好像没有什么进展。看来这只蝴蝶是尽了全力，但再也无力向前了。

这时，老人决定帮助这只蝴蝶。于是他拿出一把剪刀，把茧剩余的部分剪破了。

这样一来，蝴蝶就轻易地从茧中挣脱出来了。

但是，蝴蝶的身子肿胀，翅膀又小又无力。老人继续观察着蝴蝶，因为他期望着——蝴蝶的翅膀随时会变大，大到能支持它的身体，而蝴蝶臃肿的身体到时也会缩小。可是什么也没有发生。事实上，这只蝴蝶在余生中就只能拖着这肿胀的身体和软弱无力的翅膀爬来爬去了。

它永远也不能飞起来了。

出于好意和匆忙，这位老人并不理解，蝴蝶破茧而出时需要的那种束缚和挣扎其实是天然的方式用来将蝴蝶的体液挤到翅膀中，这样，蝴蝶一旦能从茧中自由挣脱出来，就能准备好飞行了。

有时候，奋斗正是我们生活中所需要的。如果我们能得以毫无阻碍地走过我们这一生，将会使我们脆弱。我们就不可能变成我们本来应该成为的那个强大的人。

而且，我们就永远不可能一飞冲天。

思考：1. 你认为生命的意义在于什么？

2. 你曾经为自己的人生而奋斗过吗？你的奋斗目标是什么？

3. 你还能为自己的人生做些什么？

案例2

心灵的沃土

有这么一个故事。一位智者门下有许多弟子，他看到他们都即将成才，心中自是高兴，但他感到自己来日可数，便将他们招过来，露天设坛讲授最后一课。

“你们看田野里长着什么？”

“杂草，”学生们不假思索地回答。

“告诉我，该如何除掉这些杂草？”

学生们愕然，这问题太简单了。

学生A先开口：“我只要有一把锄头就足够了！”

学生B接着说：“还不如用火烧。”

学生C反驳道：“要想让它永不再生，只有深挖才行。”

智者站起来说：“这堂课就讲到这里，你们回去后按照各自的方法除一块杂草，一年后在此相聚。”一年后学生们回来了，他们都很苦恼，因为无论采取什么方法，杂草总是没有明显效果，有的更多了，他们急于请教，此时智者已经不在了。只给弟子们留了一段话：“你们的办法是不能将杂草除尽的，因为杂草的生命力很强。除掉田野里的杂草最好的方法是，在上面种庄稼。有没有想过，你们的心灵也是一片田野。”

是的，每个人的心灵也是一片田野。因为世界的五光十色五花八门，我们的心就生出了数不清的欲望，有些欲望是杂草。它们来自于原始的生物本能，不用浇水施肥也能疯长，稍不留心就会荒芜，如果我们只一门心思除掉它会事倍功半；有些欲望是庄稼，需要栽种，需要精心呵护，庄稼越多，杂草的生存空间就越小，庄稼越茁壮，杂草就越孱弱，同时我们再清除杂草，田野就干净如初，这些庄稼的名字叫美德。

其实人生就如一片田野，需要我们用心播种浇灌；

人生如一本书，一本靠自己写与读的书；

大学是一本书，一本靠自己读写的书；

大学是机会，是用四年丰富自己的机遇；

大学是选择，选择过一种自己想过的生活……

思考：1. 你心灵的田野里长着什么？用一些词语把它们描述出来。

2. 我们要怎么做，才能让自己心灵的田野更加美丽，更加丰盛？

案例3：

永远的“小燕子”

“小燕子”是她的昵称。她，一个聪明伶俐，活泼可爱、能歌善舞、善于表达、性格开朗、不失温和的女孩子。同学们之所以这么称呼她，是因为她在同学们面前，永远散发着阳光的、快乐的气息。她的爸爸是军人，母亲是一名机关干部，从小对她的要求非常严格，但是同时，她也是令人艳羡的。她自小学习舞蹈、钢琴、绘画，多种特长集于一身。在班级，她担任团支书，各项工作开展得井井有条。在学院，她担任学生会秘书处秘书长，活泼开朗的性格为她积攒了不少的人缘。可是，只有她的一个好友知道，在黑暗的夜里，她会独自忍受失眠的痛苦，会在“卧谈会”舍友们谈到家庭时黯然失色，会在追求她的男孩面前犹豫不决，心事重重，也会在忙碌的间隙苦苦思考“我到底想要什么”的问题……同学们有时会发现“小燕子”在沉思，可是她在同学们面前太坚强太乐观了，同学们怎么也没有想到，“小燕子”会在那一天选择跳楼的方式结束自己的生命！

当“小燕子”逝去，同学们发现了她压在枕头下的一张纸，上面写着：我列出一张单子/左边写下活下去的理由/右边写着离开世界的理由/我在右边写了很多/却发现左边基本上没有什么可写的/回想20多年的生活/真正快乐的时刻屈指可数/我无法忍受这种行尸走肉一般的生活/觉得生活如同死水泥潭一般/而我自己，猥琐，渺小而悲哀/不可能再做出任何改变/或许死亡本身就是一个新的轮回用悔恨洗刷灵魂后新生/或者回到过去重新开始……

思考：1. 如果你是“小燕子”，你会怎么做，让自己真正快乐起来?

2. 如果你是她的舍友和好友，你会怎样帮助她?

3. 她的舍友和同学需要什么样的帮助?

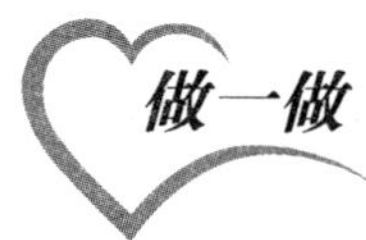

做一做

活动1：生命曲线

目的：人的一生，总是充满了曲折。在成长道路上，有令我们开怀幸福的时刻，也有令我们悲伤痛苦的时刻。这每一笔欢乐或痛苦都是我们人生的宝贵财富。现在，让我们拿起笔，来画一画自己的生命曲线吧，认识自己的生命历程吧！

准备：笔和纸。

时间：30分钟。

操作：

（1）请看下图的坐标，其中横坐标代表你的年龄，纵坐标代表你对生活的满意程度。未来使曲线起伏明显，可以把对过去最不幸事情的满意度定为0，最高兴、最成功的事情，满意度定为100%。

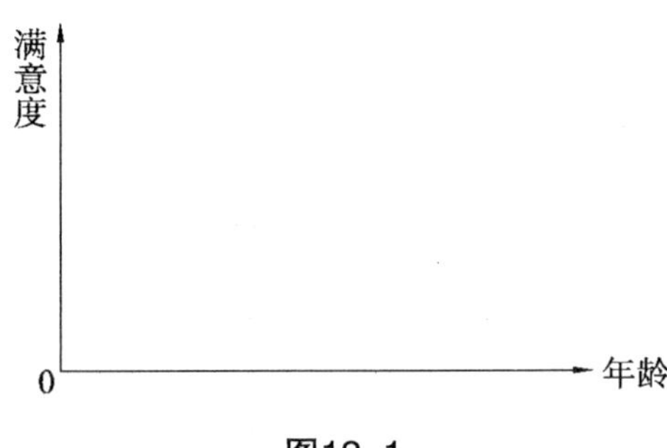

图12-1

（2）请你找出自己生活中的一些重要的转折点，如果你认为此转折点是正性的，满意度较高，请用绿色表示，如果你认为此转折点是负性的，满意度较低，请用红色表示。然后将这些转折点连成线，一边连线一边反省。最后，请你对未来人生的趋向用虚线表示。

（3）我们每个人在生活中都要面临大大小小的压力，当承受的能力超过了自己的应对能力时，就会出现危机。请你看着你的生命曲线中出现的那些“红点”，按照对你的影响的严重程度，将历次危机写在下面。同时，请你回想一下，它发生在何时？你是凭借什么渡过危机的？它又教会了你什么？

____

____

____

____

活动2：生命中的最后七天

目的：认识生命的美好，认真对待生命中的每一天。

准备：笔和纸。

时间：30分钟。

操作：

由于某种原因，你的生命只剩下七天。如果这时你的身体正常，可以自由地思考与行动，你会如何使用这仅剩的7天呢？把你想做的事情和打算安排写在下面的横线上吧！

第一天：________________

第二天：________________

第三天：________________

第四天：________________

第五天：________________

第六天：________________

第七天：________________

活动3：墓志铭

目的：反省自己的价值观，了解自己的人生目标。

准备：笔和纸。

时间：30分钟。

操作：

每个人的生命尽头，都是一座坟墓。现在，你得病即将离世了，你要替自己写下墓志铭，反映自己的一生。墓志铭将会刻在墓碑上，供人凭吊。在墓志铭中，你可以简单到只有自己的名字、生年及卒年，也可以长篇大论，但是最少要包含以下内容：

（1）一生的最大目标；

（2）在不同年纪的成就；

（3）对社会、家庭或其他人的贡献；

（4）我是一个怎样的人。

现在请填写“墓志铭”表格吧！

“墓志铭”表格

1. 姓名：　　（　　年—　　年）
2. 墓志铭：

活动4：心理测试——抑郁自评

目的：了解自己是否存在抑郁情绪。

准备：纸、笔。

时间：约10分钟。

操作：（1）填写下表。

抑郁自评量表（SDS）

下面有20条关于目前生活状态的描述，请根据您近一周的感觉来进行评分（数字的顺序依次为从无、有时、经常、持续），在符合你的情况的数字下面打钩。

序号	题目	从无	有时	经常	持续
1	我感到情绪沮丧，郁闷	1	2	3	4
*2	我感到早晨心情最好	4	3	2	1
3	我要哭或想哭	1	2	3	4
4	我夜间睡眠不好	1	2	3	4
*5	我吃饭像平时一样多	4	3	2	1
*6	我的性功能正常	4	3	2	1
7	我感到体重减轻	1	2	3	4
8	我为便秘烦恼	1	2	3	4
9	我的心跳比平时快	1	2	3	4
10	我无故感到疲劳	1	2	3	4
*11	我的头脑像往常一样清楚	4	3	2	1
*12	我做事情像平时一样不感到困难	4	3	2	1
13	我坐卧不安，难以保持平静	1	2	3	4
*14	我对未来感到有希望	4	3	2	1
15	我比平时更容易激怒	1	2	3	4
*16	我觉得决定什么事很容易	4	3	2	1
*17	我感到自己是有用的和不可缺少的人	4	3	2	1
*18	我的生活很有意义	4	3	2	1
19	假若我死了别人会过得更好	1	2	3	4
*20	我仍旧喜爱自己平时喜爱的东西	4	3	2	1

（2）计分及查看结果。指标为总分。将20个项目的各个得分相加，得到粗分。粗分乘以1.25，四舍五入取整数，即得到标准分。抑郁评定的分界值为50分（按标准分评定），分数越高，抑郁倾向越明显。

活动5：心理测试——自杀态度问卷(QSA)

目的：了解自己是否存在抑郁情绪。

准备：纸、笔。

时间：约10分钟。

操作：（1）填写问卷。

自杀态度问卷（QSA）

指导语：在下列每个问题的后面，都标有1、2、3、4、5五个数字供您选择，数字1～5分别代表你对问题从完全赞同到完全不赞同的态度，请根据您的选择在方框内打钩。谢谢合作！

序号	题　目	完全赞同 1	赞同 2	中立 3	不赞同 4	完全不赞同 5
1	自杀是一种疯狂的行为	□	□	□	□	□
2	自杀死亡者应与自然死亡者享受同样的待遇	□	□	□	□	□
3	一般情况下，我愿意和有过自杀行为的人深交。	□	□	□	□	□
4	在整个自杀事件中，最痛苦的是自杀者的家属	□	□	□	□	□
5	对于身患绝症又极度痛苦的病人，可由医务人员在法律的支持下帮助病人结束生命（主动安乐死）	□	□	□	□	□
6	在处理自杀事件过程中，应该对其家属表示同情和关心并尽可能为他们提供帮助	□	□	□	□	□
7	自杀是对人生命尊严的践踏	□	□	□	□	□
8	不应为自杀死亡者开追悼会	□	□	□	□	□
9	如果我的朋友自杀未遂，我会比以前更关心他	□	□	□	□	□
10	如果我的邻居家里有人自杀，我会逐渐疏远和他们的关系	□	□	□	□	□
11	安乐死是对人生命尊严的践踏	□	□	□	□	□

序号	题　目	完全赞同 1	赞同 2	中立 3	不赞同 4	完全不赞同 5
12	自杀是对家庭和社会一种不负责任的行为	□	□	□	□	□
13	人们不应该对自杀死亡者评头论足	□	□	□	□	□
14	我对那些反复自杀者很反感，因为他们常常将自杀作为一种控制别人的手段	□	□	□	□	□
15	对于自杀，自杀者的家属在不同程度上都应负有一定的责任	□	□	□	□	□
16	假如我自己身患绝症又处于极度痛苦之中，我希望医务人员能帮助我结束自己的生命	□	□	□	□	□
17	个体为某种伟大的、超过人生命价值的目的而自杀是值得赞许的	□	□	□	□	□
18	一般情况下，我不愿去看望自杀未遂者，即使是亲人或好朋友也不例外	□	□	□	□	□
19	自杀只是一种生命现象，无所谓道德上的好与坏	□	□	□	□	□
20	自杀未遂者不值得同情	□	□	□	□	□
21	对于身患绝症又极度痛苦的病人，可不再为其进行维持生命的治疗（被动安乐死）	□	□	□	□	□
22	自杀是对亲人、朋友的背叛	□	□	□	□	□
23	人有时为了尊严和荣誉而不得不自杀	□	□	□	□	□
24	在交友时，我不太介意对方是否有过自杀行为	□	□	□	□	□
25	对自杀未遂者应给予更多的关心与帮助	□	□	□	□	□
26	当生命已无欢乐可言时，自杀是可以理解的	□	□	□	□	□
27	假如我自己身患绝症又处于极度痛苦之中，我不愿再接受维持生命的治疗	□	□	□	□	□

序号	题　目	完全赞同 1	赞同 2	中立 3	不赞同 4	完全不赞同 5
28	一般情况下，我不会和家中有过自杀者的人结婚	□	□	□	□	□
29	人应有选择自杀的权利	□	□	□	□	□

（2）计分及查看结果。

评分方法：

该量表由4个分量表组成（如下表），1、3、7、8、10、11、12、14、15、18、20、22、25题为反向计分，即选择“1”、“2”、“3”、“4”、“5”分别记5、4、3、2、1；其余条目均为正向计分，即选择“1”、“2”、“3”、“4”、“5”分别记1、2、3、4、5分。

对自杀行为性质的认识	1、7、12、17、19、22、23、26、29题平均分
对自杀者的态度	2、3、8、9、13、14、18、20、24、25题平均分
对自杀者家属的态度	4、5、10、15、28题平均分
对安乐死的态度	5、11、16、21、27题平均分

分别计算4个维度的条目均分，以2.5和3.5分为两个分界值，将对自杀的态度分为三种情况：

① ≤2.5分为对自杀持肯定、认可、理解和宽容的态度。

② >2.5～<3.5分为对自杀持矛盾或中立态度。

③ ≥3.5分为对自杀持反对、否定、排斥和歧视态度。

一、大学生心理危机的类型有哪些？请举例说明。

二、自杀可以分为哪几个阶段？每个阶段都有什么心理特征？

三、哪些人可能最需要心理危机干预？

四、心理危机的信号有哪些？

五、你曾经遇到过心理危机吗？请以“我在危机中成长”为题，写一篇自我成长小故事，要求结合自身成长经历，描述危机发生时的心理感受，分析可能的解决办法，并从中得到感悟和成长。

参考文献

1. 教育部. 普通高等学校学生心理健康教育工作基本建设标准（试行）. 教思政厅〔2011〕1号.

2. 林崇德，申继亮. 大学生心理健康读本［M］. 北京：教育科学出版社，2005.

3. 张金彦，王建军. 大学生心理素质教育［M］. 北京：石油大学出版社，2002.

4. 蔺桂瑞. 大学生心理健康与人生发展［M］. 北京：高等教育出版社，2008.

5. 周家华. 大学生心理健康教育［M］. 北京：清华大学出版社，2010.

6. 郑洪利. 大学生心理素质教育与训练［M］. 上海：上海大学出版社，2010.

7. 桑志芹. 青春阳光之路—大学生心理健康教程［M］.南京：南京大学出版社，2010.

8. 林崇德，申继亮. 大学生心理健康读本［M］. 北京：教育科学出版社，2005.

9. 王民忠，郭广生. 大学生心理成长进行时［M］. 北京：中国轻工业出版社，2008.

10. 许燕. 人格——绚丽人生的画卷［M］. 北京：北京师范大学出版社，2000.

11. 王建红. 我的动物朋友在想什么？［M］. 武汉：湖北少年儿童出版社，2010.

12. 〔美〕理查德·格里格，菲利普·津巴多. 心理学与生活［M］. 王垒，等，译. 北京：人民邮电出版社，2003.

13. 陈敏. 大学生职业生涯管理［M］. 上海：复旦大学出版社，2008.

14. 高桥，葛海燕. 大学生涯与职业规划［M］. 北京：清华大学出版社，2012.

15. 张琼. 大学生职业核心能力论［M］. 北京：同济大学出版社，2010.

16. 程社明，卜欣欣，戴洁. 人生发展与职业生涯规划［M］. 北京：团结出版社，2003.

17. 郭建锋. 大学生职业生涯规划［M］. 北京：科学出版社，2009.

18. 戚昕. 大学生心理健康［M］. 北京：人民邮电出版社，2010.

19. 郑雪. 人格心理学［M］. 广州：暨南大学出版社，2002.

20. 林语堂. 苏东坡传［M］. 张振玉，译. 西安：陕西师大出版社，2009.

21. 〔德〕古斯塔夫·施瓦布. 希腊神话故事［M］. 欧阳贞诚，译. 长春：吉林出版集团有限责任公司，2009.

22. 樊富珉，费俊峰. 青年心理健康十五讲［M］. 北京：北京大学出版社，2006.

23. 经理人培训项目编写组. 培训游戏全案［M］. 北京：机械工业出版社，2005.

24. 〔以色列〕泰勒. 本—沙哈尔. 幸福的方法［M］. 汪冰，刘骏杰，译. 北京：当代中国出版社，2007.

25. 戚炜颖. 人格魅影：祛魅人格心理学［M］. 北京：北京大学出版社，2007.

26. 张大均，吴明霞. 大学生心理健康［M］. 北京：清华大学出版社，2007.

27. 郑学勤，陆海兰. 大学生心理健康教育［M］. 北京：航空工业出版社，2011.

28. 陈衍. 大学生心理健康教育［M］. 北京：化学工业出版社，2009.

29. 文书锋，胡邓，俞国良. 大学生心理健康通识［M］. 北京：中国人民大学出版社，2010.

30. 代祖良，李小薇. 大学生心理健康实用教程［M］. 北京：科学出版社，2009.

31. 倪海. 大学生心理健康教育［M］. 成都：西南财经大学出版社，2009.

32. 朱小根. 大学生心理健康［M］. 北京：清华大学出版社，2010.

33. 赵国祥. 现代大学生心理健康教程［M］. 北京：人民教育出版社，2008.

34. 欧阳辉，等. 大学生心理健康应用教程［M］. 沈阳：辽宁教育出版社，2010.

35.〔美〕卡伦·达菲. 心理学改变生活［M］. 张莹，等，译. 北京：世界图书出版公司，2006.

36. 赵艳丽. 大学生心理健康教程［M］. 青岛：中国海洋大学出版社，2005.

37. 陶明达，夏锡梅等. 渴望握手——现代大学生心理健康必读［M］. 北京：中国文史出版社，2005.

38. 郑全全，余国良. 人际关系心理学［M］. 北京：人民教育出版社，1999.

39. 孔燕，等. 大学生心理健康教育［M］. 合肥：安徽人民出版社，1998.

40. 俞国良. 现代心理健康教育——心理卫生问题对社会的影响及解决对策［M］北京：人民教育出版社，2007.

41. 杜玉凤，李建明，大学生心理健康［M］. 北京：教育科学出版社，2010.

42. 段鑫星，程婧. 大学生心理危机干预［M］. 北京：科学出版社，2006.

43. 樊富珉. 团体心理咨询［M］. 北京：高等教育出版社，2005.

44. 肖永春，齐亚丽. 成功心理素质训练［M］. 上海：复旦大学出版社，2005.

45. 张大均，吴明霞. 大学生心理健康［M］. 北京：清华大学出版社，2007.

46. 张海燕. 绸缪未雨时——大学生心理危机自救［M］. 北京：高等教育出版社，2008.

47. 徐光兴. 创伤危机干预心理案例集［M］. 上海：上海教育出版社，2010.

48. 钱铭怡. 心理咨询与心理治疗［M］. 北京：北京大学出版社，1994.

49. 林孟平. 辅导与心理治疗［M］. 香港：商务印书馆（香港）有限公司，1988.

50.〔美〕Gerald Corey. 心理咨询与心理治疗［M］. 石林，等译. 北京：中国轻工业出版社，2000.

51.〔美〕Gerald Corey. 咨商与心理治疗的理论与实务［M］. 李茂兴，译. 台湾：扬智文化事业公司，1995.

52.〔美〕拉瑟斯等. 性与生活［M］. 北京：中国轻工业出版社，2007.

53. 周莉. 大学生心理健康教育［M］. 北京：中国人民大学出版社，2011.

54. 樊富珉，王建中. 当代大学生心理健康教程［M］. 武汉：武汉大学出版社，2011.

55.〔美〕麦基卓，黄焕祥. 懂得爱：在亲密关系中成长［M］. 深圳：深圳报业集团出版社，2007.

56. 唐植文. 当代大学生心理健康教程［M］. 长春：东北师范大学出版社，2011.

57. 张大均. 大学生心理健康教育［M］. 北京：科学出版社，2010.

58. 张革. 大学生心理适应指南［M］. 北京：北京工业大学出版社，2010.

59. 段鑫星，赵玲. 大学生心理健康教育［M］. 北京：科学出版社，2008.

60. 赵国秋. 心理压力与应对策略［M］. 杭州：浙江大学出版社，2006.

61. 桑志芹. 大学生心理健康学［M］. 北京：科学出版社，2007.

62. 周蓓. 大学生心理健康教育［M］. 北京：电子工业出版社，2007.

63.〔美〕沃特·谢弗尔（Walt Schafer）. 压力管理心理学（第四版）［M］. 方双虎，等，译. 北京：中国人民大学出版社，2009.

64.〔美〕Richard Blonna. 多变世界中的压力应对（第三版）［M］. 石林，译. 北京：高等教育出版社，2008.

65.〔美〕Jerrold S.Greenberg. 全面压力管理（第九版）［M］. 石林，译. 北京：高等教育出版社，2008.

66.〔美〕John W.Santroc.心理调适［M］. 王建中，等，译. 北京：高等教育出版社，2008.

67. 肖永春，齐亚丽. 成功心理素质训练［M］. 上海：复旦大学出版社，2005.

68. 江光荣，王铭. 大学生心理求助行为研究［J］. 中国临床心理学杂志，2003（3）.

69. 何安明. 当代大学生人际交往的特点及存在的心理障碍解析［J］. 河北职业技术学院学报，2007（1）.

70. 杨六栓. 大学生人际交往的相关问题［J］. 平顶山师专学报，2002（4）.

71. 韩丽春. 大学生人际交往的心理障碍分析［J］. 辽宁师专学报（社科版），2007（4）.

72. 朱跃. 试论高等院校就业指导的现状和对策［J］. 教育与职业，2000（12）.

73. 梅清海. 对心理教育与思想教育相关性的思考［J］. 河北师范大学报. 2000，4（2）.

74. 黄敬宝. 2008年北京地区大学生就业状况调查［J］. 中国青年研究，2009（1）.

75. 吴丹. 当代大学生交往心理分析及交往障碍调适［D］. 哈尔滨工程大学，2004.

76. 刘逊. 青少年人际交往自他效能感及其影响因素研究［D］. 西南师范大学，2004.

77. 吴海英. 大学生职业生涯规划辅导模式探析［D］. 中国地质大学，2006.